인벤터를 활용한 공개문제 풀이

생산자동화 기능사
생산자동화 산업기사

기계요소설계·기계설계 작업

무료 동영상 강의 제공

김진원 저

무료 동영상 열람 인증
https://cafe.naver.com/automechas

공학기술

인벤터를 활용한 공개문제 풀이

생산자동화 기능사
생산자동화 산업기사
기계요소설계·기계설계 작업

발 행	2023년 7월 7일 초판 1쇄 발행
지은이	김진원 저
발행인	노수황
브랜드	공학기술
대표전화	1544-1605
팩 스	02-6008-9111
주 소	서울특별시 영등포구 국회대로76길 18 3층 3호(14) (여의도동, 오성빌딩)
전자우편	mechapia@mechapia.com
제작관리	조성준
기 획	메카피아 단행본사업본부
표지·편집	포인기획
발행처	(주)메카피아
등록번호	제2014-000036호
등록일자	2010년 02월 01일
ISBN	979-11-6248-179-0 13550
정 가	25,000원

※ 공학기술은 (주)메카피아 단행본사업본부의 브랜드입니다.
※ 저작권법에 의해 보호를 받는 저작물이므로 무단전재와 무단복제를 금합니다.
※ 책 내용의 전부 또는 일부를 이용하려면 반드시 저작권자와 (주)메카피아의 서면 동의를 받아야 합니다.
※ 잘못된 책은 구입하신 곳에서 바꾸어 드립니다.

# 머 리 말

제조에서부터 인간의 개입을 최소화하기 위해 기계가 하도록 하는 생산 자동화는 기계 및 장치의 자동화로 인해 제품 생산의 경쟁력을 좌우하게 되며, 인건비 절감, 공정개선, 품질향상 및 물류비 절감과 더불어 신제품과 신기술도 계속해서 연구개발될 것이며, 대기업을 비롯한 중소기업까지 더욱 확대될 전망입니다.

따라서 산업현장에서는 생산자동화를 지속적으로 구축할 수 있는 숙련 기술 인력에 대한 수요가 증가하게 될 것입니다.

본서는 생산자동화기능사, 산업기사 자격증을 효율적으로 취득할 수 있도록 아래와 같이 6개의 주요 Part로 구성했습니다. 다양한 예제를 연습함으로써 자격증 실기 준비에 만전을 기할 수 있도록 하였으며, 이론적인 설명보다는 실습 위주의 단계별 학습을 할 수 있도록 안내합니다.

- Part 01 | 생산자동화 기능사, 산업기사 요구사항
- Part 02 | 생산자동화 기능사 모델링
- Part 03 | 생산자동화 산업기사 모델링
- Part 04 | 도면 설정
- Part 05 | 생산자동화 기능사 도면 작업
- Part 06 | 생산자동화 산업기사 도면 작업

이와 같은 구성으로 생산자동화기능사, 산업기사를 취득하고자 하는 수험생들이 스스로 모델링 연습을 할 수 있도록 하였으며, 생산자동화기능사, 산업기사를 교육하는 학교 및 관련 기관에서는 학습 교재로도 활용할 수 있습니다.

아울러 본서가 출판되기까지 많은 격려와 지원을 해주신 도서출판 메카피아의 임직원 여러분과 교육현장에서 후진 양성을 위해 고생하시는 모든 교강사님께 머리 숙여 깊은 감사를 드리며, 부족한 부분은 온오프라인을 통하여 수험생 여러분의 조언과 건의에 경청하도록 하겠습니다.

기타 문의사항은 저자가 운영하고 있는 네이버 카페에 오시면 더욱 많은 기술 정보와 동영상 강좌 등을 열람하실 수 있으며, Q&A를 통해 독자들과 적극적으로 소통할 수 있는 창구가 되도록 정성을 다하겠습니다.

https://cafe.naver.com/automechas

2023년 **저자** 올림

저자 약력

- 원광대학교 기계공학과 졸업
- 동양매직 가전연구소 연구원
- 우석직업전문학교 기계설계 및 제도, 토목제도, 건축제도 분야 강의
- 성심직업전문학교 기계설계 및 제도, 제품모델링, 3D 프린터 분야 강의
- 호원대, 전북대, 익산폴리텍, 전주정보문화산업진흥원 등 3D 프린터 특강
- 군장대, 원광대 기계제도 및 기계설계 특강
- 기계설계, 3D 프린터개발 등 12개 직업능력개발훈련교사
- 일반기계기사, 건설기계기사, 소방기계기사 등 40여개 자격증
- 3D 프린터 운용기능사 필기 핵심단기완성 저술
- AutoCAD 도면작성 실기실무 활용서 저술
- 퓨전 360 3D 모델링 & 제품디자인 활용편 저술
- 3D 프린터 운용기능사 실기 저술
- 전산응용토목제도기능사 실기 저술
- 3D 프린터 개발산업기사 필기 문제집 저술
- 퓨전 360 3D 모델링 & 제품디자인 응용편 저술
- I-TOP 경진대회 3D설계실무능력평가, CAD설계실무능력평가 최우수상 수상

목 차

Contents

PART 01 | 생산자동화 기능사, 산업기사 요구사항   008

- SECTION 01   생산자동화 기능사   010
- SECTION 02   생산자동화 산업기사   013
- SECTION 03   작업 순서   016
- SECTION 04   프로그램 설정   017

PART 02 | 생산자동화 기능사 모델링   020

- SECTION 01   공개문제-01 예상문제   022
- SECTION 02   공개문제-02 예상문제   027
- SECTION 03   공개문제-03 예상문제   032
- SECTION 04   공개문제-04 예상문제   037
- SECTION 05   공개문제-05 예상문제   042
- SECTION 06   공개문제-06 예상문제   044
- SECTION 07   공개문제-07 예상문제   046
- SECTION 08   공개문제-08 예상문제   048
- SECTION 09   공개문제-09 예상문제   050
- SECTION 10   공개문제-10 예상문제   052
- SECTION 11   공개문제-11 예상문제   054
- SECTION 12   공개문제-12 예상문제   056
- SECTION 13   공개문제-13 예상문제   058
- SECTION 14   공개문제-14 예상문제   060
- SECTION 15   공개문제-15 예상문제   062
- SECTION 16   공개문제-16 예상문제   064
- SECTION 17   공개문제-17 예상문제   066
- SECTION 18   공개문제-18 예상문제   068
- SECTION 19   공개문제-19 예상문제   070
- SECTION 20   공개문제-20 예상문제   072

목 차
Contents

PART 03 | 생산자동화 산업기사 모델링 074
- SECTION 01 공개문제-01 예상문제 076
- SECTION 02 공개문제-02 예상문제 085
- SECTION 03 공개문제-03 예상문제 092
- SECTION 04 공개문제-04 예상문제 101
- SECTION 05 공개문제-05 예상문제 111
- SECTION 06 공개문제-06 예상문제 120
- SECTION 07 공개문제-07 예상문제 124
- SECTION 08 공개문제-08 예상문제 128
- SECTION 09 공개문제-09 예상문제 131
- SECTION 10 공개문제-10 예상문제 135
- SECTION 11 공개문제-11 예상문제 139
- SECTION 12 공개문제-12 예상문제 143
- SECTION 13 공개문제-13 예상문제 147
- SECTION 14 공개문제-14 예상문제 151
- SECTION 15 공개문제-15 예상문제 155

PART 04 | 도면 설정 160
- SECTION 01 도면 환경 설정 162
- SECTION 02 도면 윤곽선 166
- SECTION 03 수험란, 표제란 작성 168
- SECTION 04 주서 작성 172

목 차

Contents

PART 05 | 생산자동화 기능사 도면 작업　　174

LESSON 01	공개문제-01 예상답안	176
LESSON 02	공개문제-02 예상답안	179
LESSON 03	공개문제-03 예상답안	180
LESSON 04	공개문제-04 예상답안	181
LESSON 05	공개문제-05 예상답안	182
LESSON 06	공개문제-06 예상답안	183
LESSON 07	공개문제-07 예상답안	184
LESSON 08	공개문제-08 예상답안	185
LESSON 09	공개문제-09 예상답안	186
LESSON 10	공개문제-10 예상답안	187
LESSON 11	공개문제-11 예상답안	188
LESSON 12	공개문제-12 예상답안	189
LESSON 13	공개문제-13 예상답안	190
LESSON 14	공개문제-14 예상답안	191
LESSON 15	공개문제-15 예상답안	192
LESSON 16	공개문제-16 예상답안	193
LESSON 17	공개문제-17 예상답안	194
LESSON 18	공개문제-18 예상답안	195
LESSON 19	공개문제-19 예상답안	196
LESSON 20	공개문제-20 예상답안	197

PART 06 | 생산자동화 산업기사 도면 작업　　198

LESSON 01	공개문제-01 예상답안	200
LESSON 02	공개문제-02 예상답안	204
LESSON 03	공개문제-03 예상답안	206
LESSON 04	공개문제-04 예상답안	208
LESSON 05	공개문제-05 예상답안	210
LESSON 06	공개문제-06 예상답안	212
LESSON 07	공개문제-07 예상답안	214
LESSON 08	공개문제-08 예상답안	216
LESSON 09	공개문제-09 예상답안	218
LESSON 10	공개문제-10 예상답안	220
LESSON 11	공개문제-11 예상답안	222
LESSON 12	공개문제-12 예상답안	224
LESSON 13	공개문제-13 예상답안	226
LESSON 14	공개문제-14 예상답안	228
LESSON 15	공개문제-15 예상답안	230

생산자동화 기능사, 산업기사 요구사항

SECTION 01 생산자동화 기능사

국가기술자격 실기시험문제

자격종목	생산자동화 기능사	[시험 1] 과제명	기계요소 설계작업

※ 문제지는 시험종료 후 반드시 반납하시기 바랍니다.

비번호		시험일시		시험장명	

※시험 시간 : [시험 1] 1시간 30분

1. 요구사항

※ 지급된 재료 및 시설을 사용하여 도면을 다음 요구사항에 따라 작성하시오.

가. 기계요소설계작업

1) 2차원 도면은 A3 크기 도면의 윤곽선 영역 내에 1:1의 척도로 작성하시오.
2) 2차원 도면은 주어진 도면과 동일하게 배치하시오.
3) 2차원 도면은 주어진 도면과 동일하게 치수, 치수공차, 끼워 맞춤 공차를 작성하시오.
4) 3차원 모델링은 임의의 척도로 주어진 도면과 동일하게 배치하시오.
5) 주어진 도면과 종일하게 표제란 주서를 작성 하시오.
6) 기타 지시되지 않은 사항은 KS 제도법에 따라 완성하시오.
7) 치수가 명시되지 않는 개소는 주변치수를 고려하여 적절히 치수를 부여하시오.
8) 출력은 지급된 용지(A3 용지)에 본인이 직접 흑백으로 출력하여 제출하시오.

나. 도면작성기준

1) 도면의 크기 및 중심마크는 다음과 같이 작성하시오.
   (단, A와 B의 도면 한계선(도면의 가장자리선)은 출력되지 않도록 합니다.)

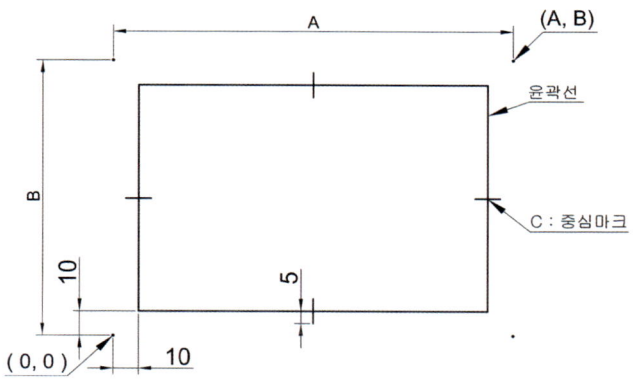

구분	도면크기		중심마크
	A	B	C
A3	420	297	10

자격종목	생산자동화 기능사	[시험 1] 과제명	기계요소 설계작업

2) 도면양식은 아래와 같이 작성하시오.

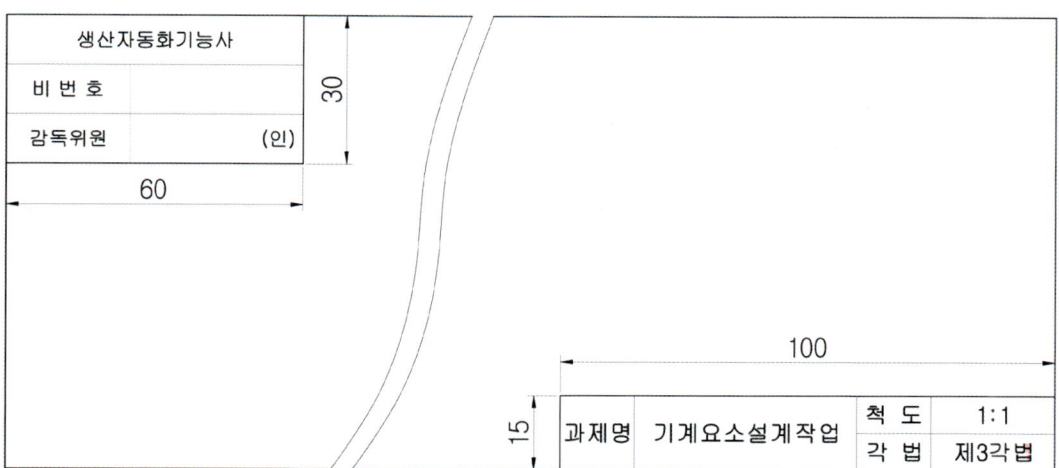

3) 선 용도에 따른 선굵기는 다음과 같이 설정하시오.

용도	선 굵기	색상 (참고)
윤관선, 중심 마크	0.70mm	하늘색 (cyan)
외형선, 개별주서 등	0.35mm	초록색 (green)
숨은선, 치수문자, 일반주서 등	0.25mm	노란색 (yellow)
치수선, 치수보조선, 중심선 등	0.18mm	빨강 (red)
해칭	0.18mm	흰색 (white)

4) 문자, 숫자, 기호의 높이는 7.0mm, 5.0mm, 3.5mm, 2.5mm 중 적절한 것을 사용하시오.

자격종목	생산자동화 기능사	[시험 1] 과제명	기계요소 설계작업

2. 수험자 유의사항

※ 다음의 유의사항을 고려하여 요구사항을 완성하시오.

1) 시험 시작 전 장비 이상유무를 확인합니다.
2) 시험 시작 전 시험감독위원이 지정한 위치에 본인 비번호로 폴더를 생성 후 비번호를 파일명으로 작업내용을 저장하고, 시험 종료 후 저장한 작업내용을 삭제합니다.
3) 정전 또는 기계고장을 대비하여 수시로 저장하시기 바랍니다.
   (단, 이러한 문제 발생 시 "작업정지시간 + 5분"의 추가시간을 부여합니다.)
4) 전기 등의 취급에 대한 안전수칙 및 시험장의 장비를 파손하지 않도록 유의하여 작업합니다.
5) 도면에 문제와 관련 없는 불필요한 낙서나 특이한 기록사항 등을 기재하여서는 안되며, 인적사항 기재란 외의 부분에 도면과 관련 없는 특수한 표시를 하거나 특정인임을 암시하는 경우 전체를 0점 처리합니다.
6) 다음 사항은 실격에 해당하여 채점대상에서 제외됩니다.
   (1) 수험자 본인이 수험 도중 시험에 대한 포기의사를 표하는 경우
   (2) 실기시험 과정 중 1개 과정이라도 불참한 경우

■ **실격**
   (1) 미리 작성한 Part program(도면, 단축 키 셋업 등) 또는 LISP 등과 같은 Block(도면양식, 표제란, 부품란, 요목표, 주서 및 표면 거칠기 등)을 사용할 경우
   (2) 시험 중 봉인을 훼손하거나 저장매체를 주고받는 행위를 할 경우
   (3) 시험시간 내에 작품을 제출하지 못한 경우
   (4) 생산자동화기능사 실기 시험 기계요소설계작업, PLC제어작업 중 하나라도 0점인 과제가 있는 경우
   (5) 미리 작성한 Part program(도면, 단축 키 셋업 등) 또는 LISP 등과 같은 Block(도면양식, 표제란, 부품란, 요목표, 주서 및 표면 거칠기 비교표 등)을 사용할 경우
   (6) 시험 중 봉인을 훼손하거나 저장매체를 주고받는 행위를 할 경우
   (7) 시험 중 휴대폰을 사용하거나 인터넷 및 네트워크 환경을 이용할 경우
   (8) 수험자의 장비조작 미숙으로 파손 및 고장을 일으킨 경우
   (9) 수험자의 직접 출력시간이 10분을 초과한 경우 (단, 출력시간은 시험시간에서 제외하며, 출력된 도면의 크기 또는 색상 등이 채점하기 어렵다고 판단될 경우에는 감독위원의 판단에 의해 1회에 한하여 재출력이 허용됩니다.)
   (10) 주어진 문제지의 도면과 전혀 다른 형상의 작품
   (11) 척도가 요구사항과 맞지 않는 작품
   (12) 요구사항의 윤곽선, 중심마크, 도면양식 중 1가지라도 작성하지 않은 작품

※ 지급된 시험 문제지는 비번화 작성 후 반드시 제출합니다.
※ 출력은 사용하는 프로그램 상에서 출력하는 것이 원칙이나, 이상이 있을 경우 PDF 파일 혹은 출력 가능한 호환성 있는 파일로 변환하여 출력하여도 무방합니다.
   (단, 폰트 깨짐 등의 현상이 발생될 수 있으니 이점 유의하여 사용 환경을 설정하여 주시기 바랍니다.)

SECTION 02 생산자동화 산업기사

국가기술자격 실기시험문제

자격종목	생산자동화 산업기사	[시험 1] 과제명	기계설계작업

※ 문제지는 시험종료 후 반드시 반납하시기 바랍니다.

비번호		시험일시		시험장명	

※시험 시간 : [시험 1] 2시간

1. 요구사항

※ 지급된 재료 및 시설을 사용하여 도면을 다음 요구사항에 따라 작성하시오.

가. 3차원 어셈블리 모델링

1) 주어진 도면의 모든 부품을 모델링하여 조립(어셈블리)하시오.
   (단, 조립후 작동되는 부품은 주어진 도면을 참고하여 조립하시오.)
2) 3차원 어셈블리 모델링 A3 크기 도면의 윤곽선 영역 내에 임의의 처도로 적절히 배치하시오.
3) 치수가 명시되지 않는 개소는 주변치수를 고려하여 적절히 치수를 부여하시오.

나. 2차원 부품도 작성

1) ①번 부품의 부품도를 A3 크기 도면의 윤곽선 내에 1:1 척도로 작성하시오.
2) 2차원 부품도의 배치는 수험자가 결정하여 배치하시오.
3) 2차원 부품도에 기계가공 및 조립에 필요한 치수공차, 끼워 맞춤 공차, 기하공차기호, 표면거칠기 기호를 추가하여 도면을 완성하시오.
4) 주성의 위치는 수험자가 결정하여 작성하시오.
5) 기타 지시되지 않은 사항은 KS 제도법에 따라 완성하시오.
6) 치수가 명시되지 않는 개소는 주변치수를 고려하여 적절히 치수를 부여하시오.
7) 도면배치(예시)

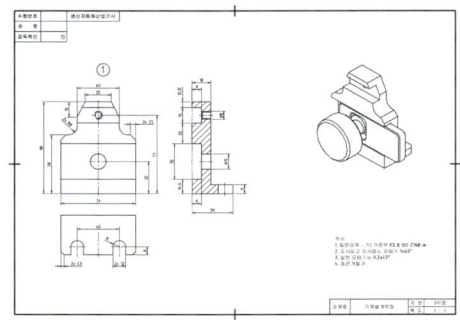

자격종목	생산자동화 산업기사	[시험 1] 과제명	기계설계작업

다. 도면 출력

1) 출력은 지급된 용지(A3 용지)에 본인이 직접 흑백으로 출력하여 제출하시오.

라. 도면작성기준

1) 도면의 크기 및 중심마크는 다음과 같이 작성하시오.

(단, A와 B의 도면 한계선(도면의 가장자리선)은 출력되지 않도록 합니다.)

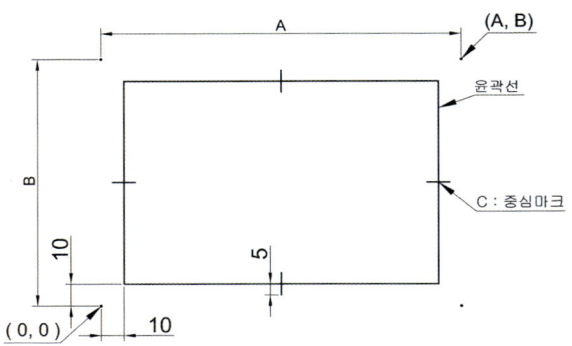

구분	도면크기		중심마크
	A	B	C
A3	420	297	10

2) 도면양식은 아래와 같이 작성하시오.

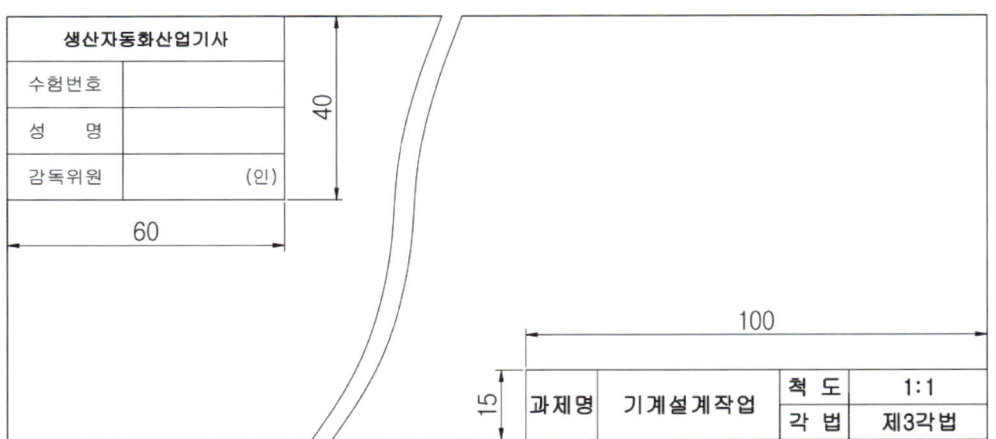

3) 선 굵기에 따른 색상은 다음과 같이 설정하시오.

선 굵기	색상	용도
0.70mm	하늘색 (cyan)	윤곽선, 중심 마크
0.35mm	초록색 (green)	외형선, 개별주서 등
0.25mm	노란색 (yellow)	숨은선, 치수문자, 일반주서 등
0.18mm	빨강 (red)	치수선, 치수보조선, 중심선 등
0.18mm	흰색 (white)	해칭

4) 문자, 숫자, 기호의 높이는 7.0mm, 5.0mm, 3.5mm, 2.5mm 중 적절한 것을 사용하시오.

자격종목	생산자동화 산업기사	[시험 1] 과제명	기계설계작업

2. 수험자 유의사항

※ 다음의 유의사항을 고려하여 요구사항을 완성하시오.

1) 시험 시작 전 장비 이상유무를 확인합니다.
2) 시험 시작 전 시험감독위원이 지정한 위치에 본인 비번호로 폴더를 생성 후 비번호를 파일명으로 작업내용을 저장하고, 시험 종료 후 저장한 작업내용을 삭제합니다.
3) 정전 또는 기계고장을 대비하여 수시로 저장하시기 바랍니다.
   (단, 이러한 문제 발생 시 "작업정지시간 + 5분"의 추가시간을 부여합니다.)
4) 설계 작업에 필요한 KS데이터는 열람할수 있으나, 그 이외의 자료는 열람하지 못합니다.
5) 전기 등의 취급에 대한 안전수칙 및 시험장의 장비를 파손하지 않도록 유의하여 작업합니다.
6) 도면에 문제와 관련없는 불필요한 낙서나 특이한 기록사항 등을 기재하여서는 안되며, 인적사항 기재란 외의 부분에 도면과 관련없는 특수한 표시를 하거나 특정인임을 암시하는 경우 전체를 0점 처리합니다.
7) 다음 사항에 대해서는 채점대상에서 제외하니 특히 유의하시기 바랍니다.

   가) 기권
   　(1) 수험자 본인이 수험 도중 시험에 대한 포기의사를 표하는 경우
   　(2) 실기시험 과정 중 1개 과정이라도 불참한 경우

   나) 실격
   　(1) 시설. 장비의 조작 또는 재룡의 취급이 미숙하여 위해를 일으킬 것으로 시험감독위원 전원이 합의하여 판단한 경우
   　(2) 미리 작성한 Part program(도면, 단축 키 셋업 등) 또는 LISP 등과 같은 Block(도면양식, 표제란, 부품란, 요목표, 주서 및 표면거칠기 등)을 사용할 경우
   　(3) 시험 중 봉인을 훼손하거나 저장매체를 주고받는 행위를 할 경우
   　(4) 미리 제공한 KS 데이터가 아닌 다른 자료를 열람한 경우
   　(5) 도면 내용이 다른 수험자와 일부 또는 전부가 동일한 경우
   　(6) 생산자동화산업기사 실기 시험 기계설계작업, PLC제어작업 중 하나라도 0점인 과제가 있는 경우
   　(7) 수험자의 직접 출력시간이 10분을 초과한 경우 (단, 출력시간은 시험시간에서 제외하며, 출력된 도면의 크기 또는 색상 등이 채점하기 어렵다고 판단될 경우에는 감독위원의 판단에 의해 1회에 한하여 재출력이 허용됩니다.)

   다) 미완성
   　(1) 시험시간 내에 작품을 제출하지 못한 경우

   라) 오작
   　(1) 2차원 부품도, 3차원 어셈블리 모델링 중 1가지라도 작도하지 않은 작품
   　(2) 3차원 어셈블리 모델링에서 누락된 부품이 있는 경우
   　(3) 척도가 요구사항과 맞지 않는 작품
   　(4) 요구사항의 윤곽선, 중심마크, 도면양식 중 1가지라도 작성하지 않은 작품

※ 지급된 시험 문제지는 비번화 작성 후 반드시 제출합니다.
※ 출력은 사용하는 프로그램 상에서 출력하는 것이 원칙이나, 이상이 있을 경우 PDF 파일 혹은 출력 가능한 호환성 있는 파일로 변환하여 출력하여도 무방합니다.
　(단, 폰트 깨짐 등의 현상이 발생될 수 있으니 이점 유의하여 사용 환경을 설정하여 주시기 바랍니다.)

SECTION 03 작업 순서

LESSON 01 생산자동화 기능사

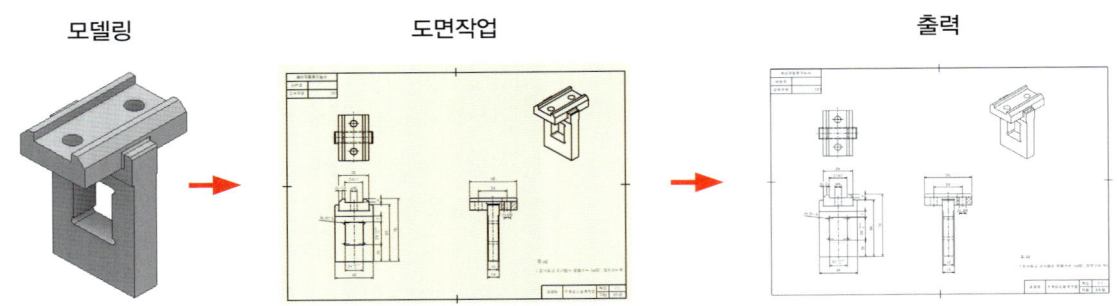

LESSON 02 생산자동화 산업기사

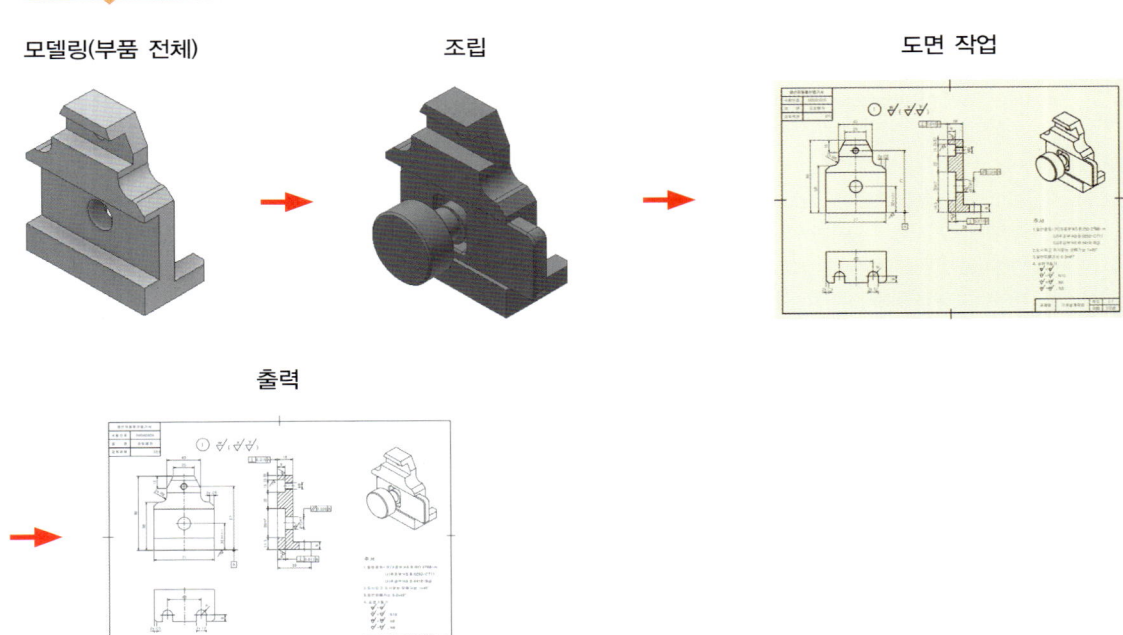

※ 본서에 수록된 문제는 공개문제를 바탕으로 재구성한 도면으로 실제 실제 시험에서는 모양과 치수가 다릅니다. 모델링 방법과 도면 표현 방법이 다르므로 이점 유의하시고 학습 바랍니다.

SECTION 04 — 프로그램 설정

프로그램을 원활히 사용하기 위해서는 사용자 설정이 필요하다. 여기서는 간단하게 교재에 맞게 옵션을 몇가지만 설정하도록 한다.

LESSON 01 도구-응용프로그램 옵션-일반탭

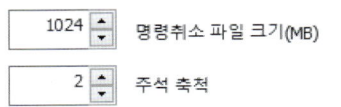

주석 축척을 1.5~2 정도로 바꾼다.

LESSON 02 도구-응용프로그램 옵션-화면 표시탭

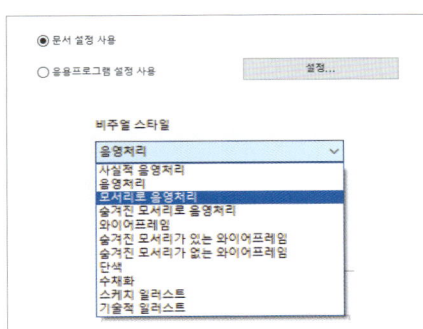

설정을 클릭하고 음영처리를 눌러 모서리 음영처리로 바꾼다.

LESSON 03 도구-응용프로그램 옵션-스케치탭

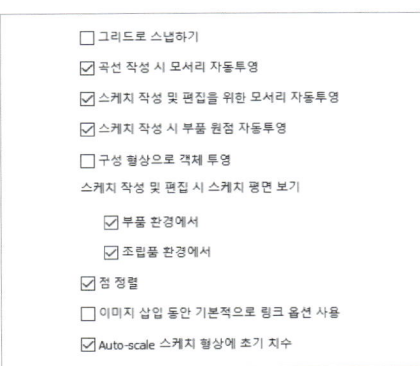

좌측과 설정을 같게 바꾼다.

LESSON 04 도구-응용프로그램 옵션-부품 표시탭

새 스케치 없음으로 바꾼다.

LESSON 05 도구-응용프로그램 옵션-조립품탭

관계음성 알림을 해제한다.

생산자동화 기능사 모델링

SECTION 01 공개문제-01 예상문제

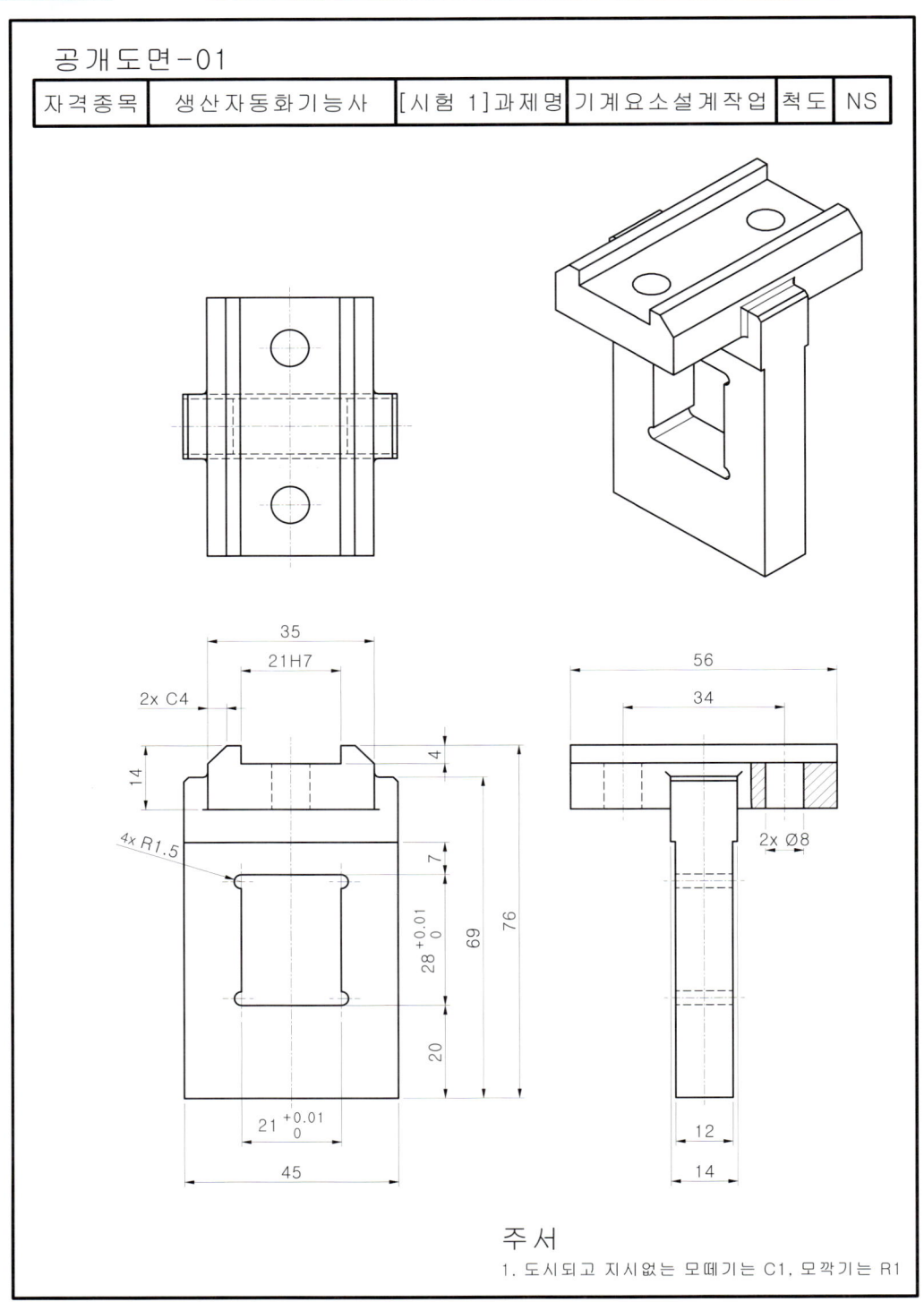

01 ▶ 바탕화면에 비번호 폴더 생성
　　▶ 새파일 – Standard(mm).ipt

02 ▶ XZ평면 우클릭 새스케치
　　▶ 스케치 작성
　　▶ 구속조건

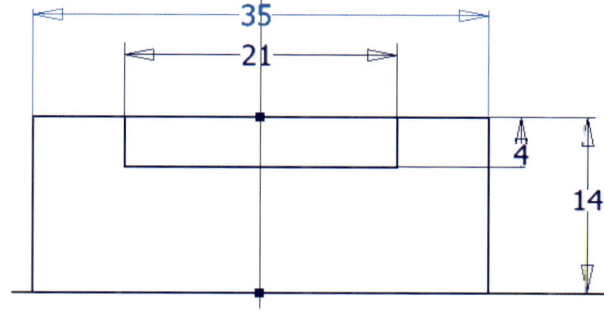

03 ▶ 스케치 마무리
　　▶ 돌출, 새 솔리드, 거리 56, 대칭

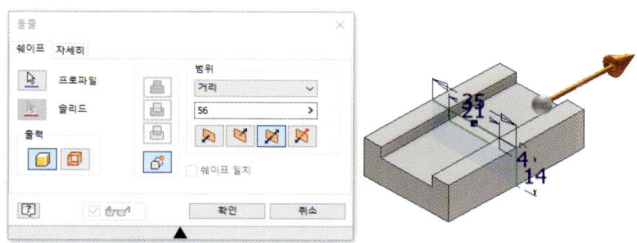

04 ▶ XZ평면 우클릭 새스케치
　　▶ 스케치 작성
　　▶ 구속조건

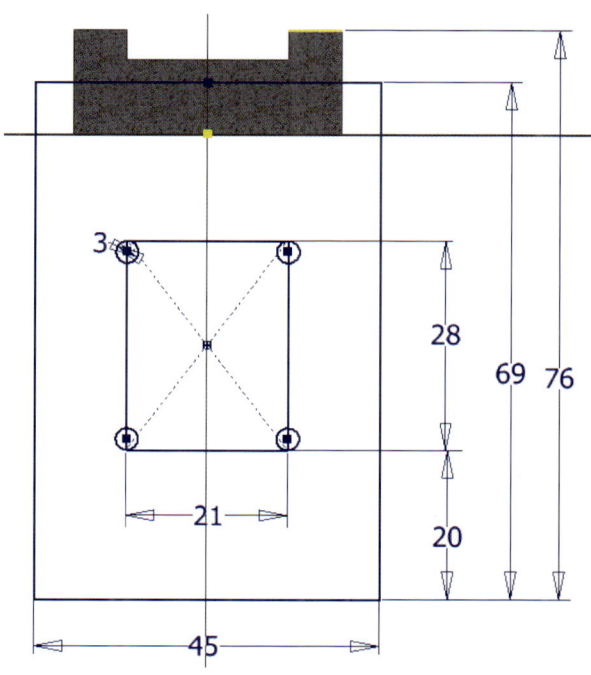

05 ▶ 스케치 마무리
　　▶ 돌출, 접합, 거리 14, 대칭

06 ▶ 해당평면에 새스케치
　　▶ 스케치 작성
　　▶ 구속조건

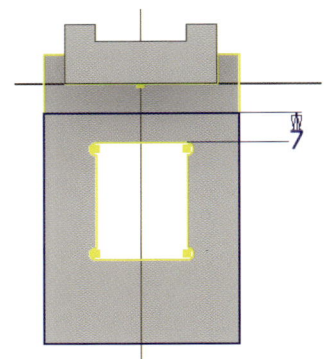

07 ▶ 스케치 마무리
　　▶ 돌출, 차집합, 거리 1

08 ▶ 미러

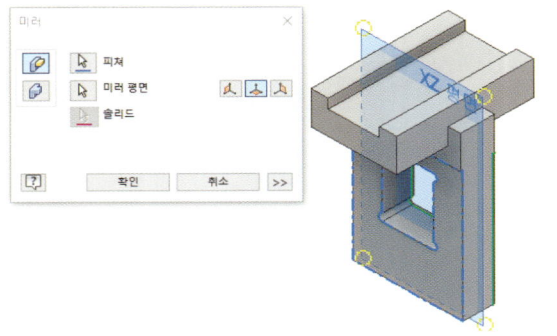

09 ▶ 모따기, C4

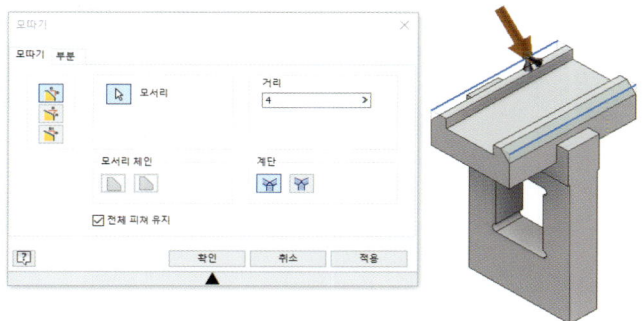

10 ▶ 모따기, C1

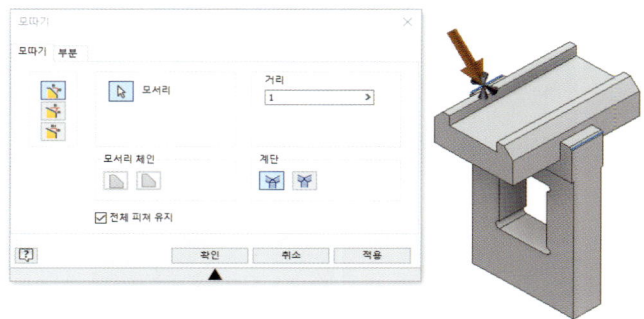

11 ▶ 해당평면에 새스케치
　　▶ 스케치 작성
　　▶ 구속조건

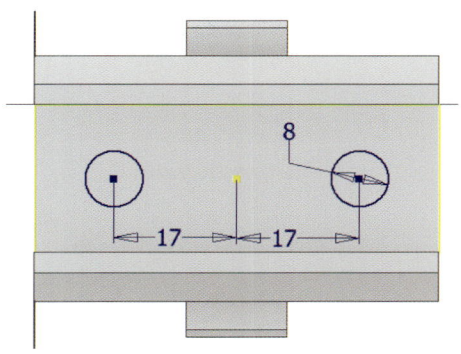

12 ▶ 스케치 마무리
　　▶ 돌출, 차집합, 전체

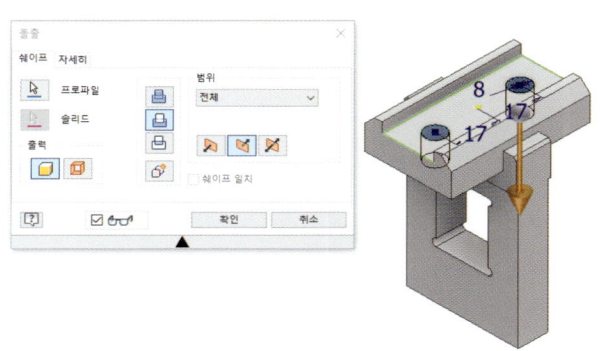

13 ▶ 모깎기, R1

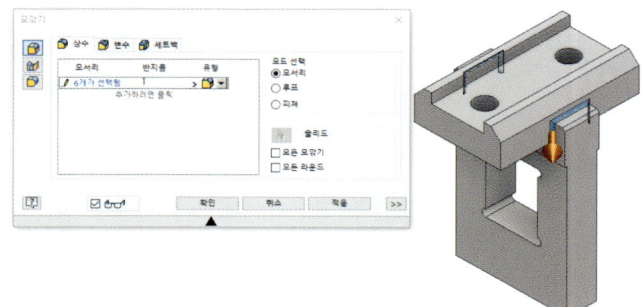

14 ▶ 저장

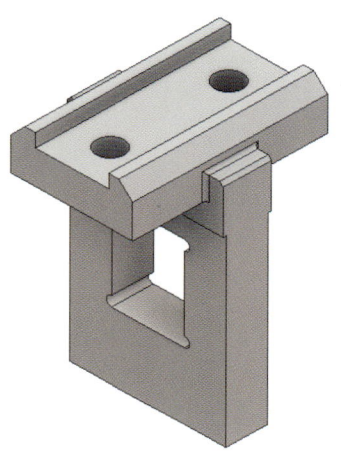

SECTION 02 공개문제-02 예상문제

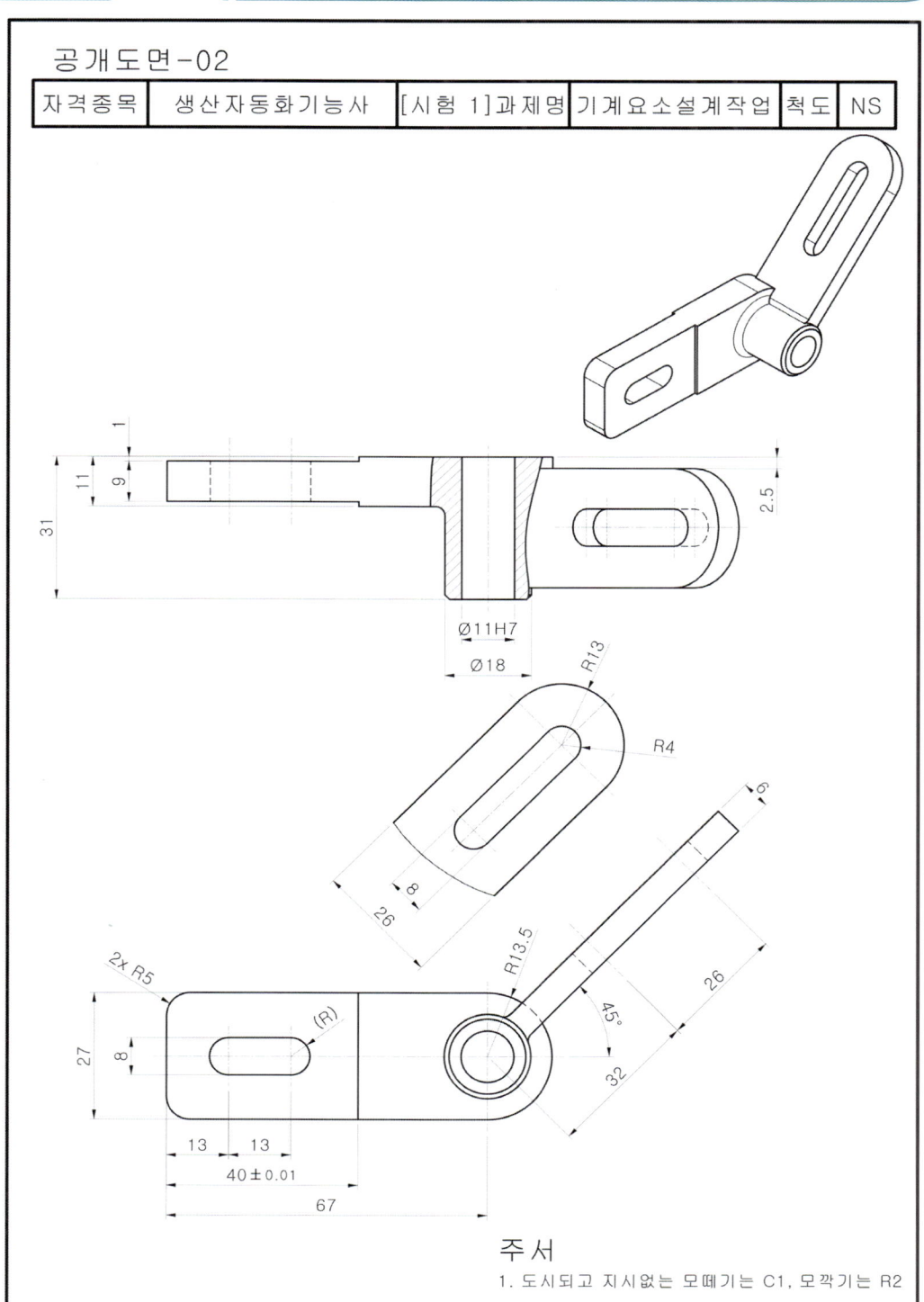

01 ▶ 바탕화면에 비번호 폴더 생성
　　▶ 새파일 – Standard(mm).ipt

02 ▶ YZ평면 우클릭 새스케치
　　▶ 스케치 작성
　　▶ 구속조건

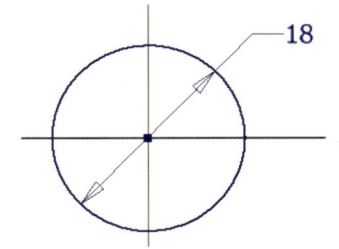

03 ▶ 스케치 마무리
　　▶ 돌출, 새 솔리드, 거리 31, 대칭

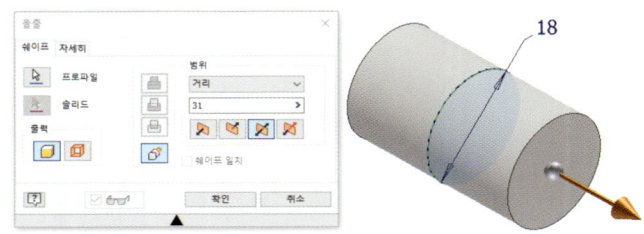

04 ▶ 해당평면 우클릭 새스케치
　　▶ 스케치 작성
　　▶ 구속조건

05 ▶ 스케치 마무리
　　▶ 돌출, 접합, 거리 11

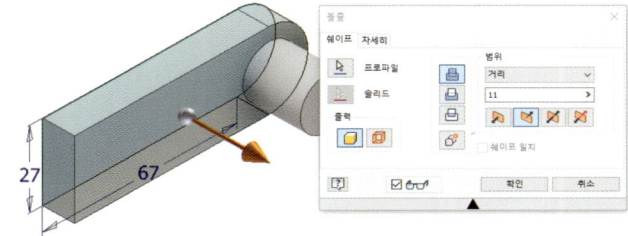

06 ▶ 해당평면에 새스케치
　　▶ 스케치 작성
　　▶ 구속조건

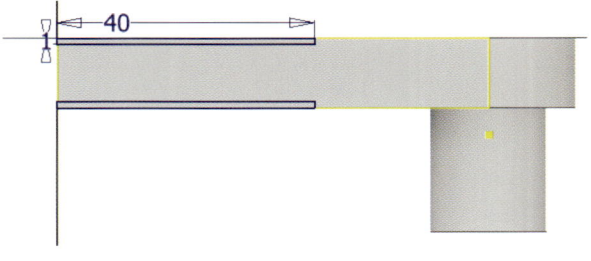

07 ▶ 스케치 마무리
　　▶ 돌출, 차집합, 거리 전체

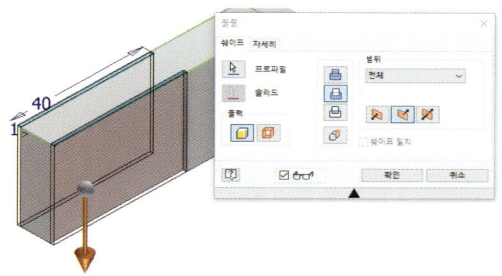

08 ▶ YZ평면 우클릭 새스케치
　　▶ 스케치 작성
　　▶ 구속조건

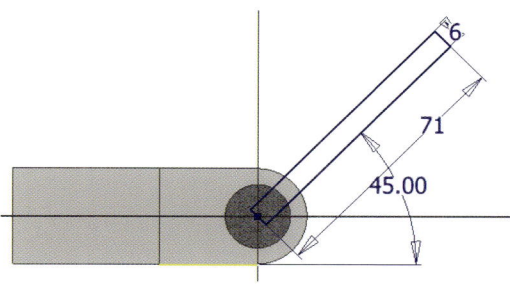

09 ▶ 스케치 마무리
　　▶ 돌출, 접합, 거리 26, 대칭

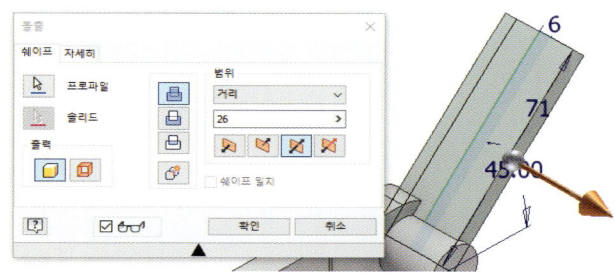

10 ▶ 모깍기, R13

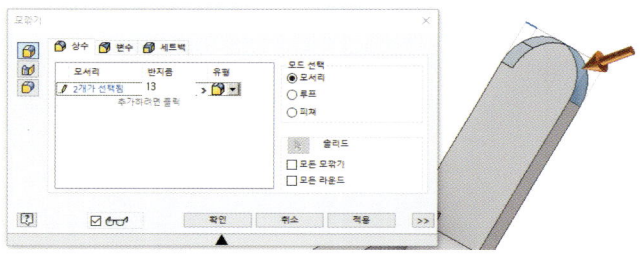

11 ▶ 해당평면에 새스케치
　　▶ 스케치 작성
　　▶ 구속조건

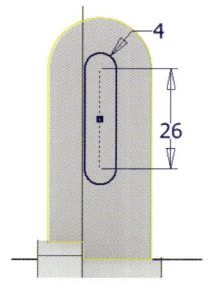

12 ▶ 스케치 마무리
　　▶ 돌출, 차집합, 전체

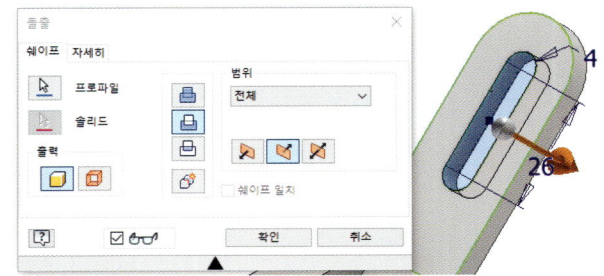

13 ▶ 해당평면에 새스케치
　　▶ 스케치 작성
　　▶ 구속조건

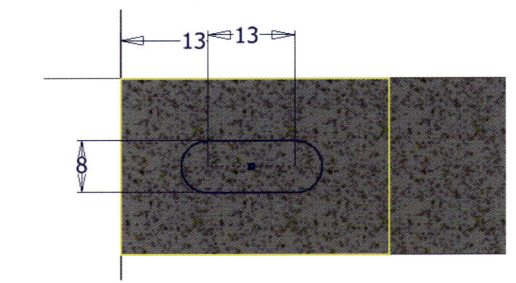

14 ▶ 스케치 마무리
　　▶ 돌출, 차집합, 전체

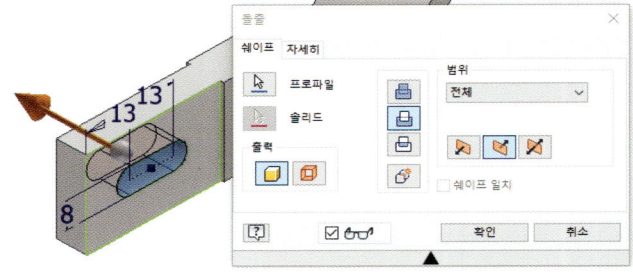

15 ▶ 모깎기, R5

16 ▶ 모깎기, R2

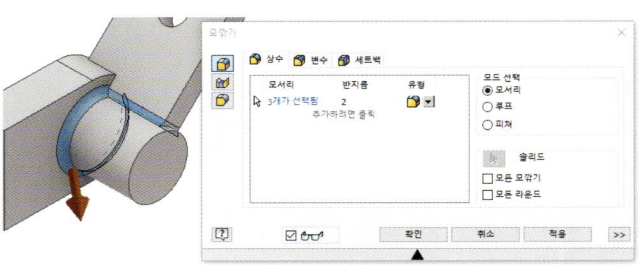

17 ▶ 모따기, C1

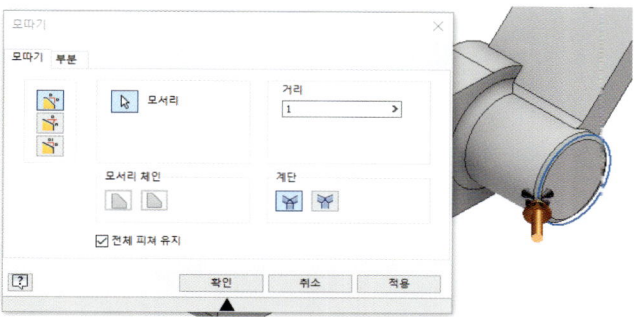

18 ▶ 구멍

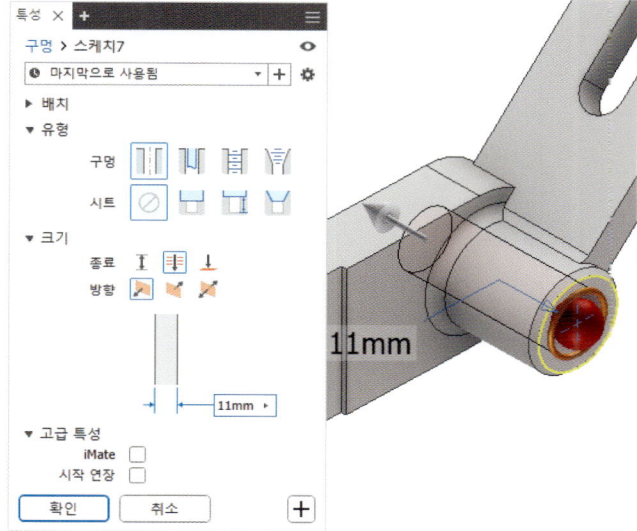

19 ▶ 저장

SECTION 03 공개문제-03 예상문제

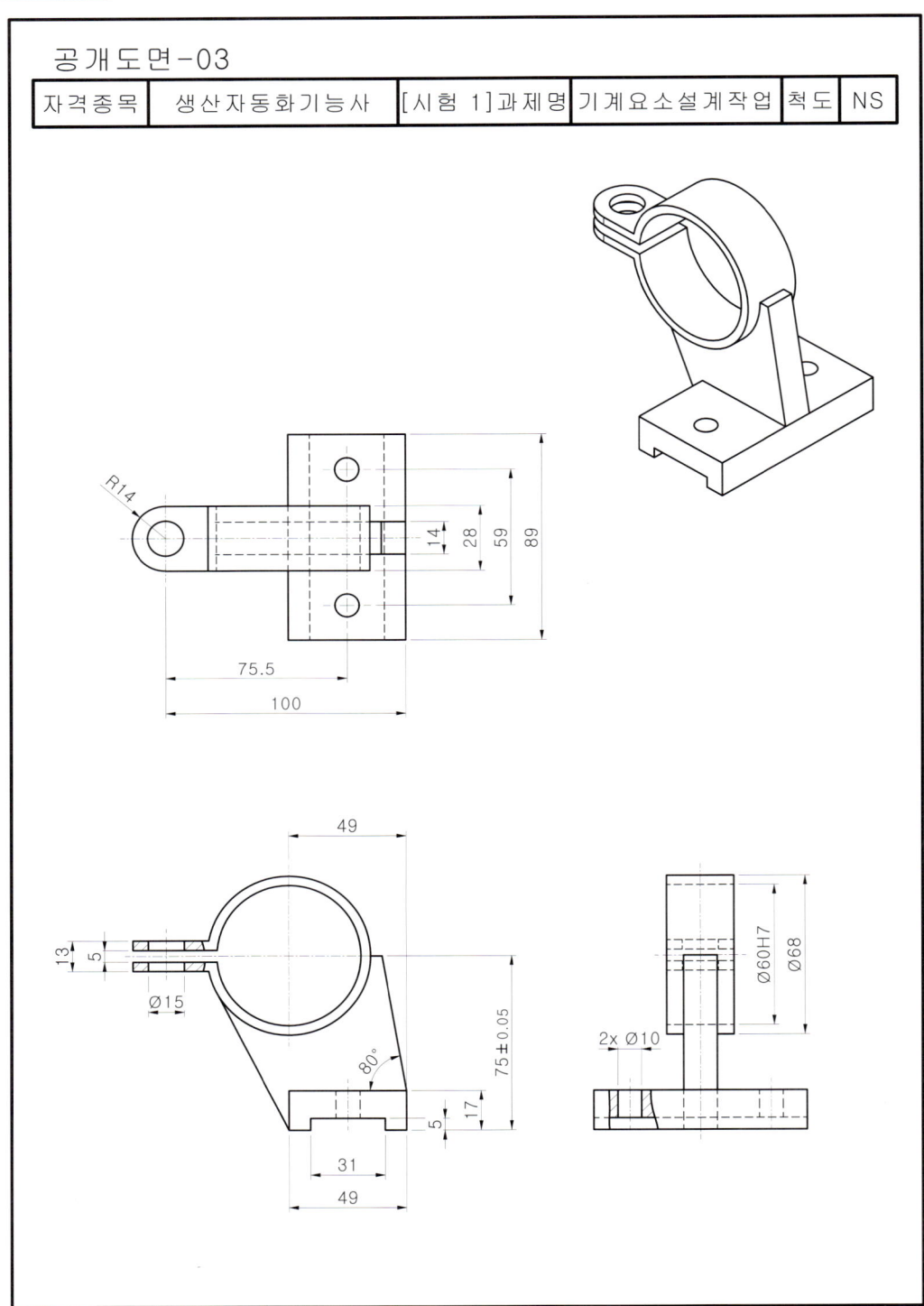

01 ▶ 바탕화면에 비번호 폴더 생성
　　▶ 새파일 – Standard(mm).ipt

02 ▶ XZ평면 우클릭 새스케치
　　▶ 스케치 작성
　　▶ 구속조건

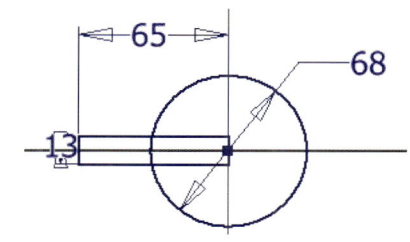

03 ▶ 스케치 마무리
　　▶ 돌출, 새 솔리드, 거리 28, 대칭

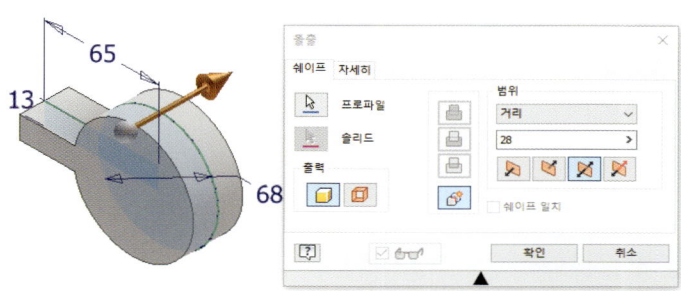

04 ▶ 모깎기, R14

05 ▶ XZ평면 우클릭 새스케치
　　▶ 스케치 작성
　　▶ 구속조건

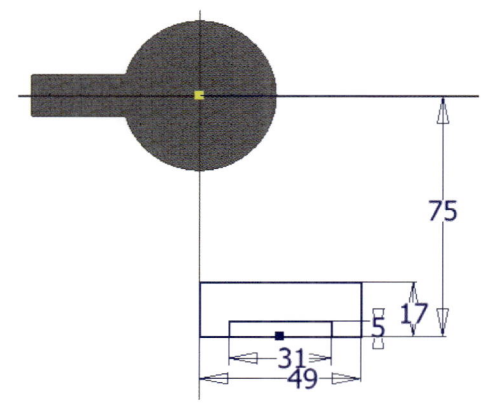

06 ▶ 스케치 마무리
　　▶ 돌출, 접합, 거리 89, 대칭

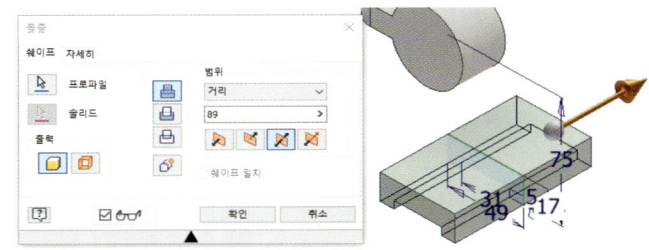

07 ▶ XZ평면 우클릭 새스케치
　　▶ 스케치 작성
　　▶ 구속조건

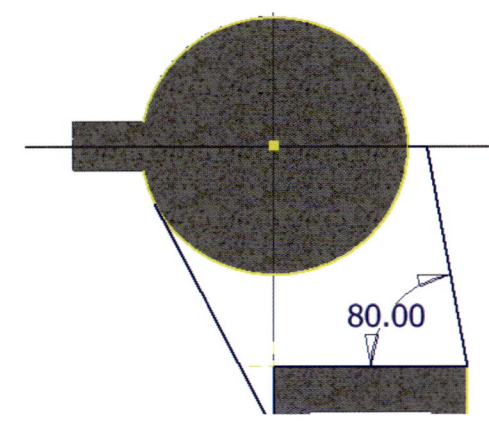

08 ▶ 스케치 마무리
　　▶ 돌출, 접합, 거리 14, 대칭

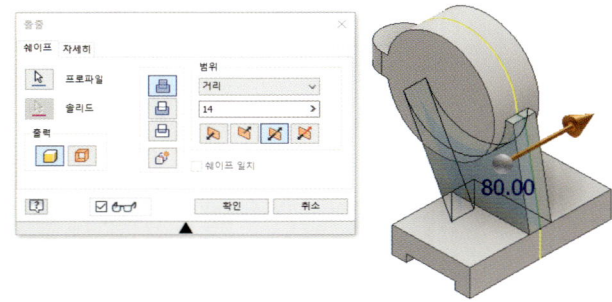

09 ▶ 해당평면 우클릭 새스케치
　　▶ 스케치 작성
　　▶ 구속조건

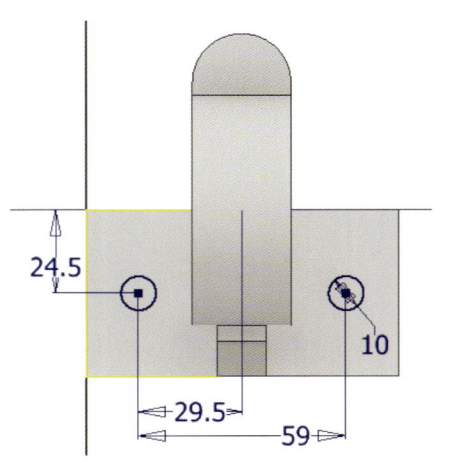

10 ▶ 스케치 마무리
　　▶ 돌출, 차집합, 거리 전체

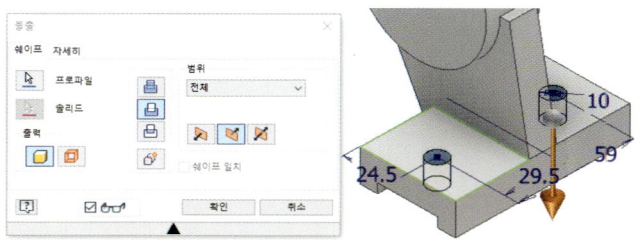

11 ▶ 해당평면에 새스케치
　　▶ 스케치 작성
　　▶ 구속조건

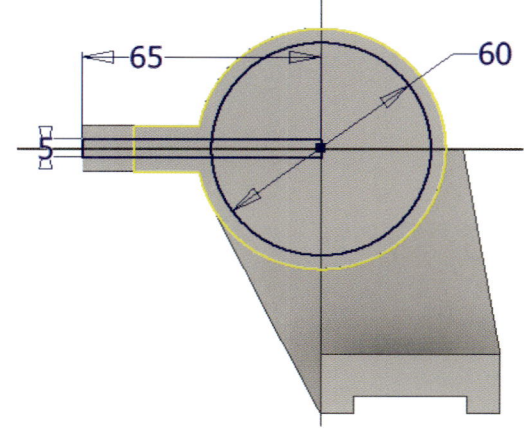

12 ▶ 스케치 마무리
　　▶ 돌출, 차집합, 거리 전체

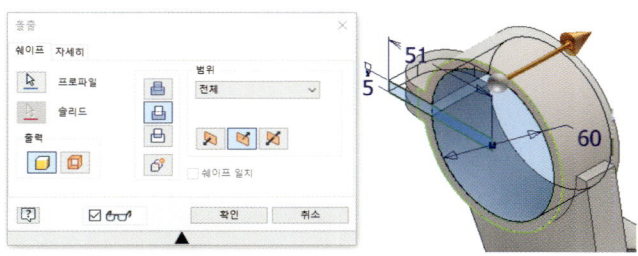

13 ▶ 구멍

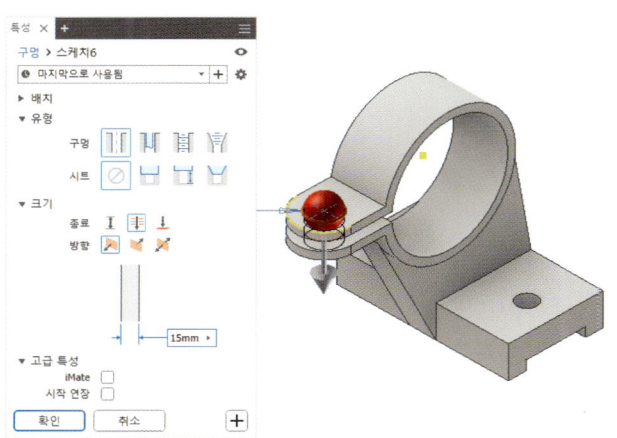

14 ▶ 저장

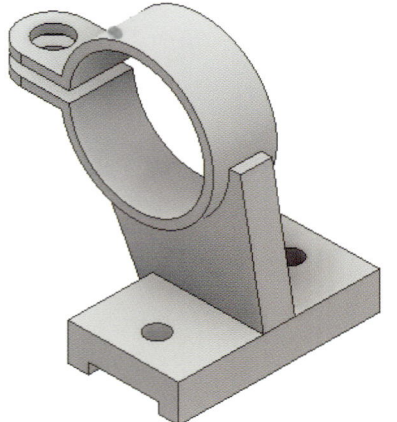

SECTION 04 공개문제-04 예상문제

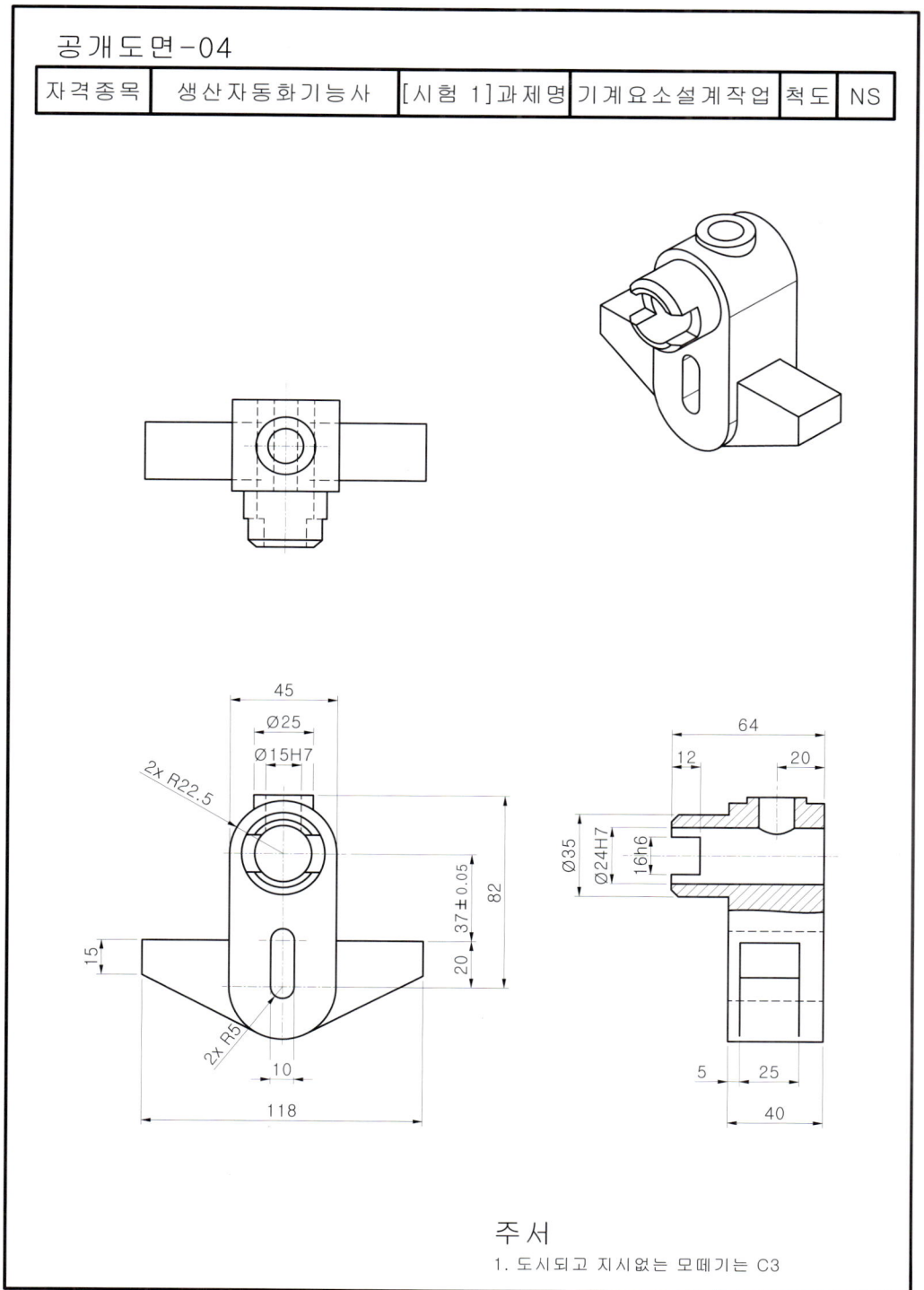

주서
1. 도시되고 지시없는 모떼기는 C3

01 ▶ 바탕화면에 비번호 폴더 생성
　　▶ 새파일 – Standard(mm).ipt

02 ▶ XZ평면 우클릭 새스케치
　　▶ 스케치 작성
　　▶ 구속조건

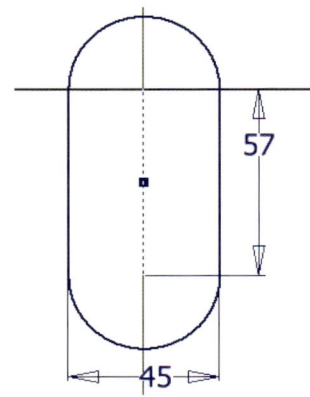

03 ▶ 스케치 마무리
　　▶ 돌출, 새 솔리드, 거리 40, 대칭

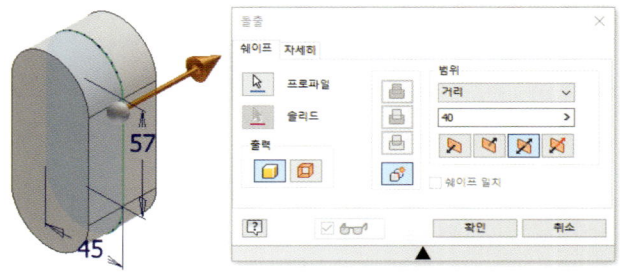

04 ▶ XY평면 우클릭 새스케치
　　▶ 스케치 작성
　　▶ 구속조건

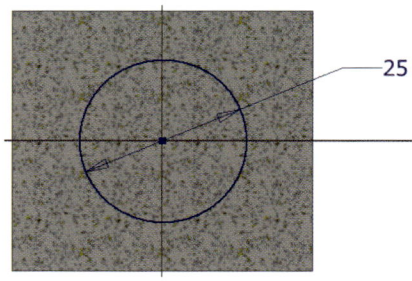

05 ▶ 스케치 마무리
　　▶ 돌출, 접합, 거리 25

06 ▶ 해당평면에 새스케치
 ▶ 스케치 작성
 ▶ 구속조건

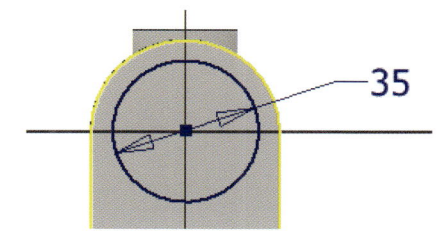

07 ▶ 스케치 마무리
 ▶ 돌출, 접합, 거리 24

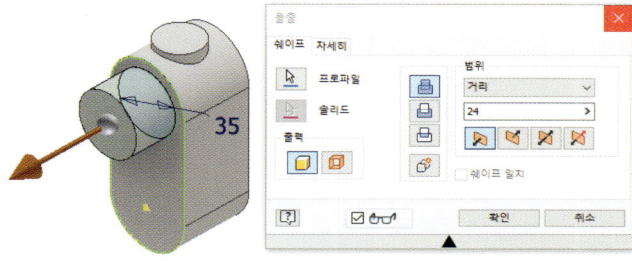

08 ▶ 작업평면, 5

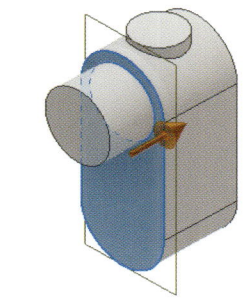

09 ▶ 해당평면에 새스케치
 ▶ 스케치 작성
 ▶ 구속조건

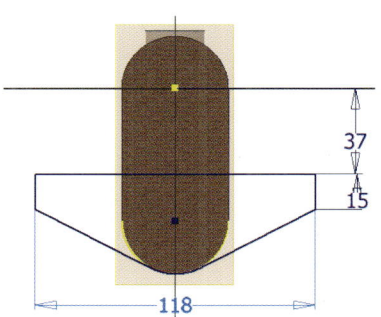

10 ▶ 스케치 마무리
 ▶ 돌출, 접합, 거리 25

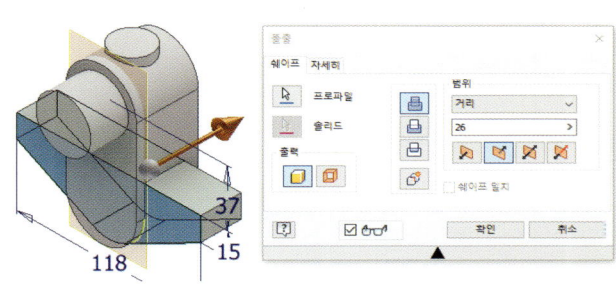

11
- ▶ 해당평면에 새스케치
- ▶ 스케치 작성
- ▶ 구속조건

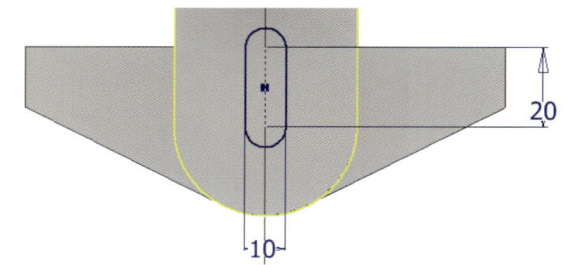

12
- ▶ 스케치 마무리
- ▶ 돌출, 차집합, 전체

13
- ▶ 해당평면에 새스케치
- ▶ 스케치 작성
- ▶ 구속조건

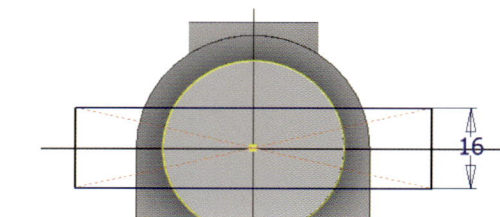

14
- ▶ 스케치 마무리
- ▶ 돌출, 차집합, 거리 12

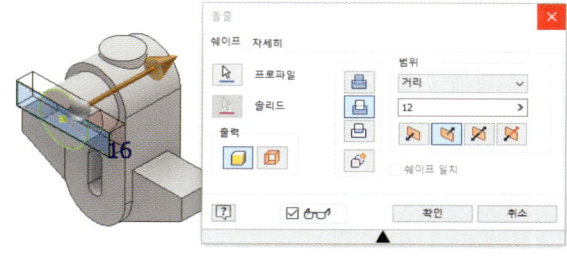

15
- ▶ 구멍

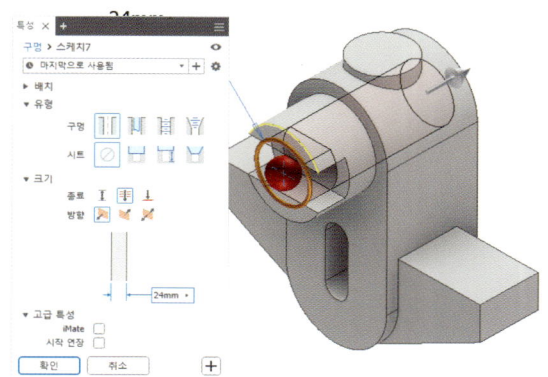

16 ▶ 구멍

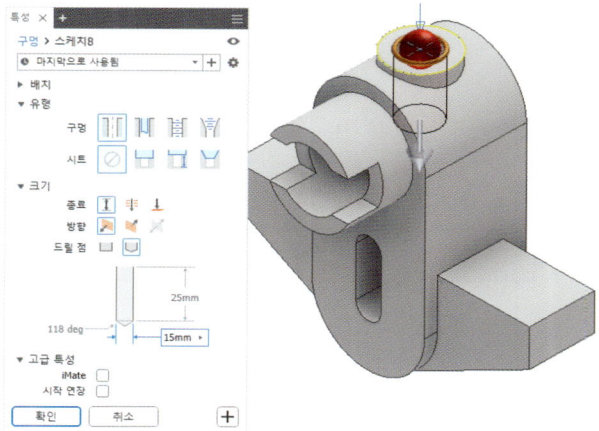

17 ▶ 모따기 C3

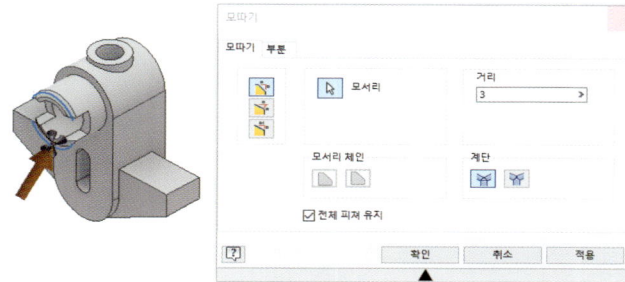

18 ▶ 저장

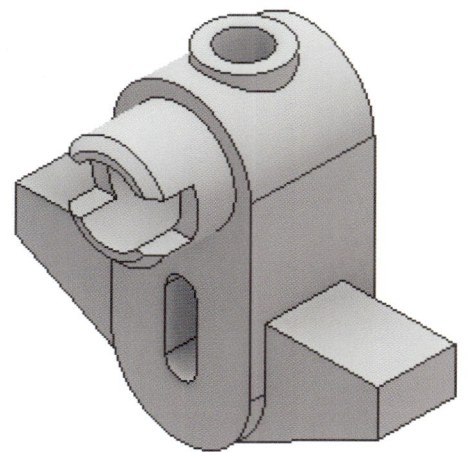

SECTION 05 공개문제-05 예상문제

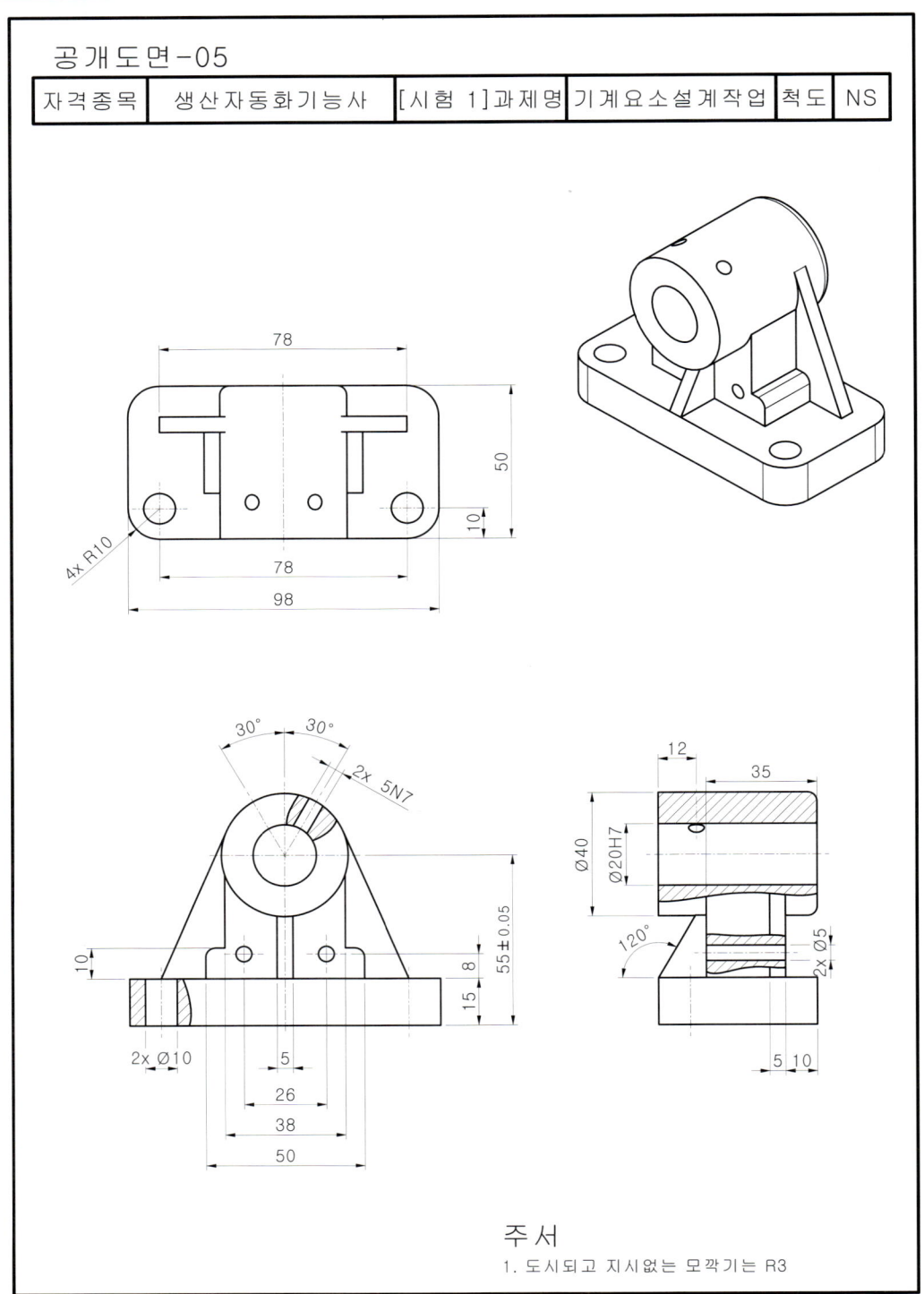

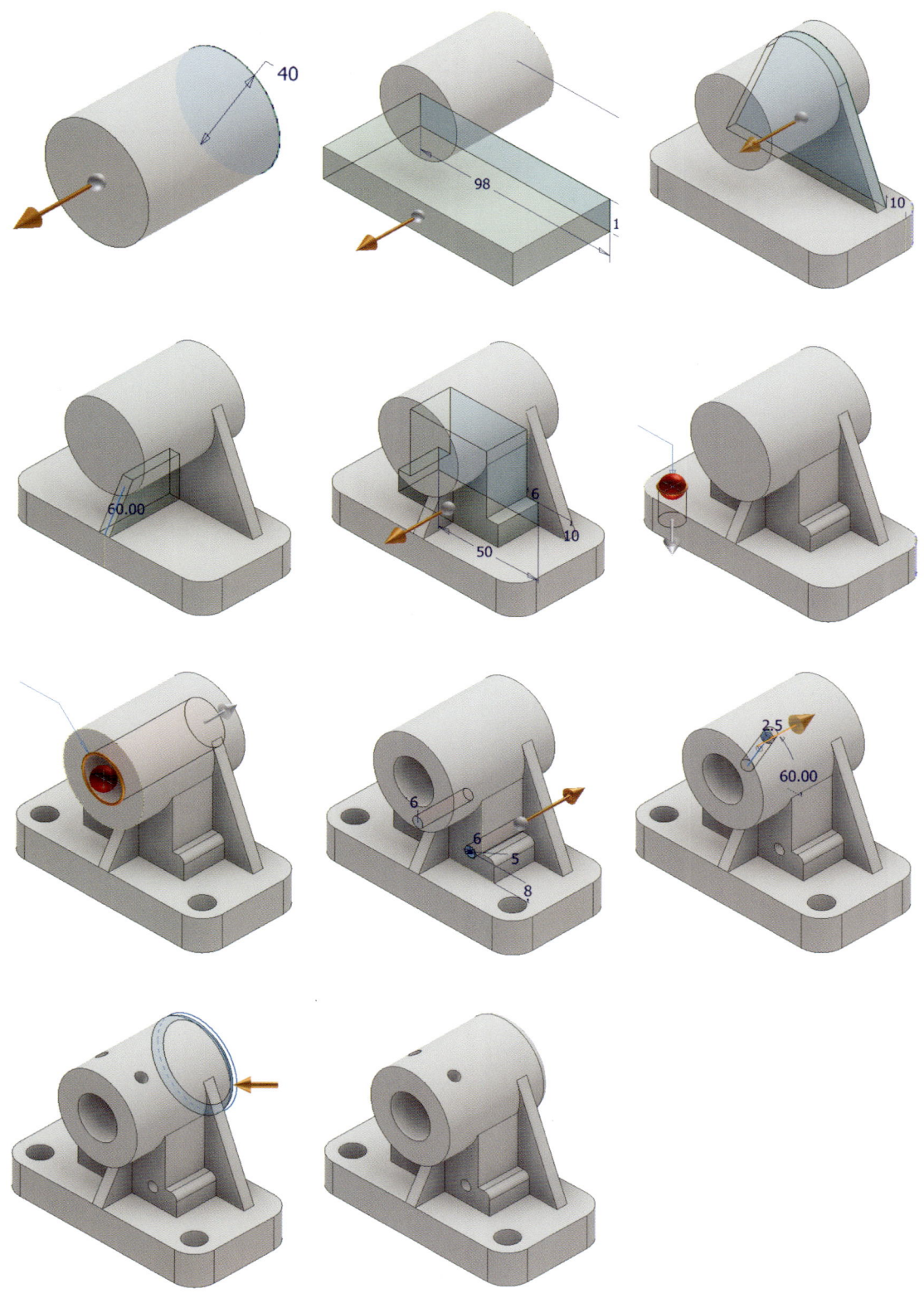

SECTION 06
공개문제-06 예상문제

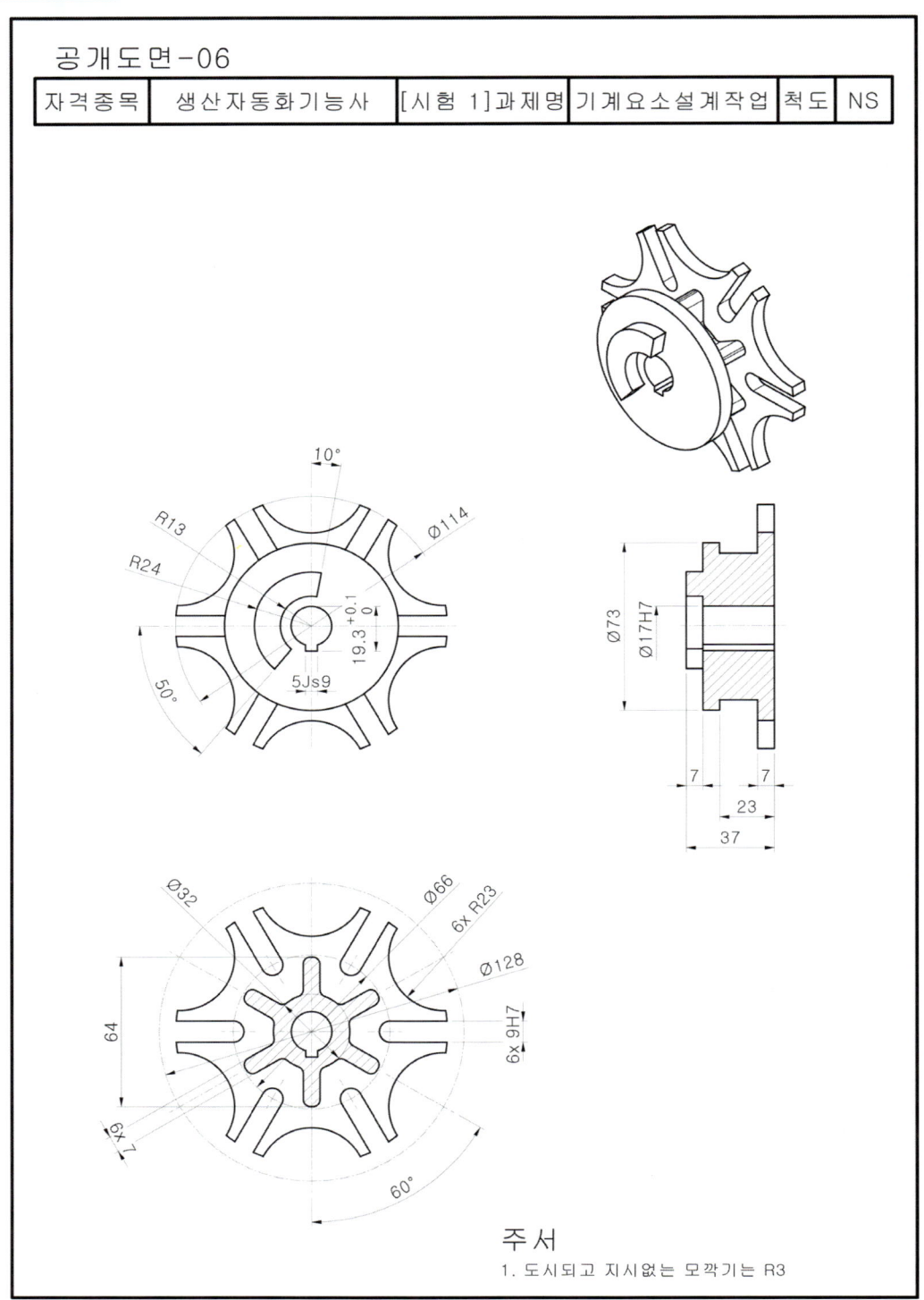

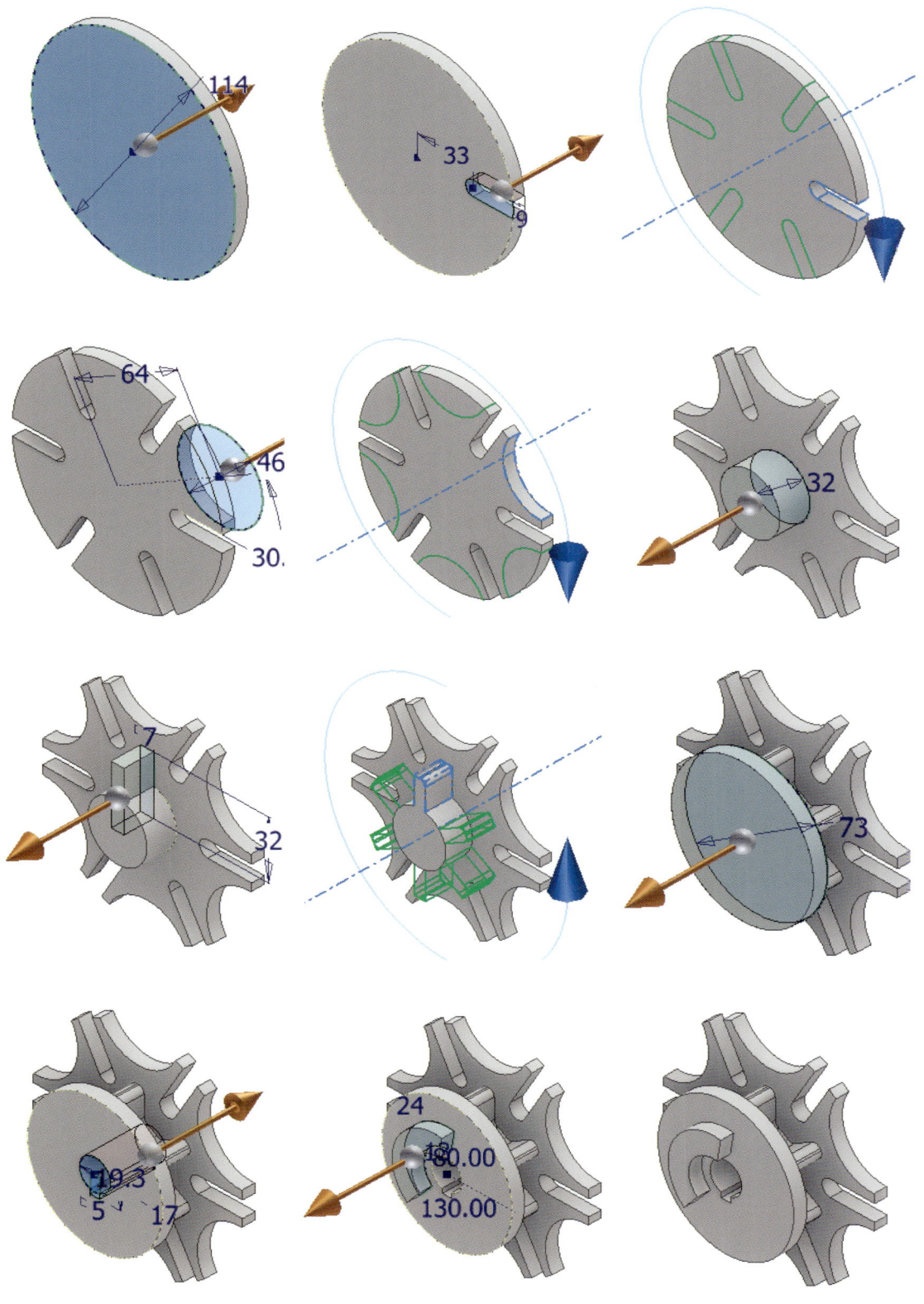

PART 02_ 생산자동화 기능사 모델링

SECTION 07 공개문제-07 예상문제

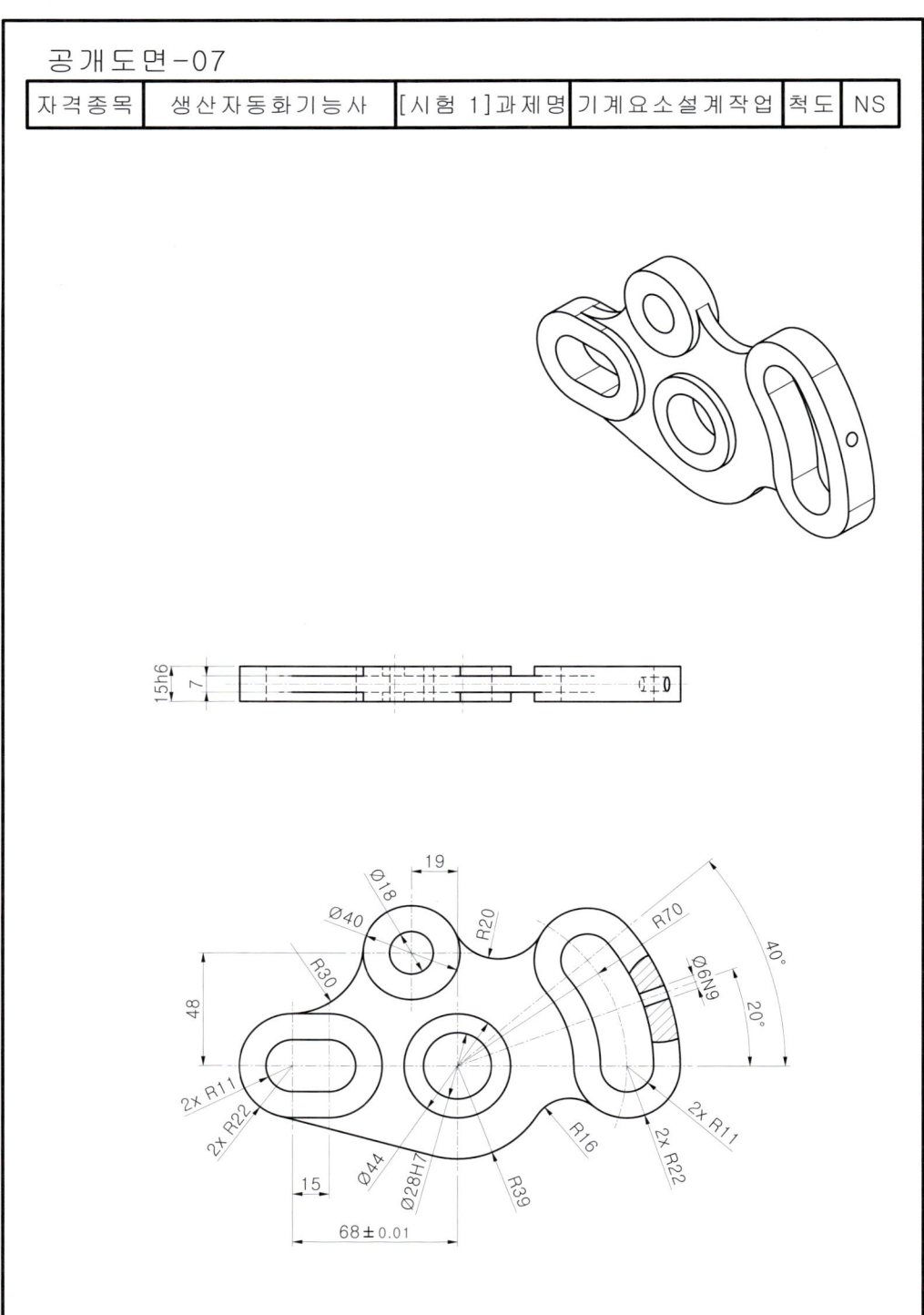

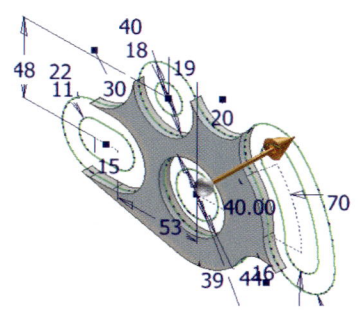
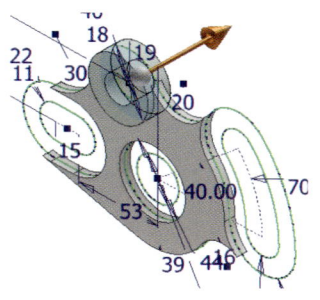
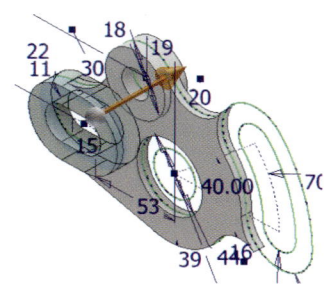
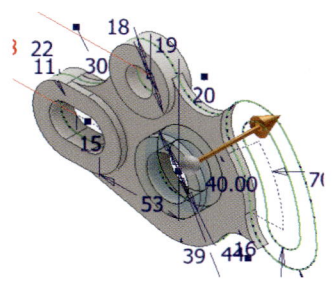
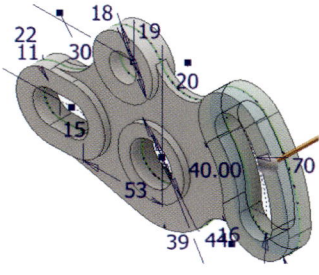
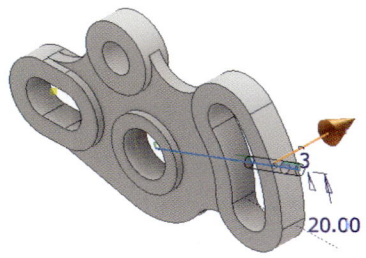
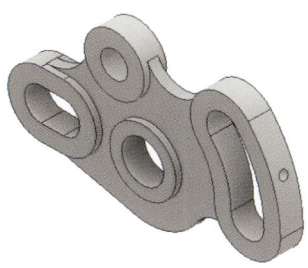

SECTION 08 공개문제-08 예상문제

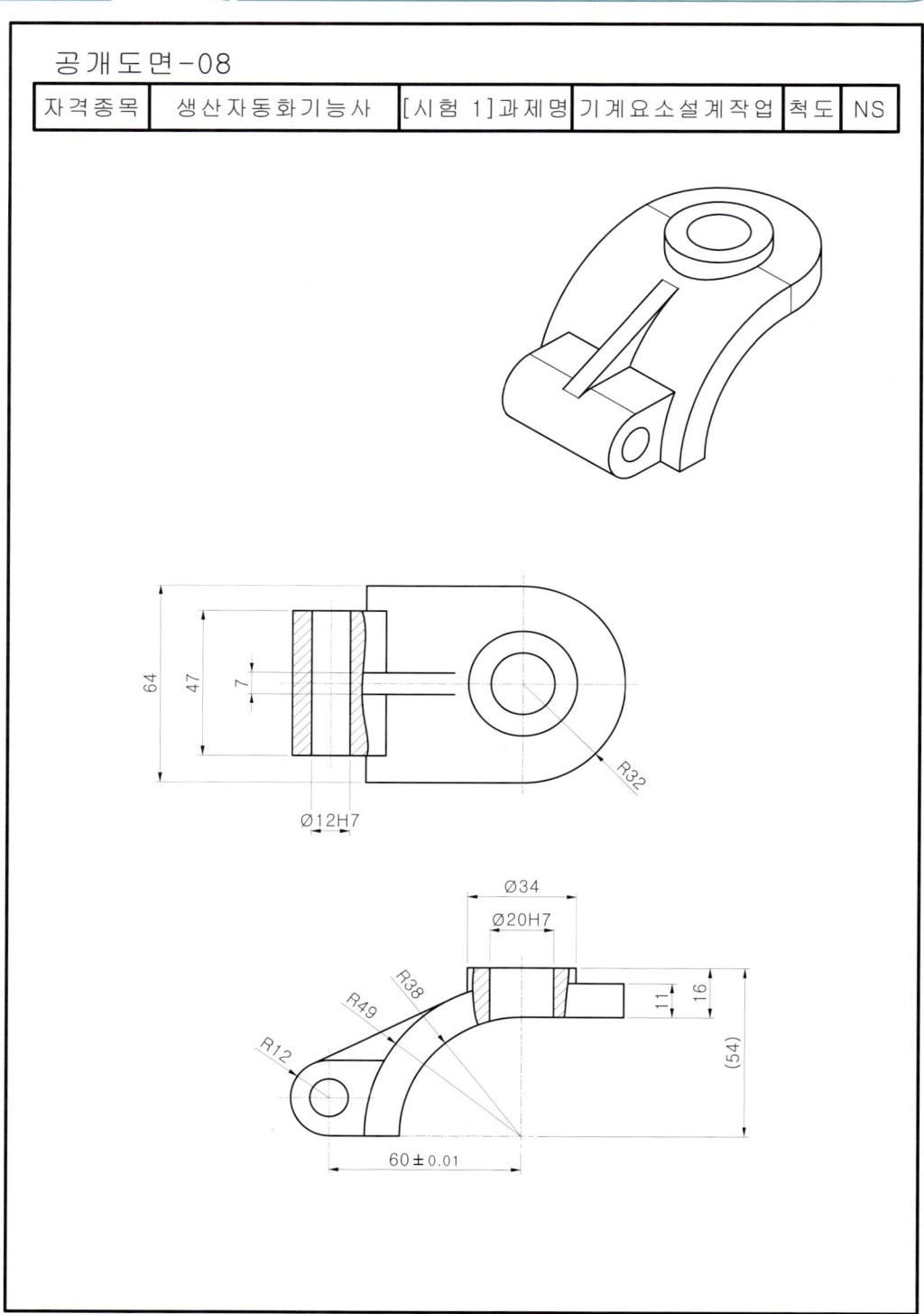

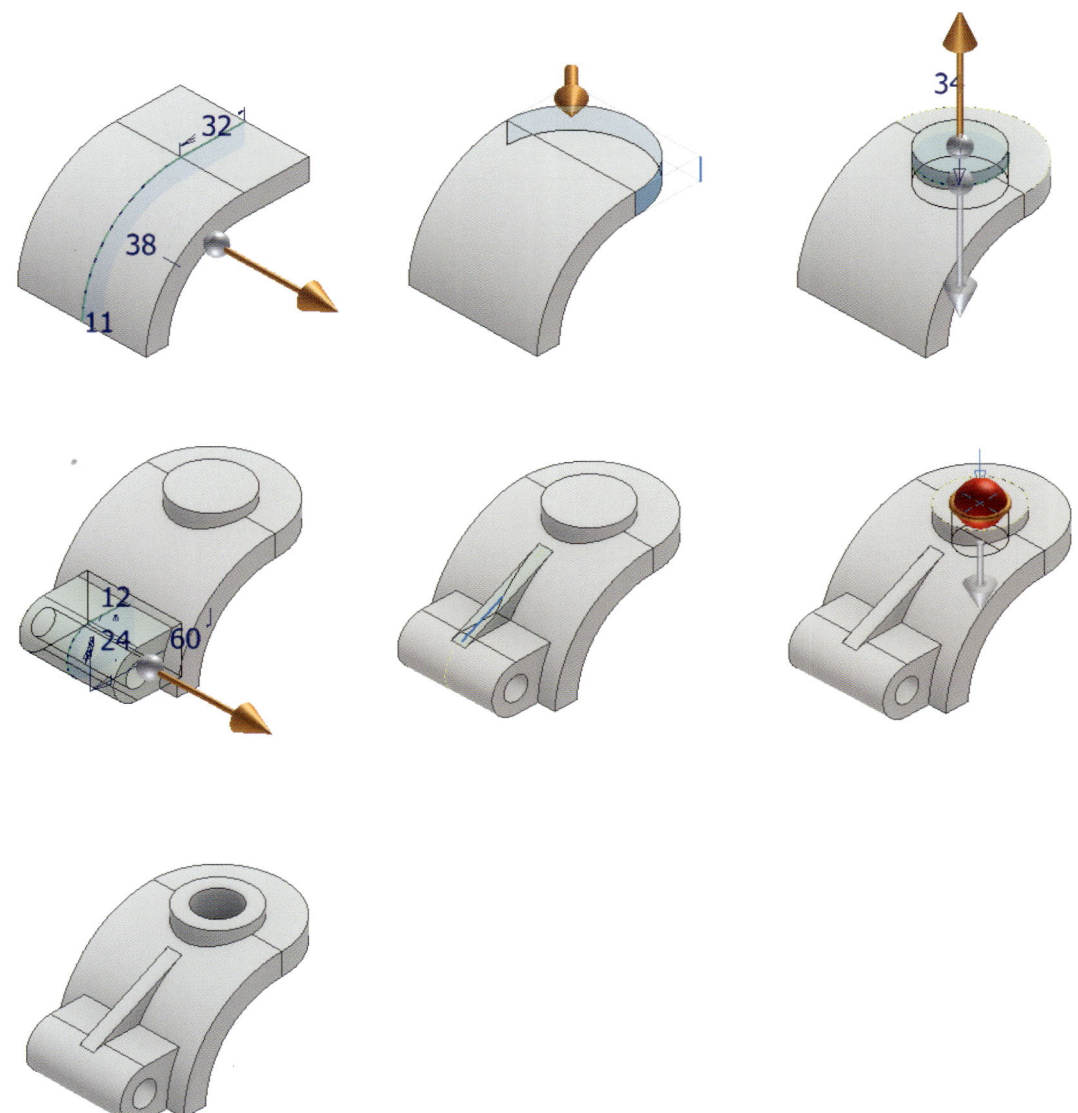

SECTION 09 공개문제-09 예상문제

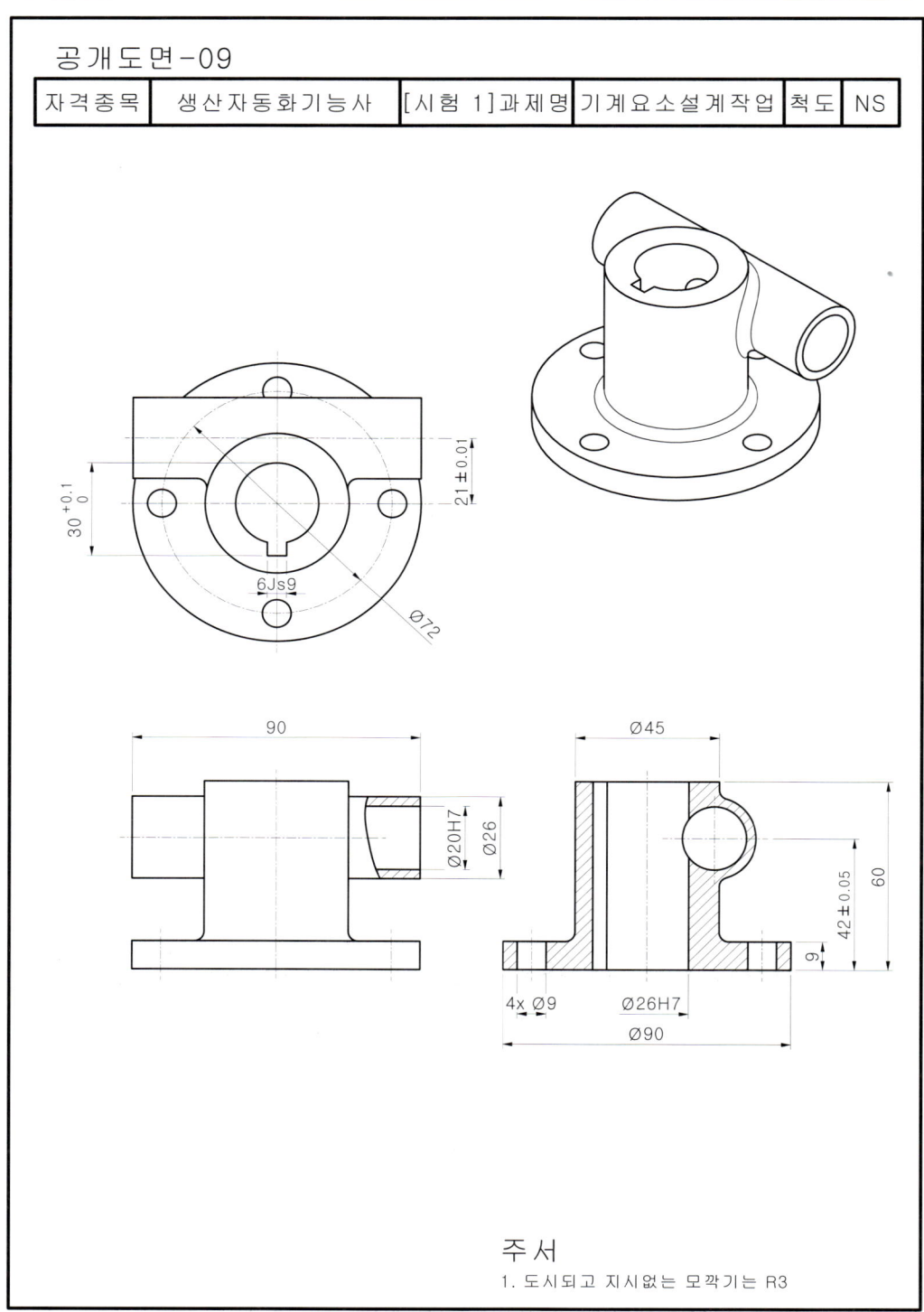

주 서
1. 도시되고 지시없는 모깎기는 R3

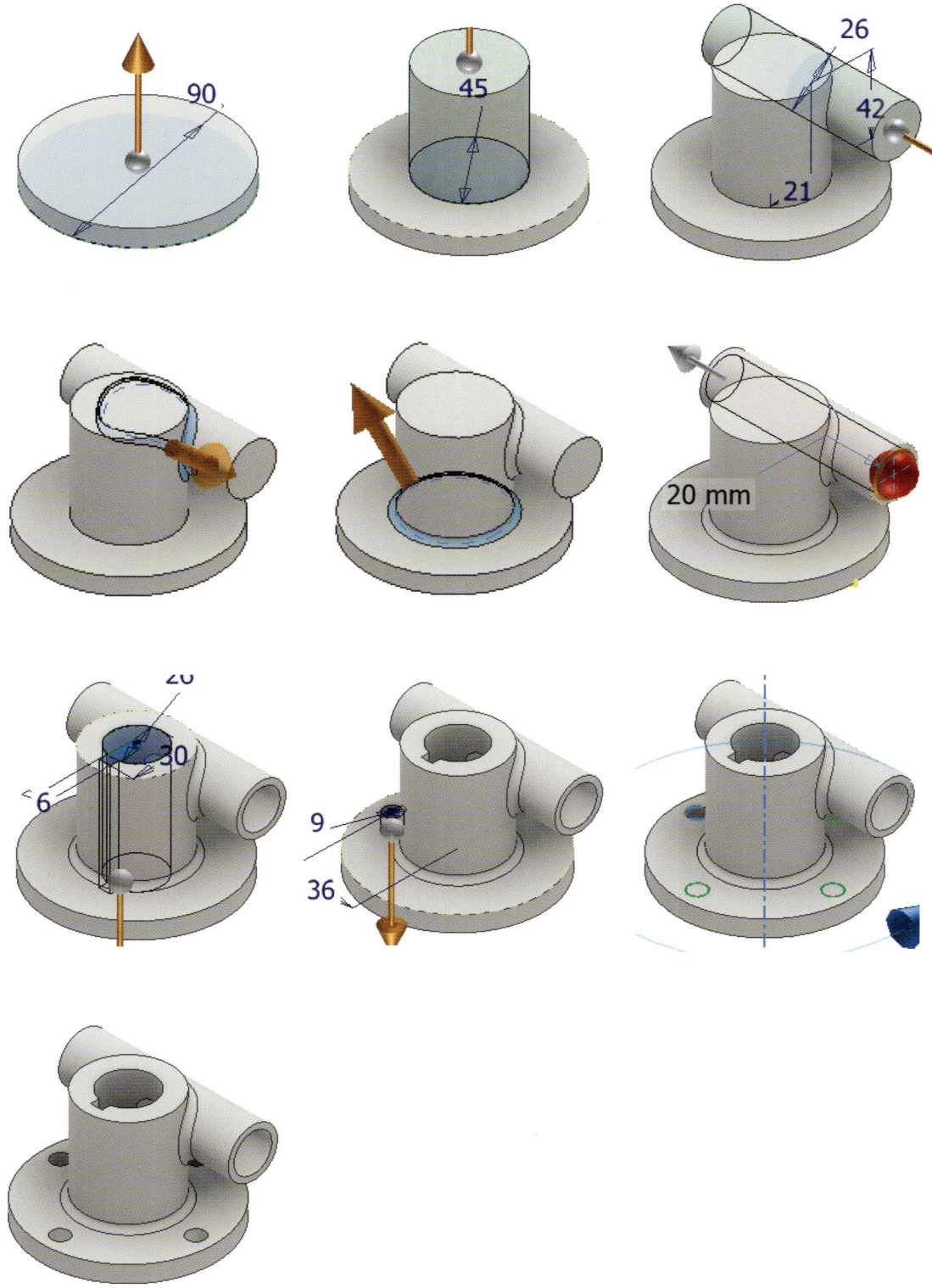

SECTION 10 공개문제-10 예상문제

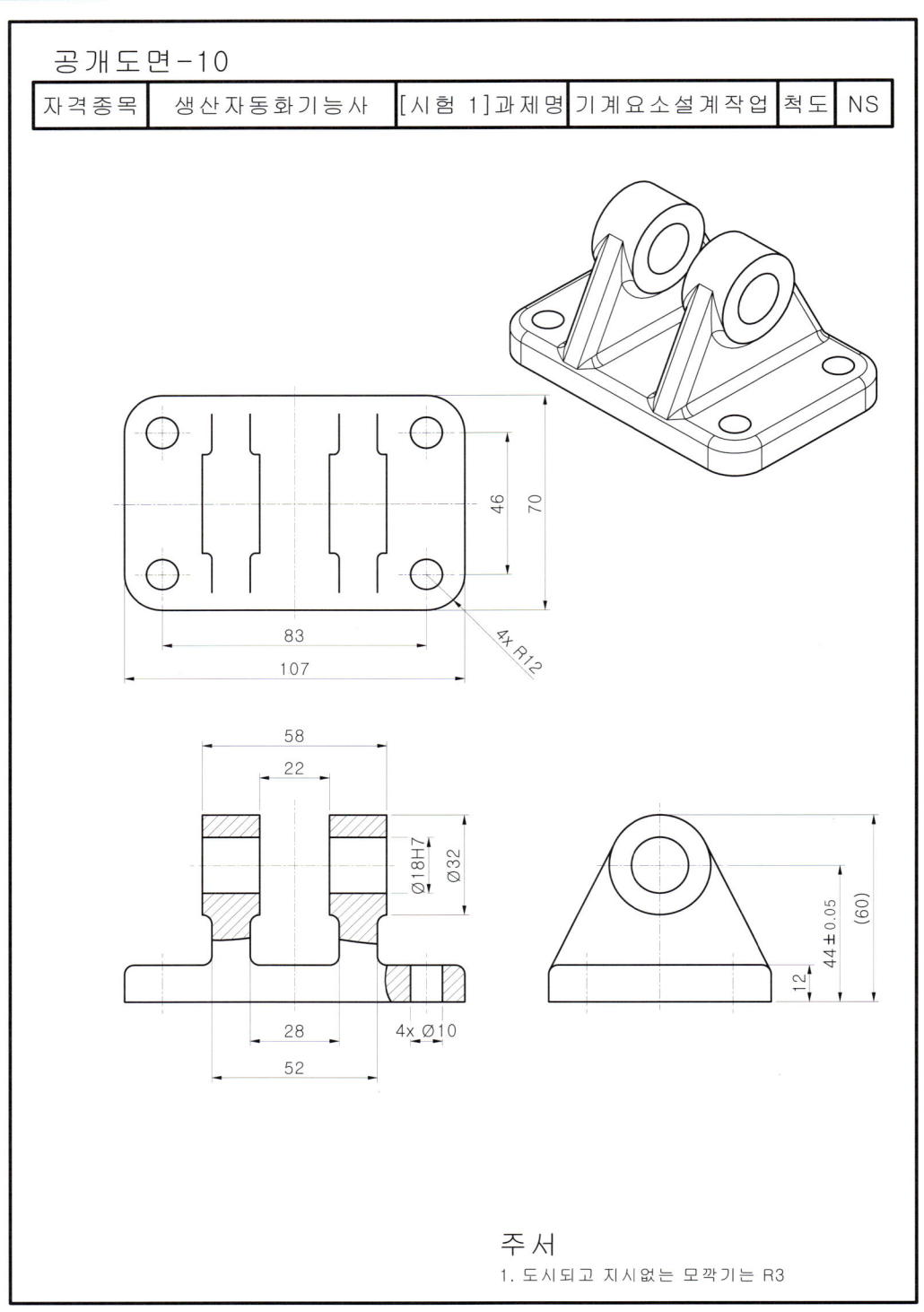

공개도면-10

| 자격종목 | 생산자동화기능사 | [시험 1]과제명 | 기계요소설계작업 | 척도 | NS |

주 서
1. 도시되고 지시없는 모깎기는 R3

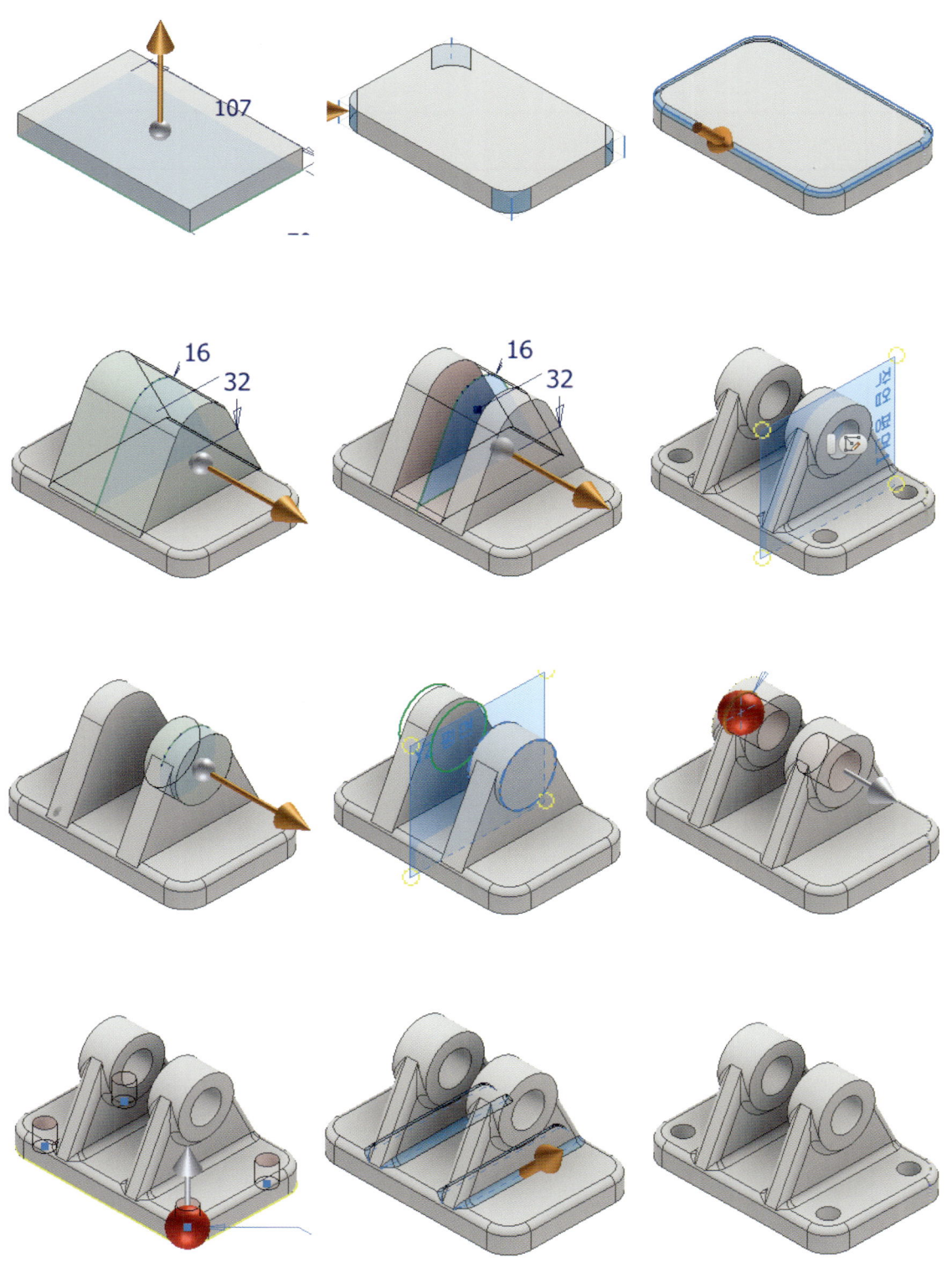

SECTION 11 공개문제-11 예상문제

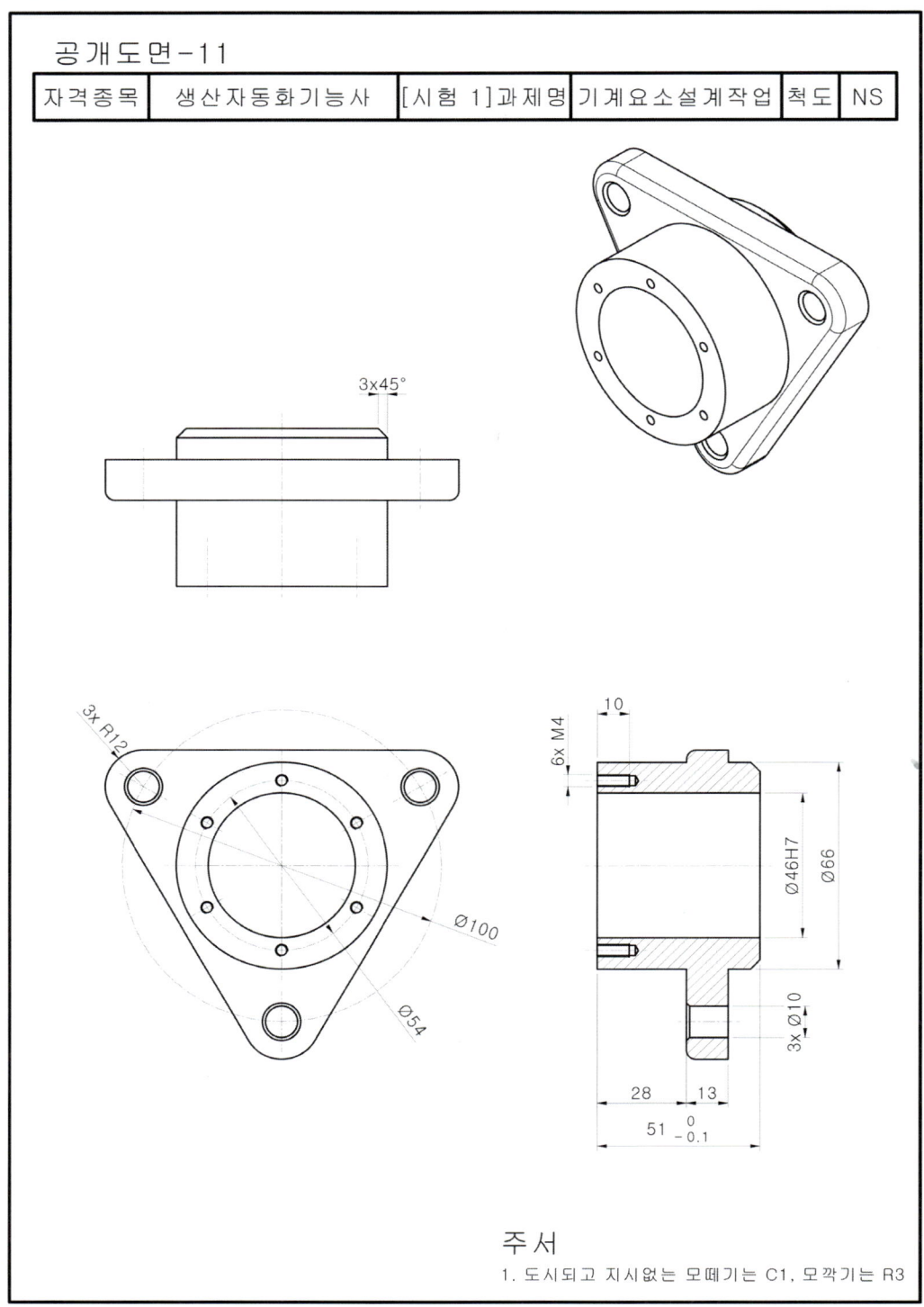

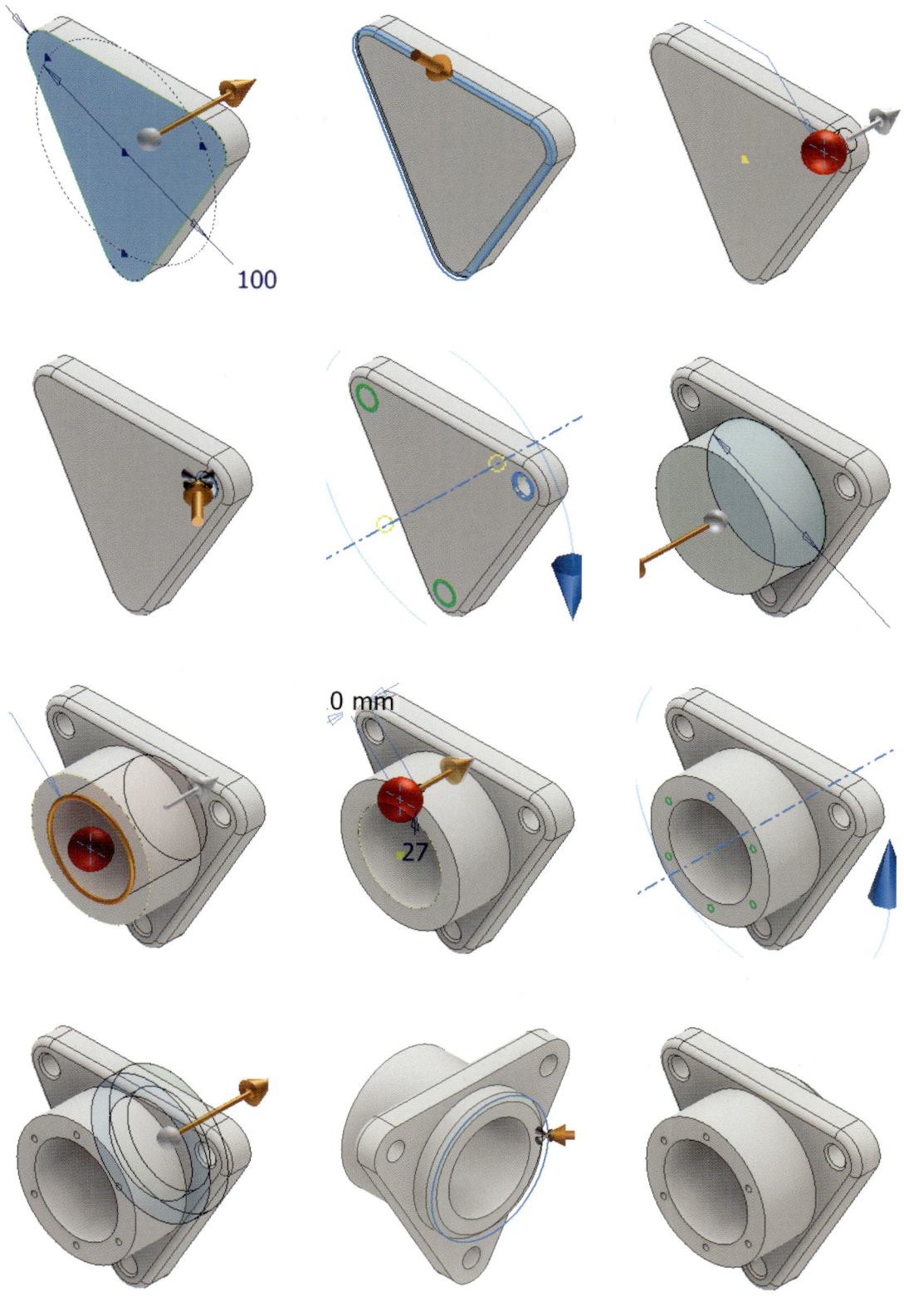

SECTION 12 공개문제-12 예상문제

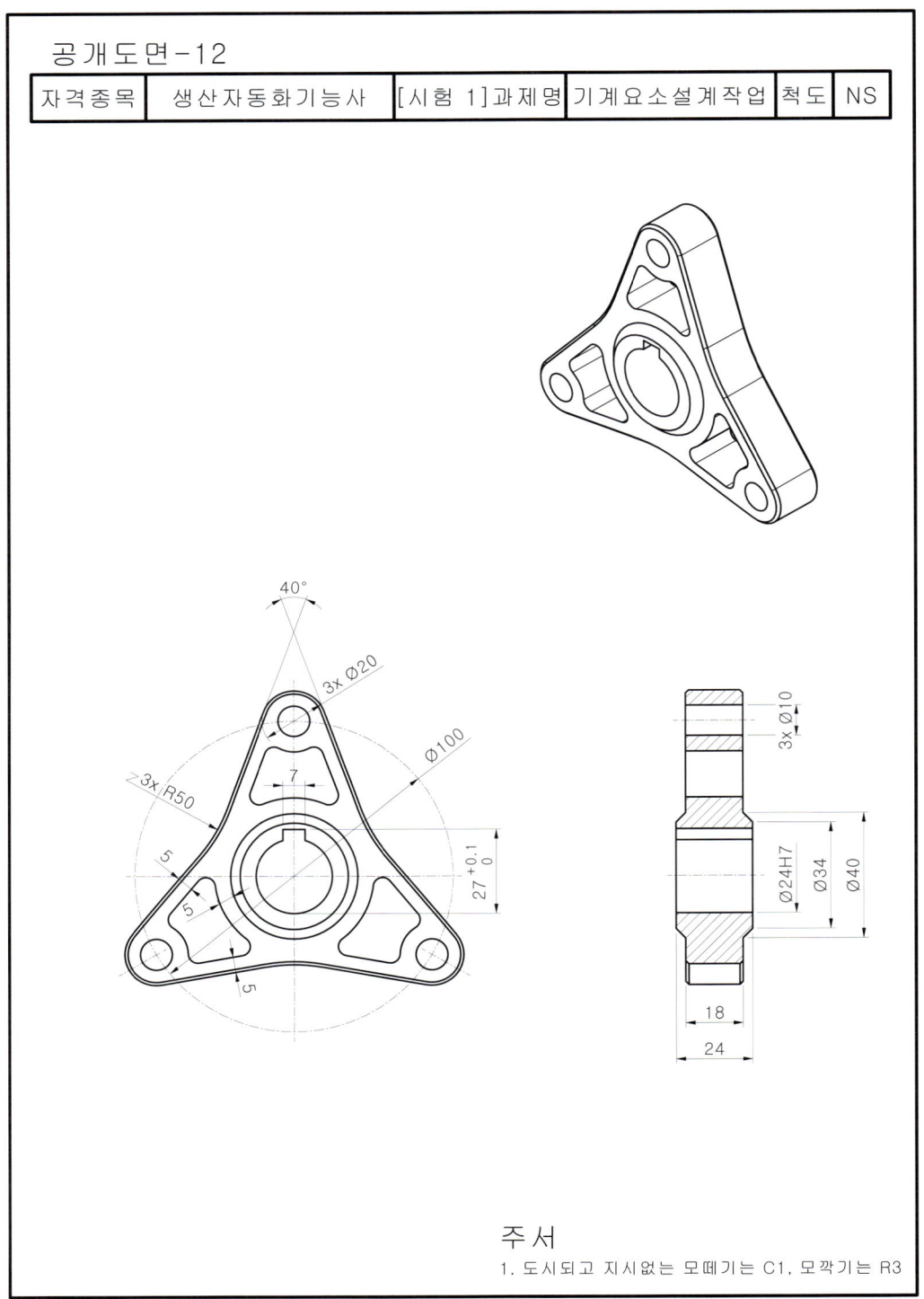

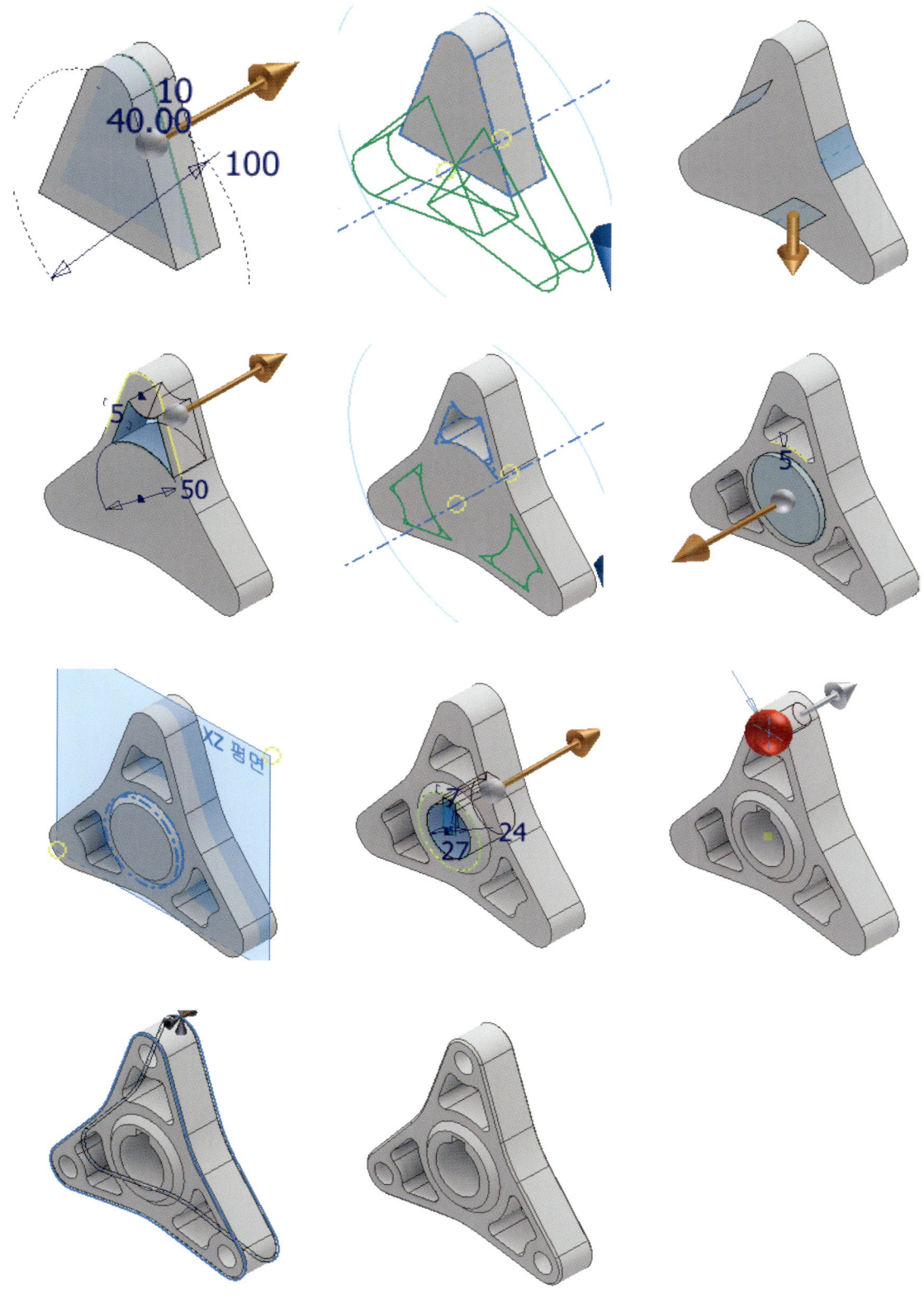

SECTION 13

공개문제-13 예상문제

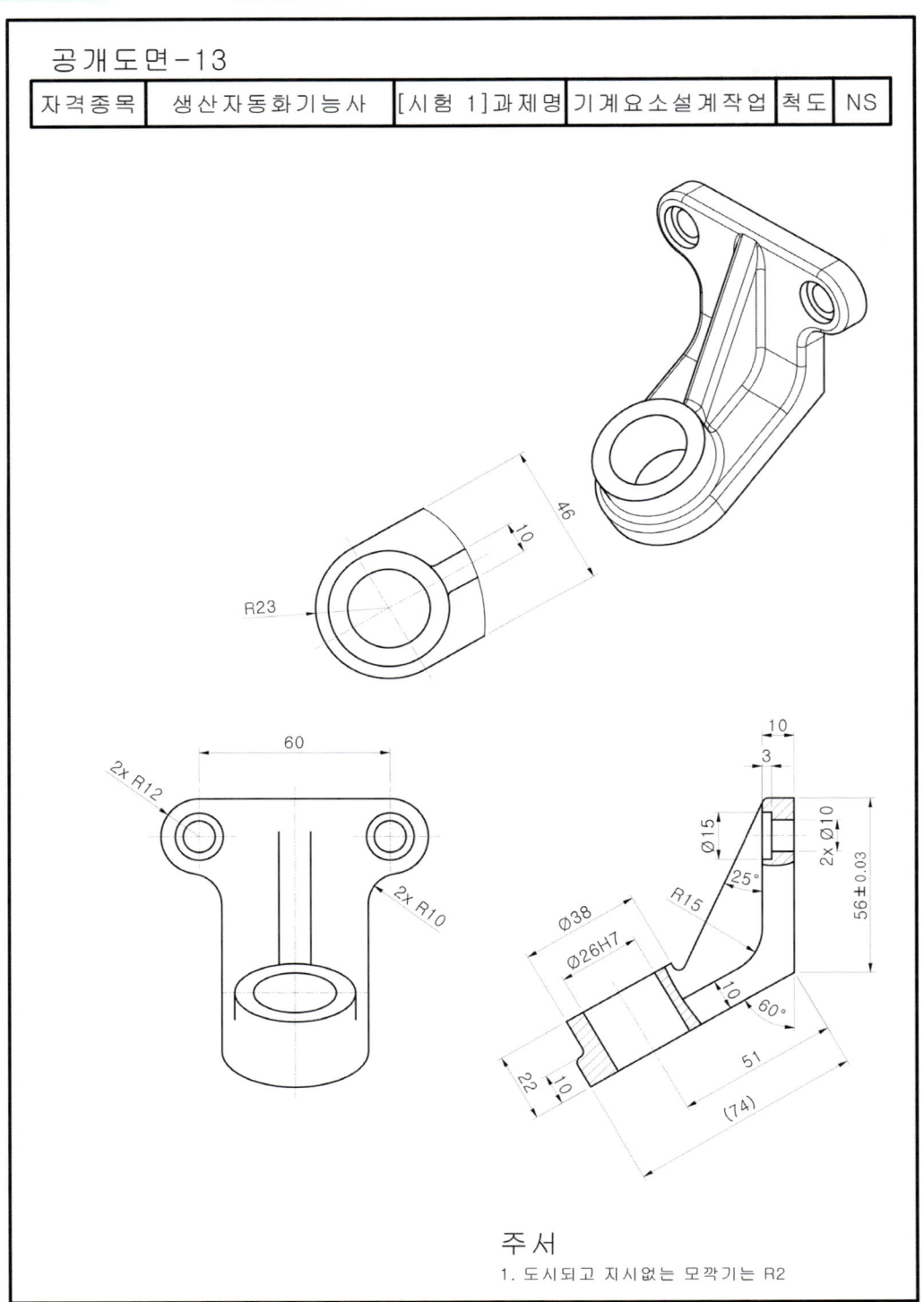

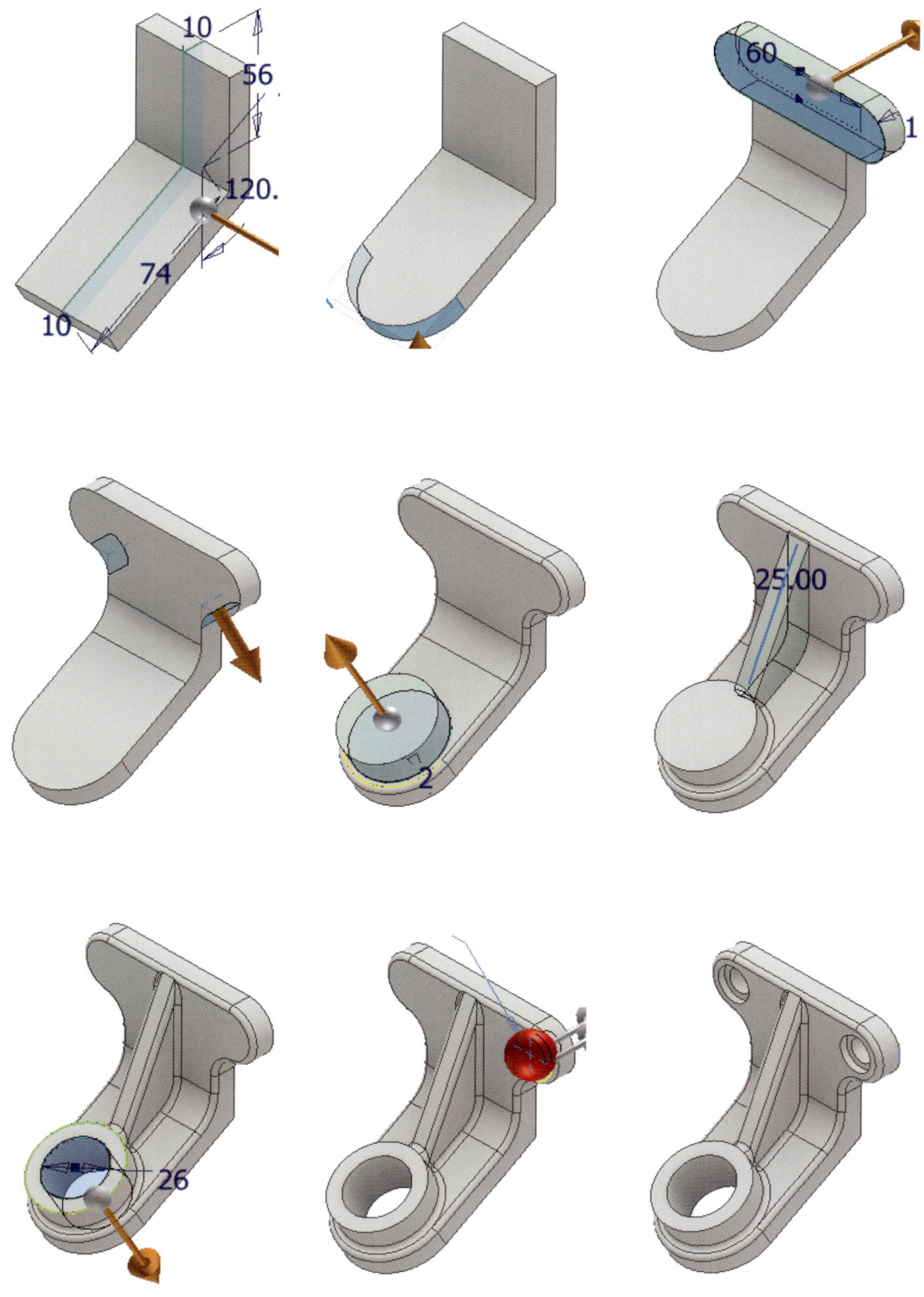

SECTION 14 공개문제-14 예상문제

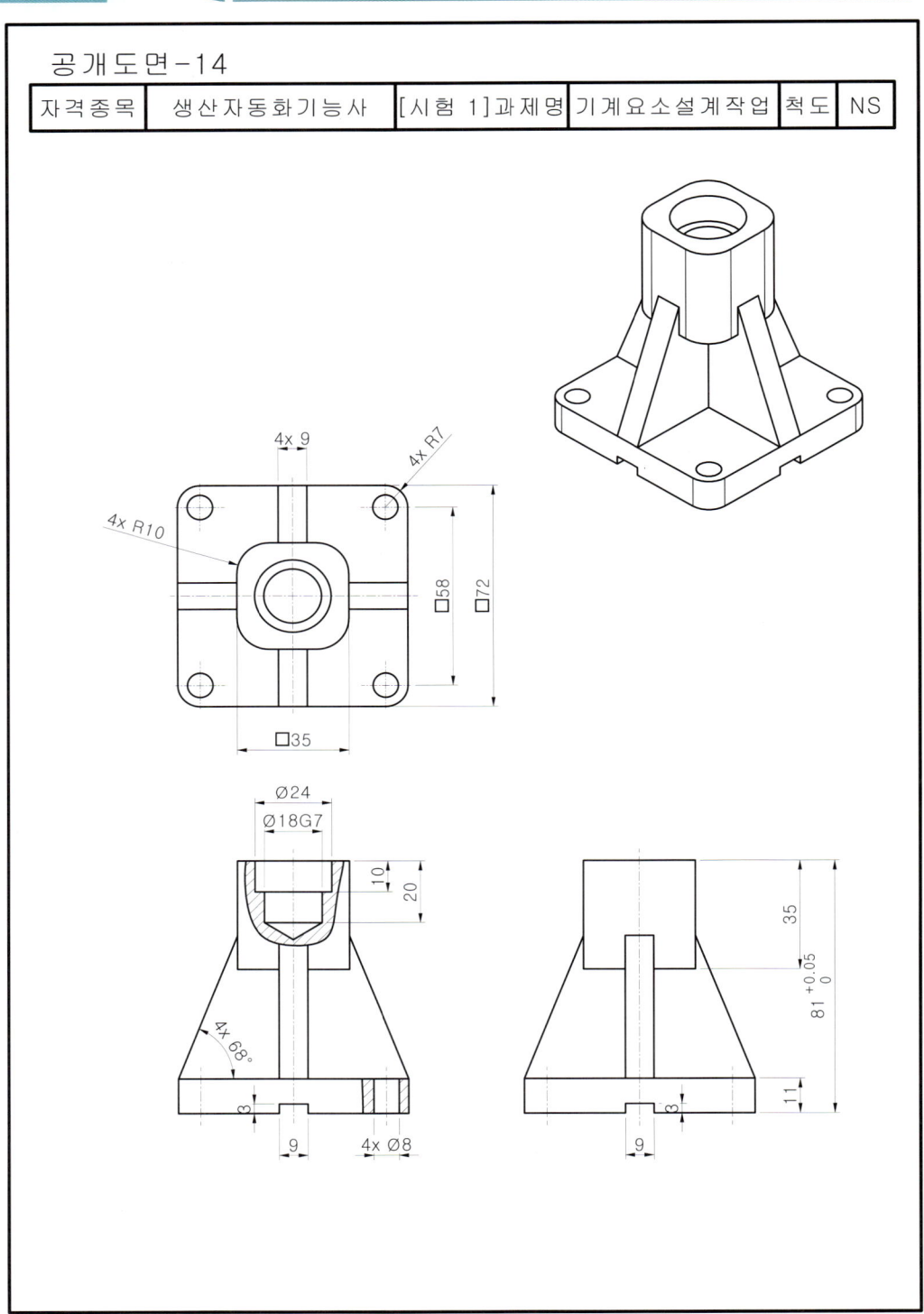

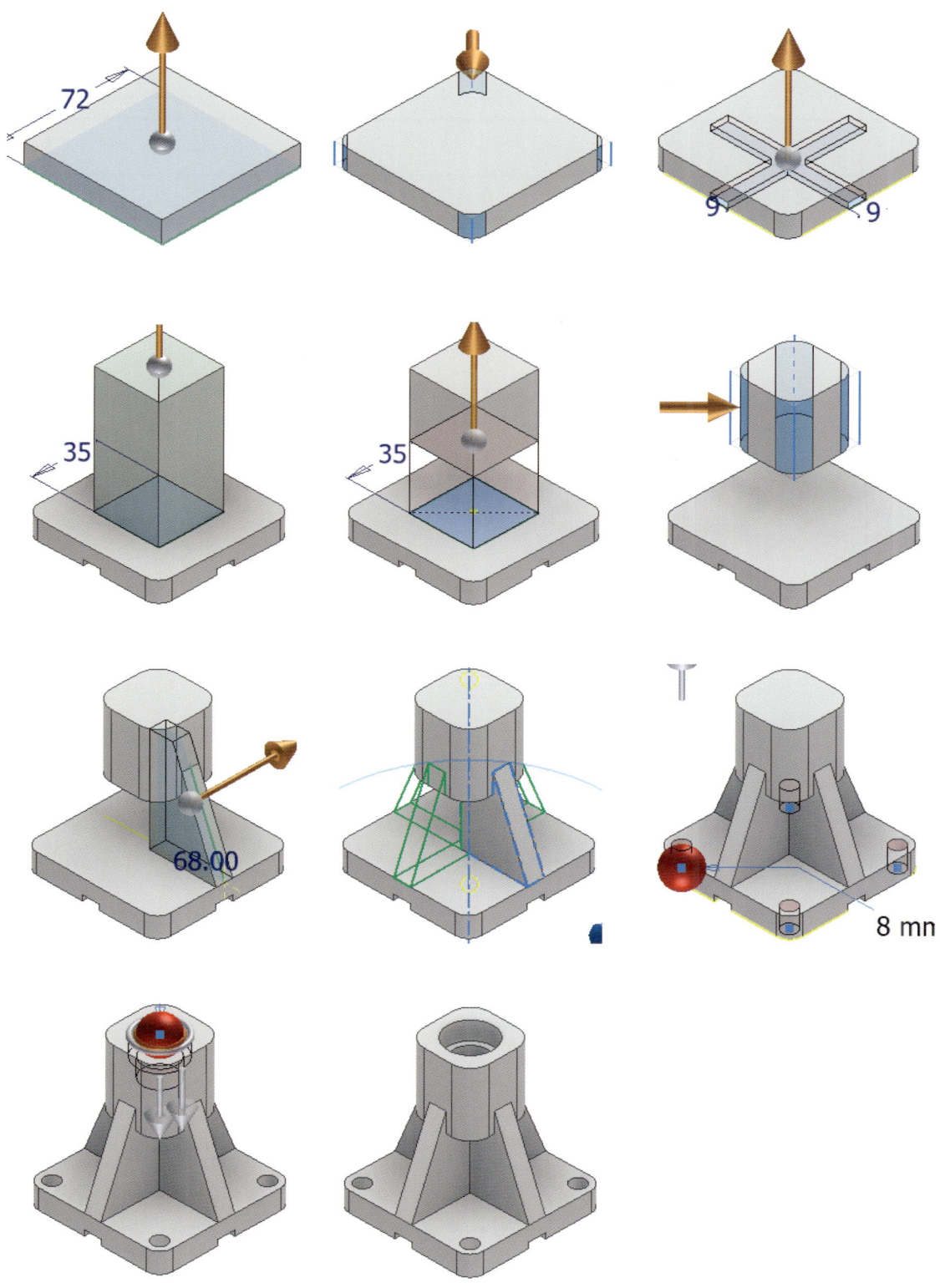

SECTION 15
공개문제-15 예상문제

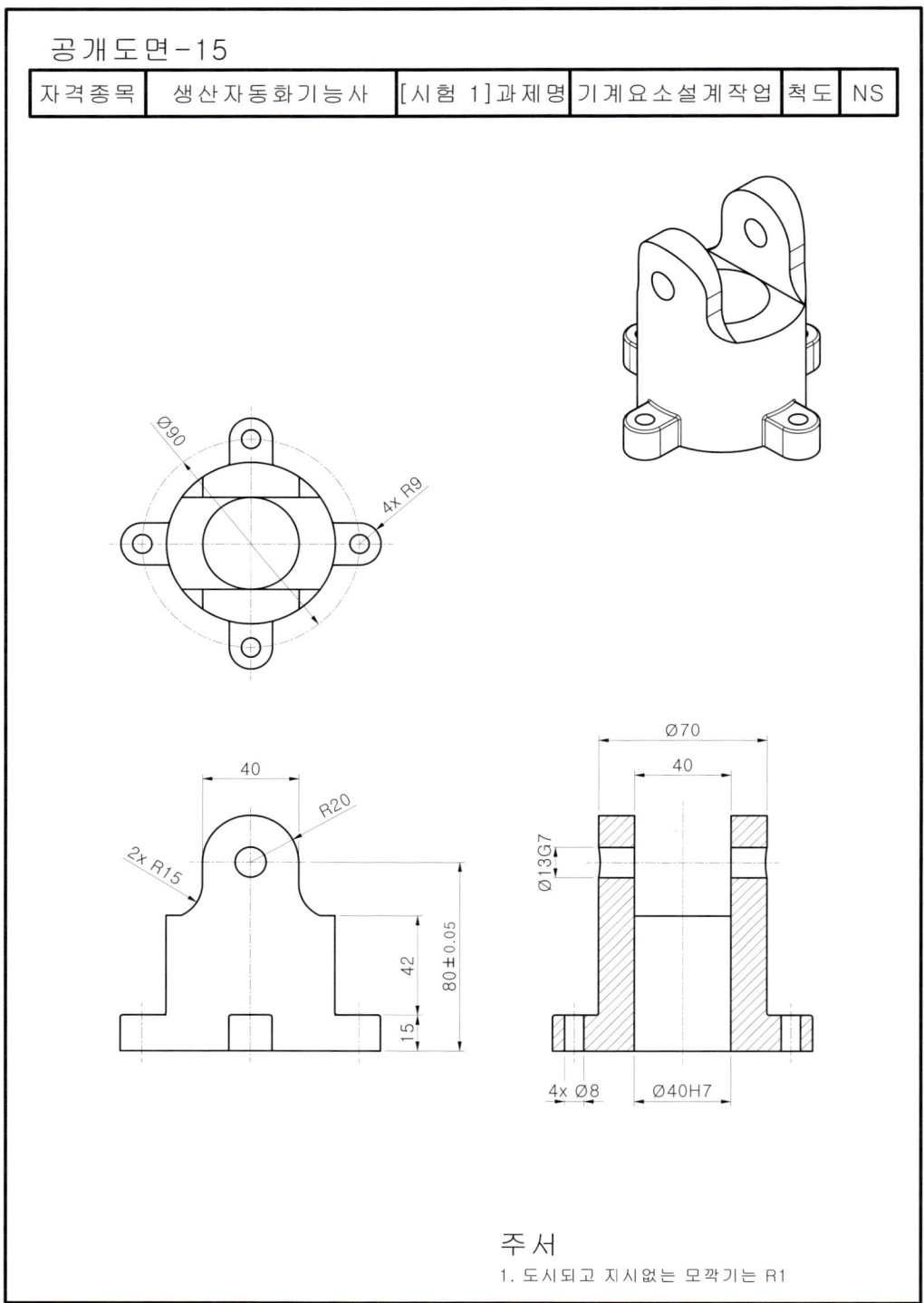

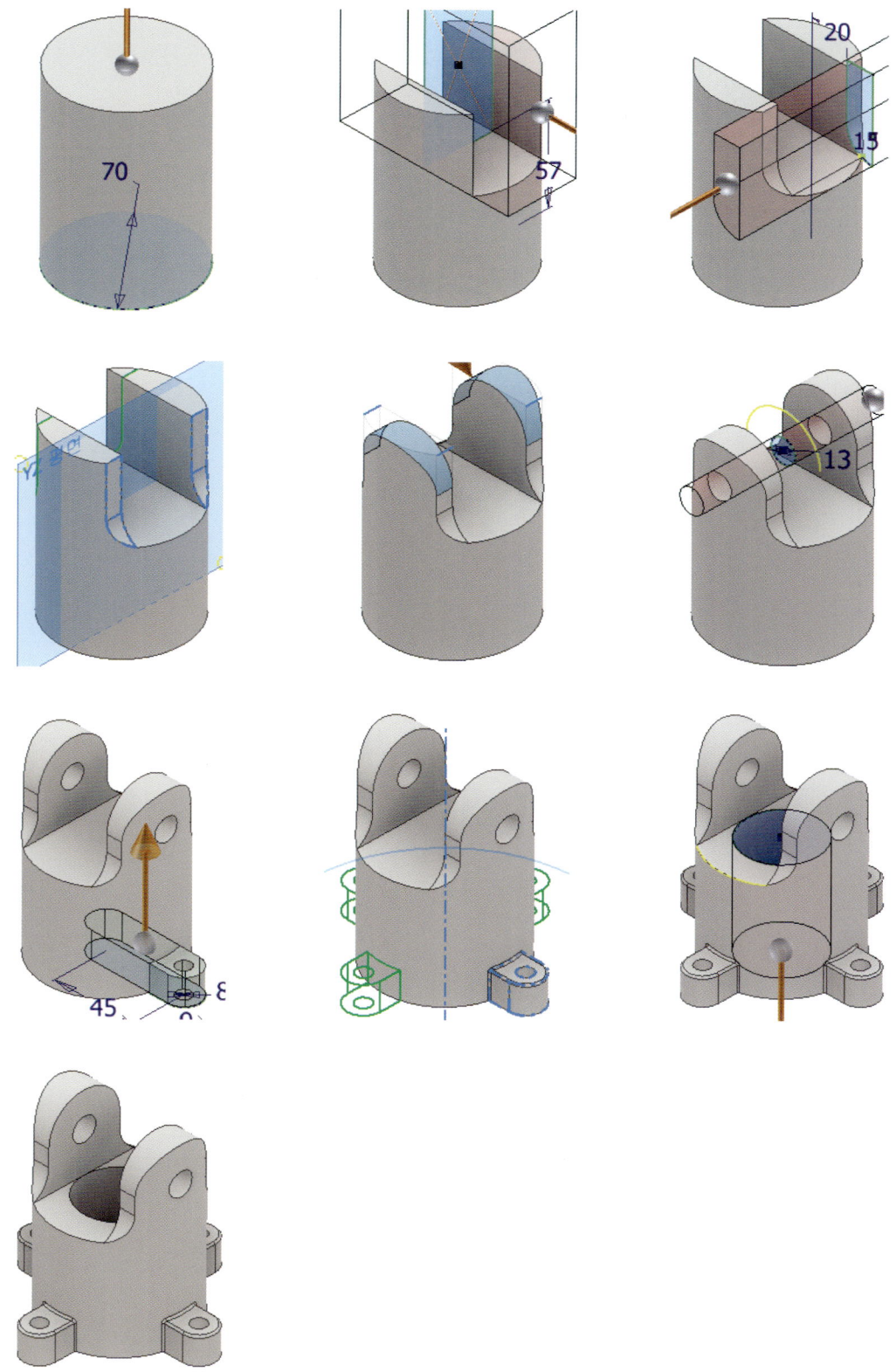

SECTION 16 공개문제-16 예상문제

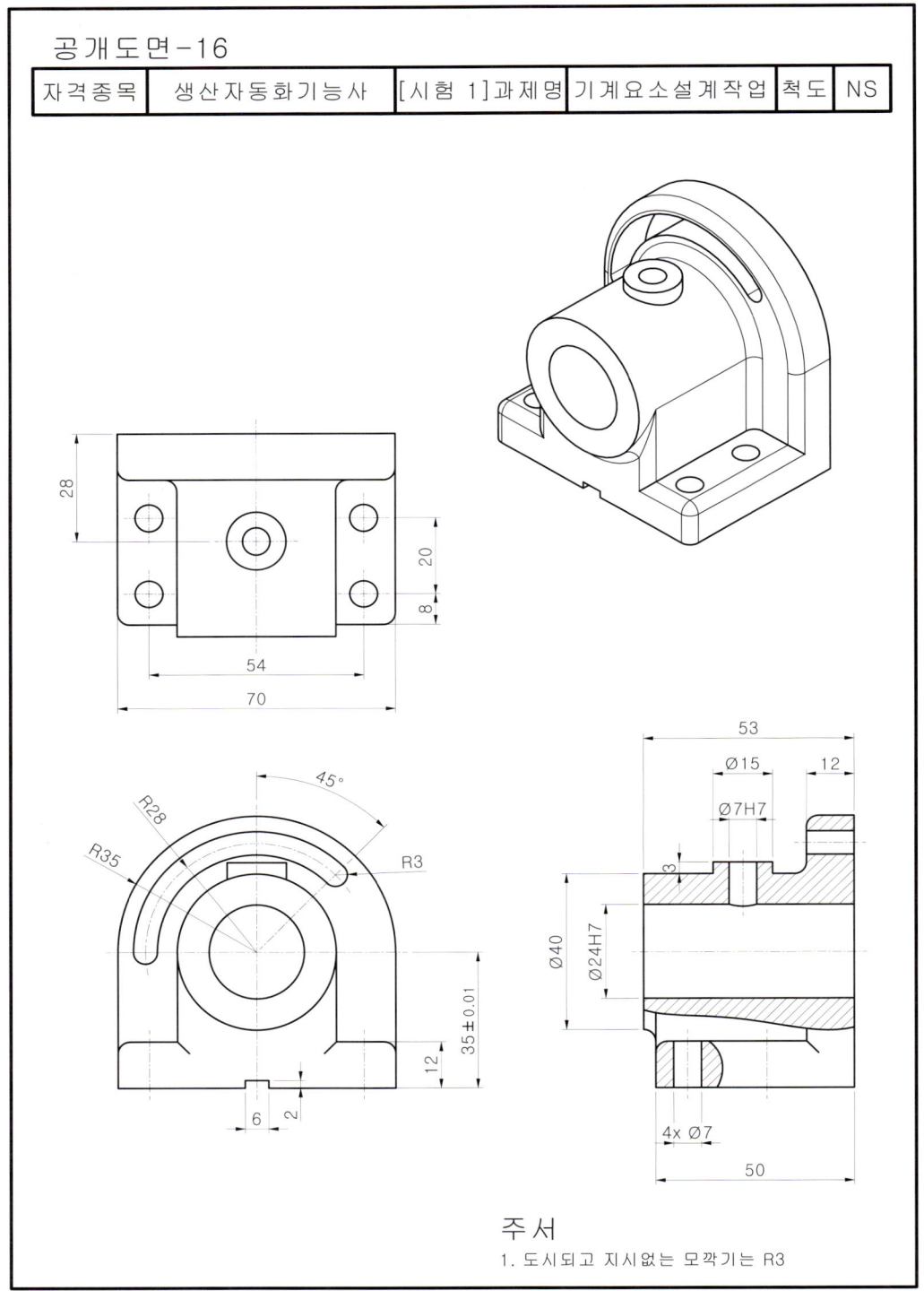

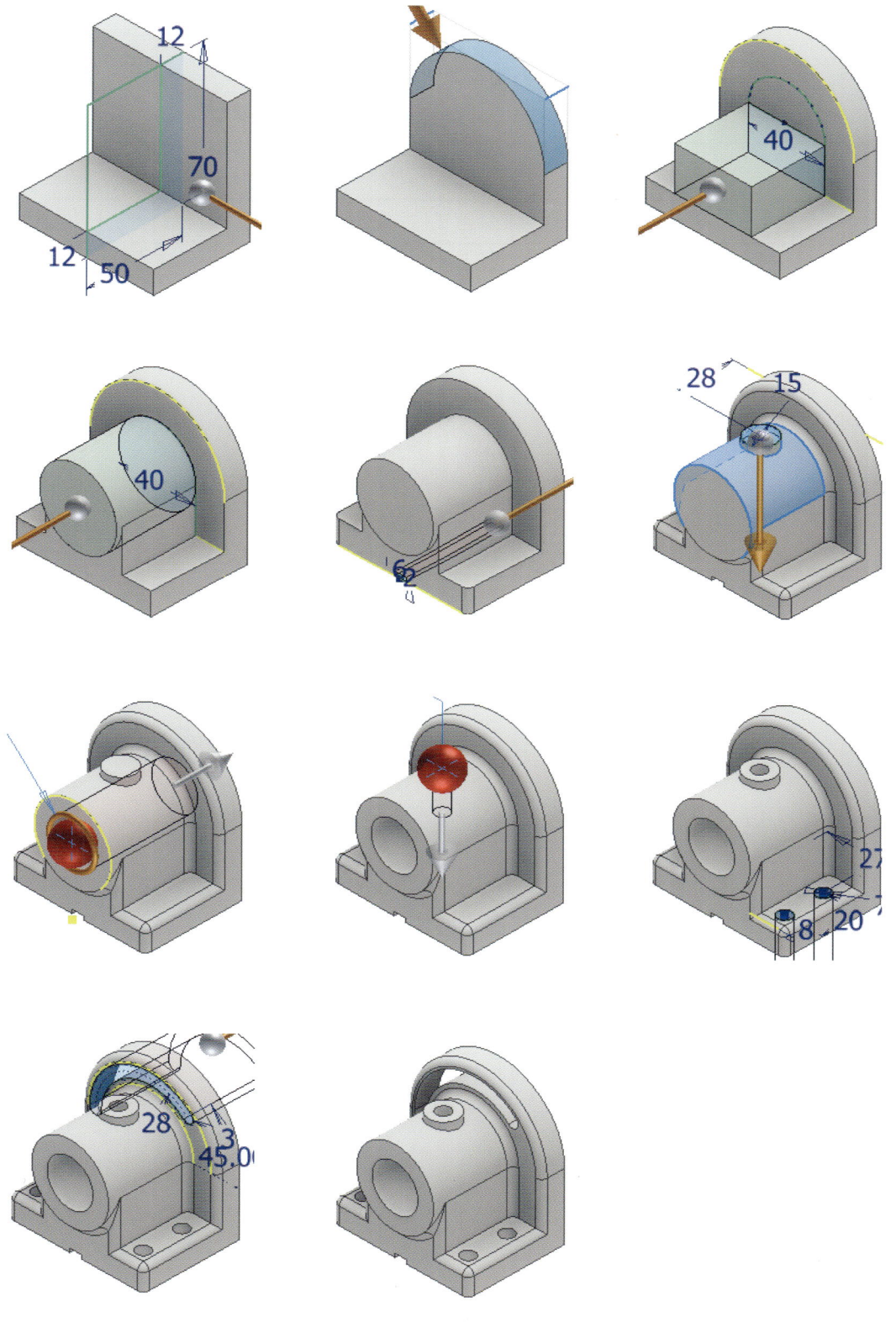

SECTION 17 — 공개문제-17 예상문제

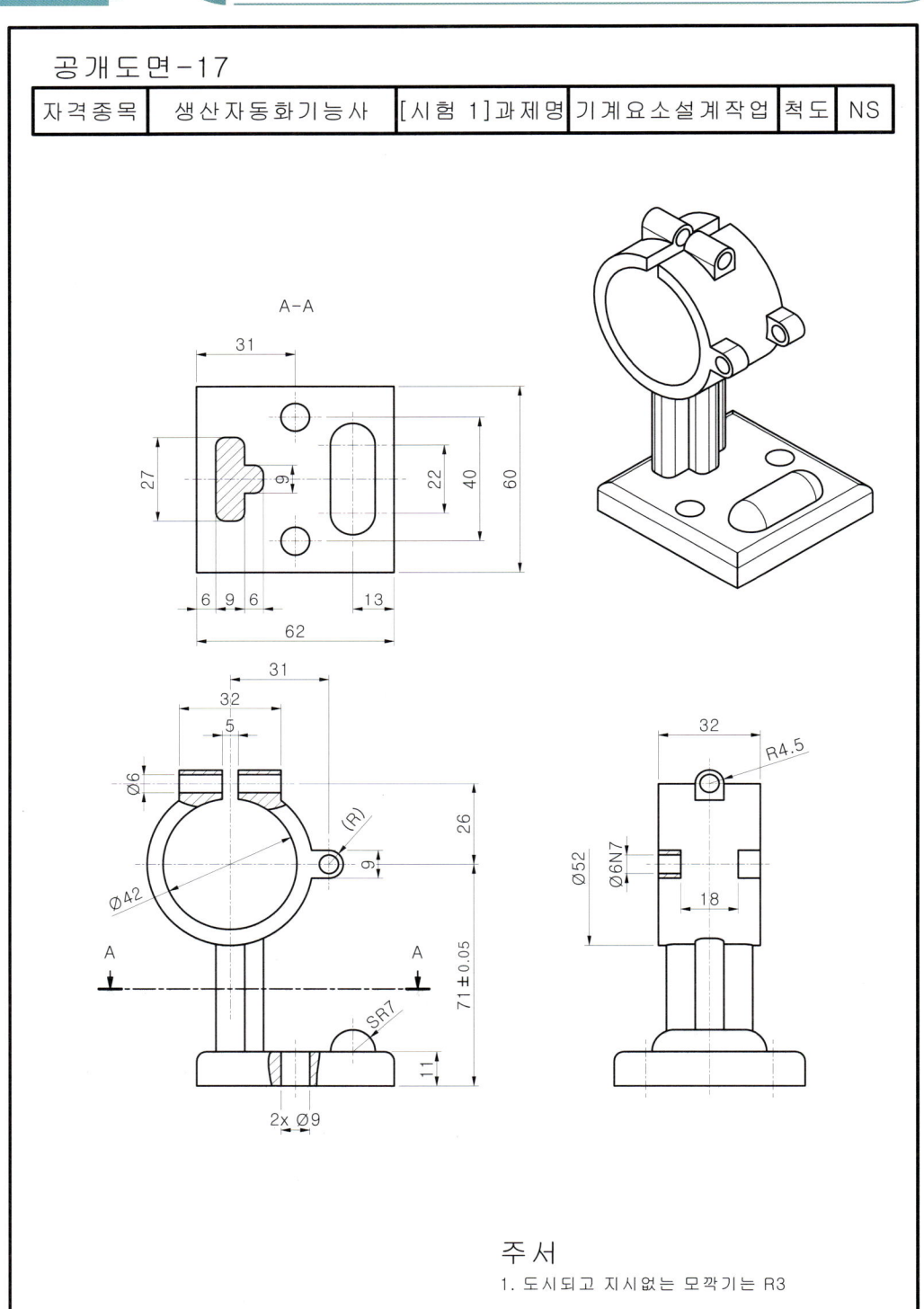

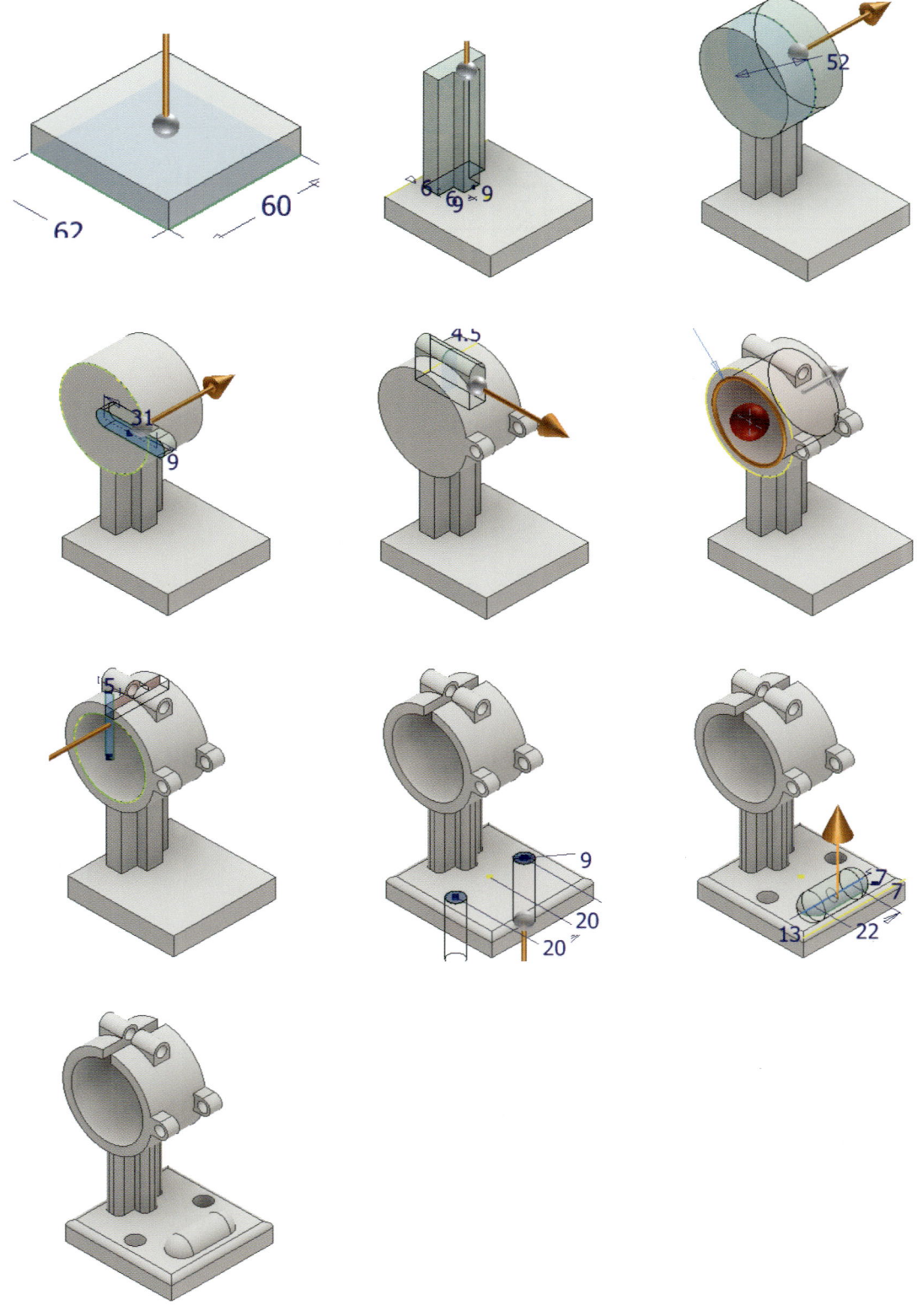

SECTION 18 공개문제-18 예상문제

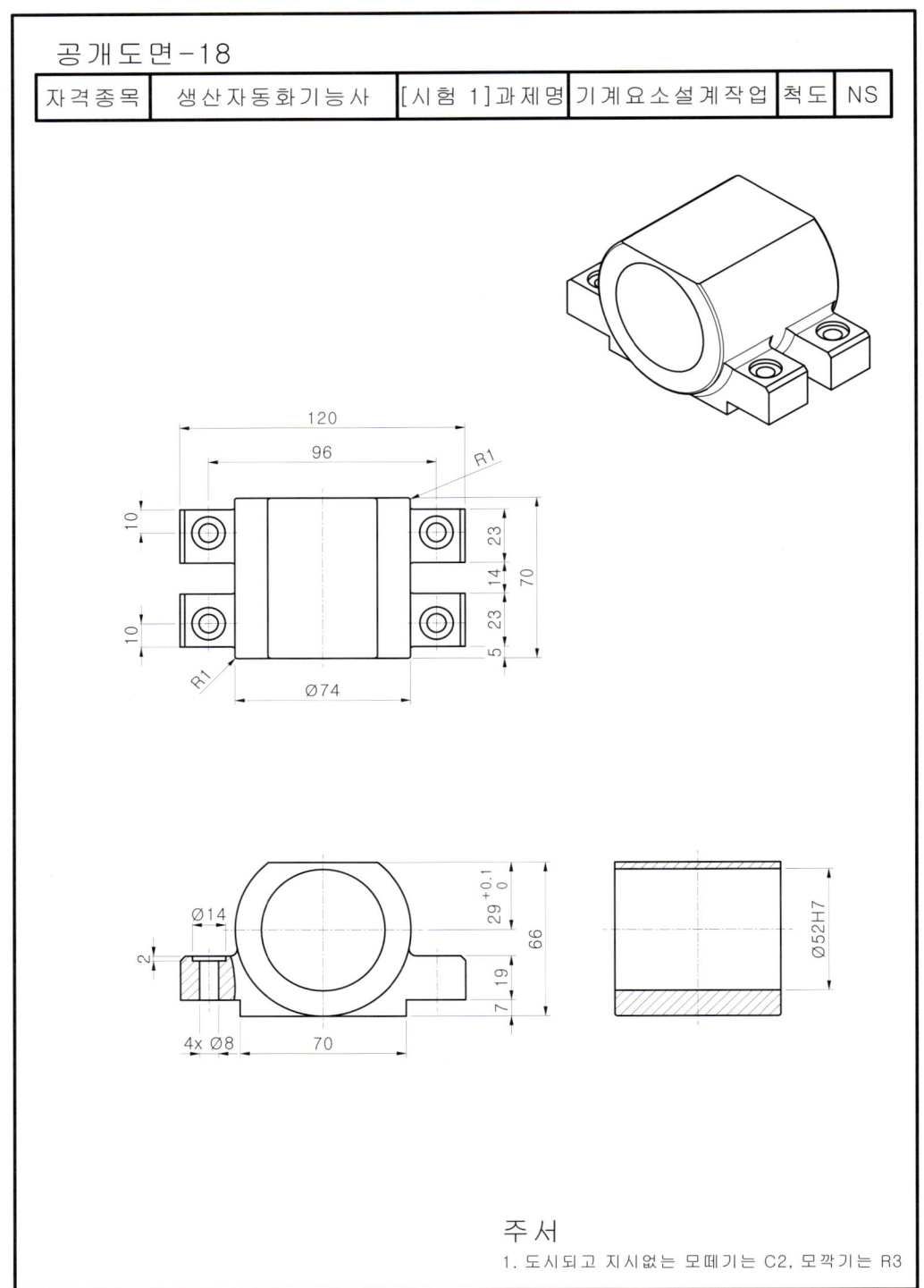

주 서
1. 도시되고 지시없는 모떼기는 C2, 모깍기는 R3

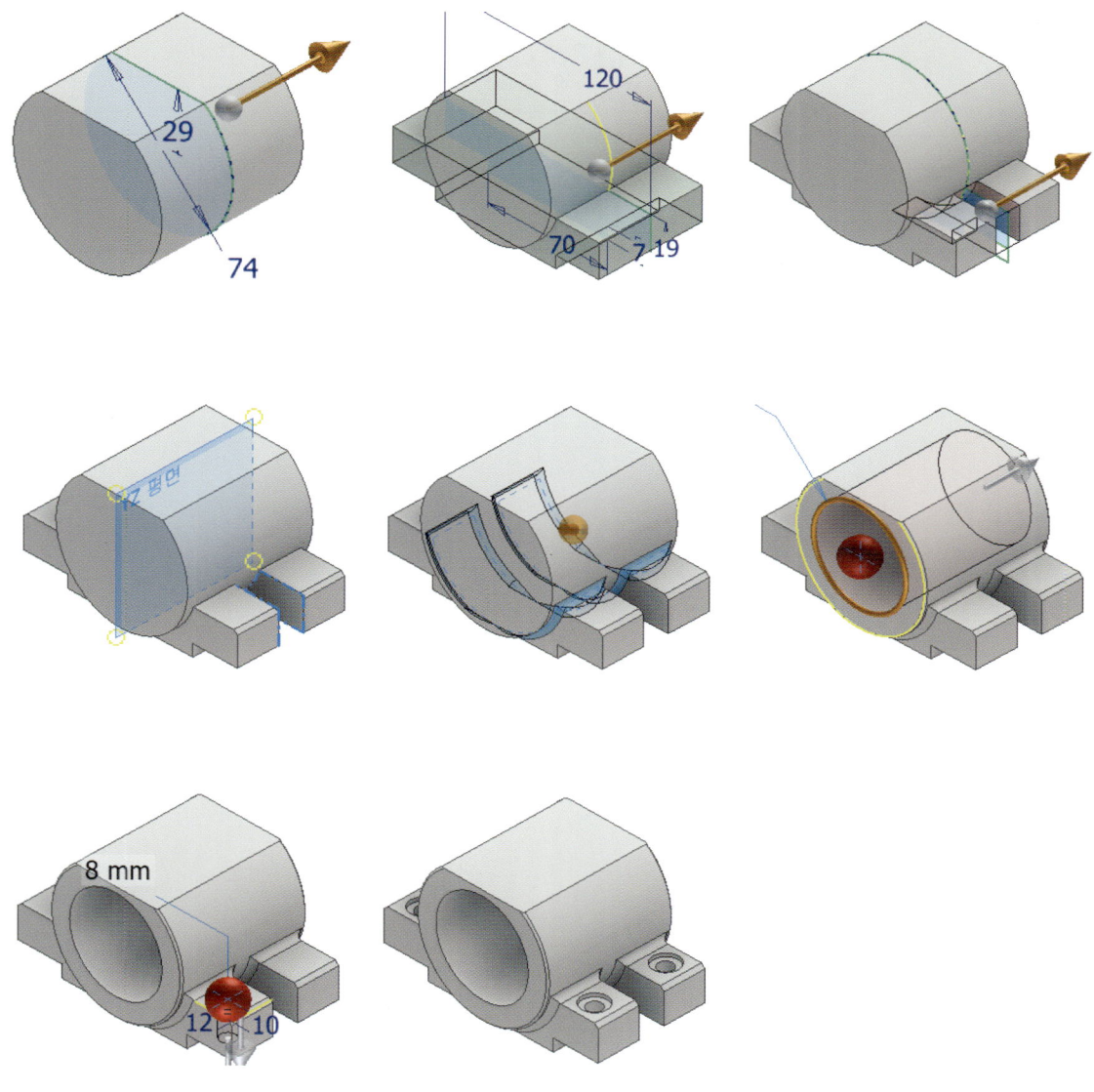

SECTION 19 공개문제-19 예상문제

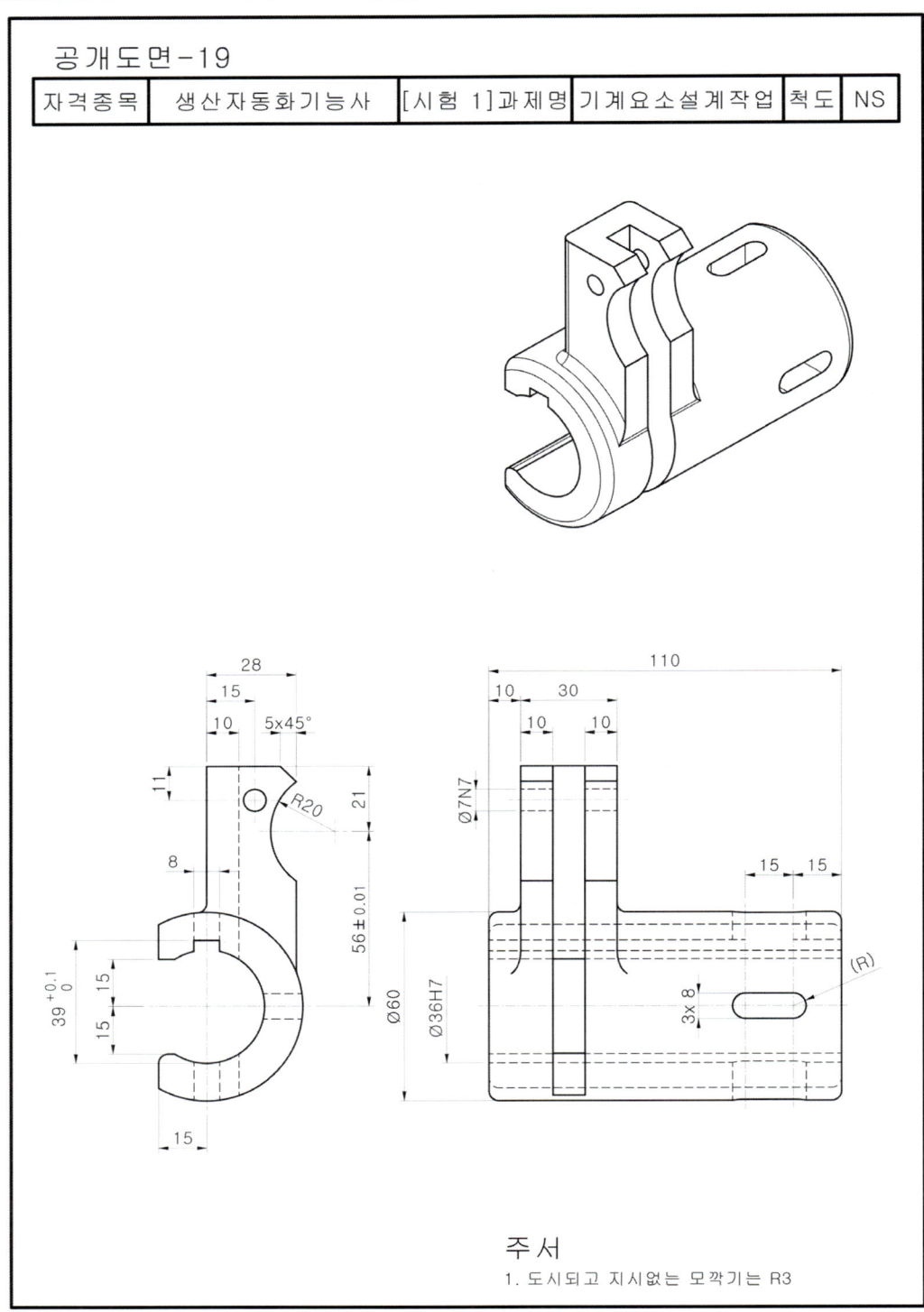

주 서
1. 도시되고 지시없는 모깎기는 R3

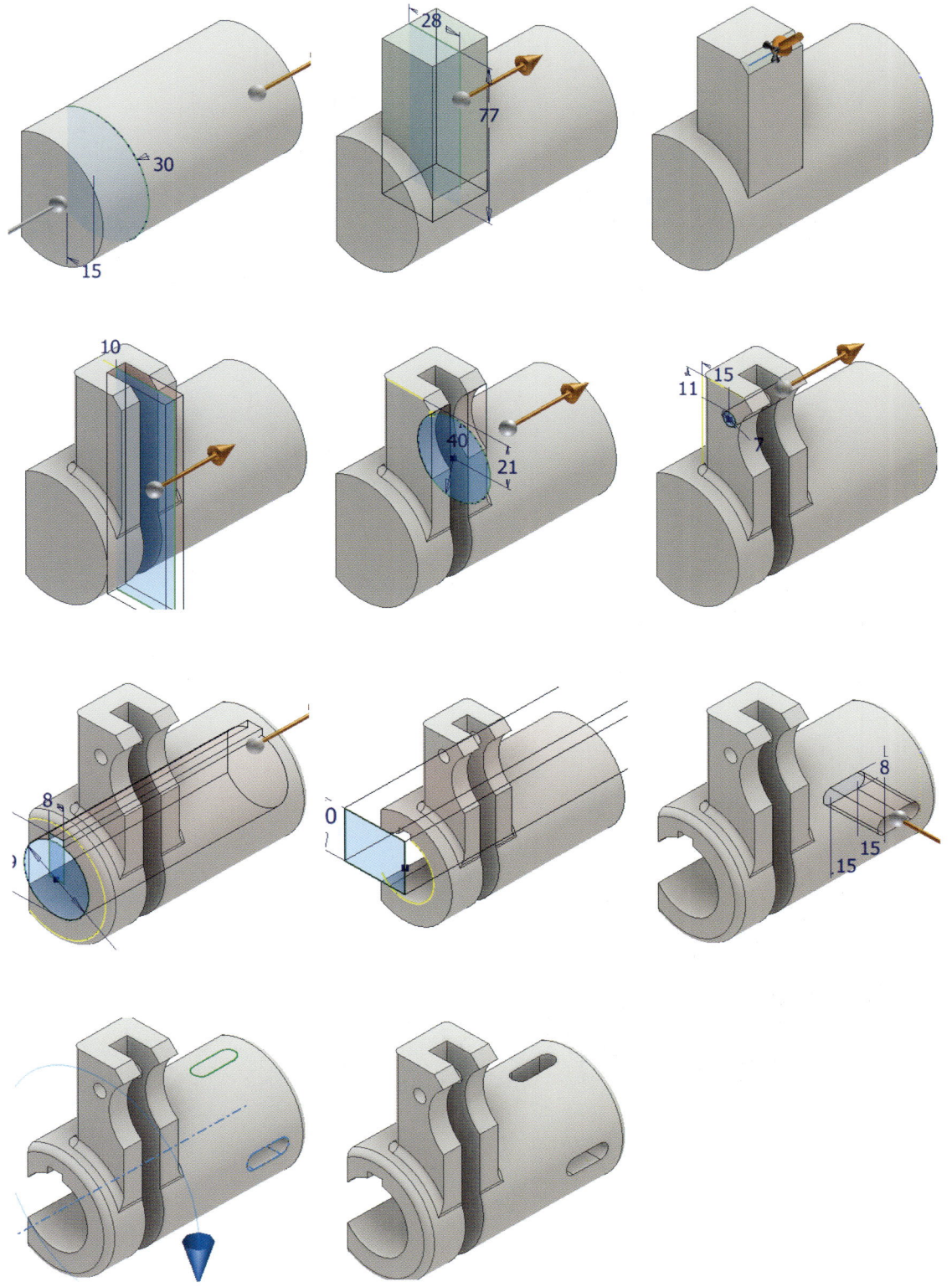

SECTION 20 공개문제-20 예상문제

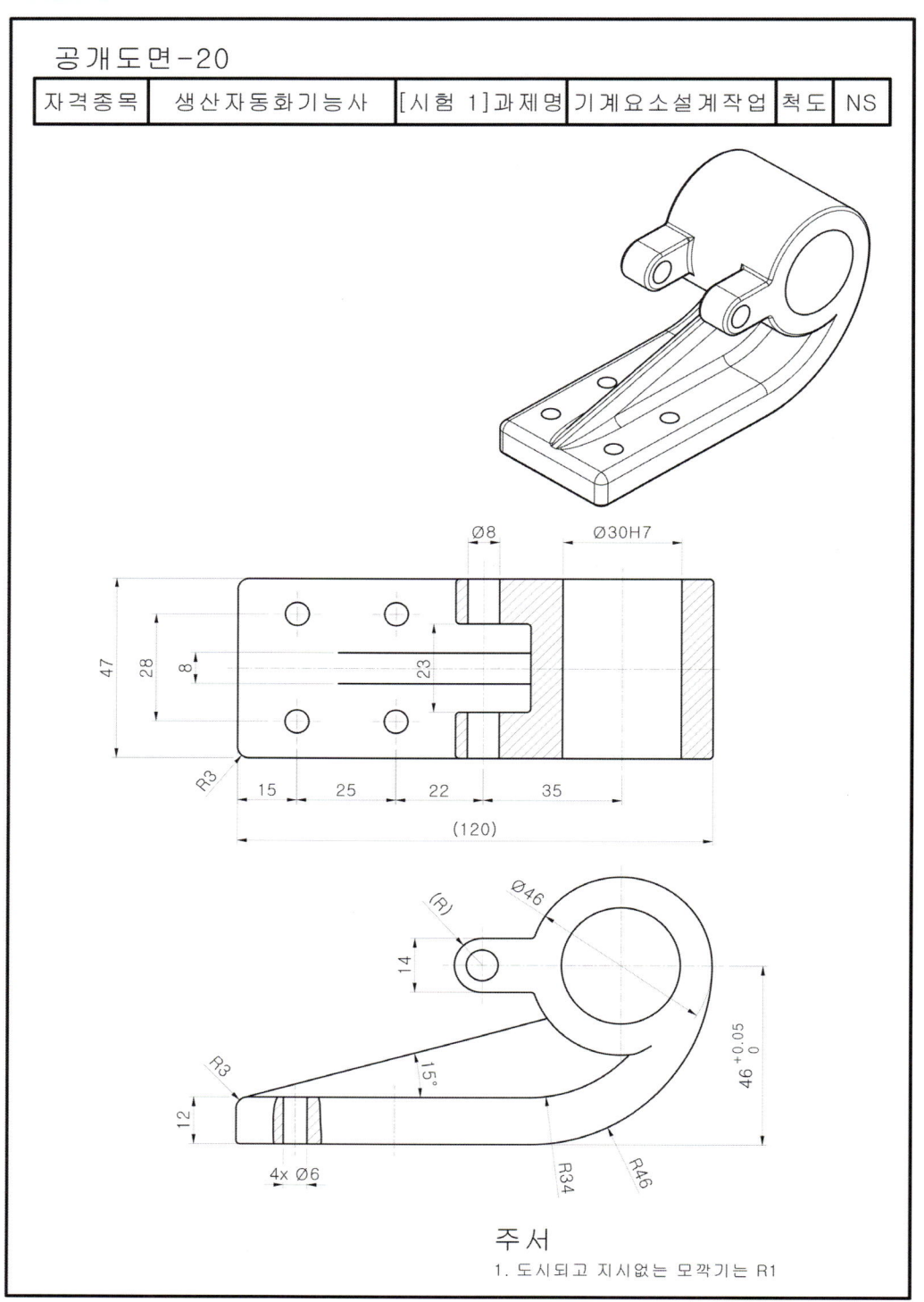

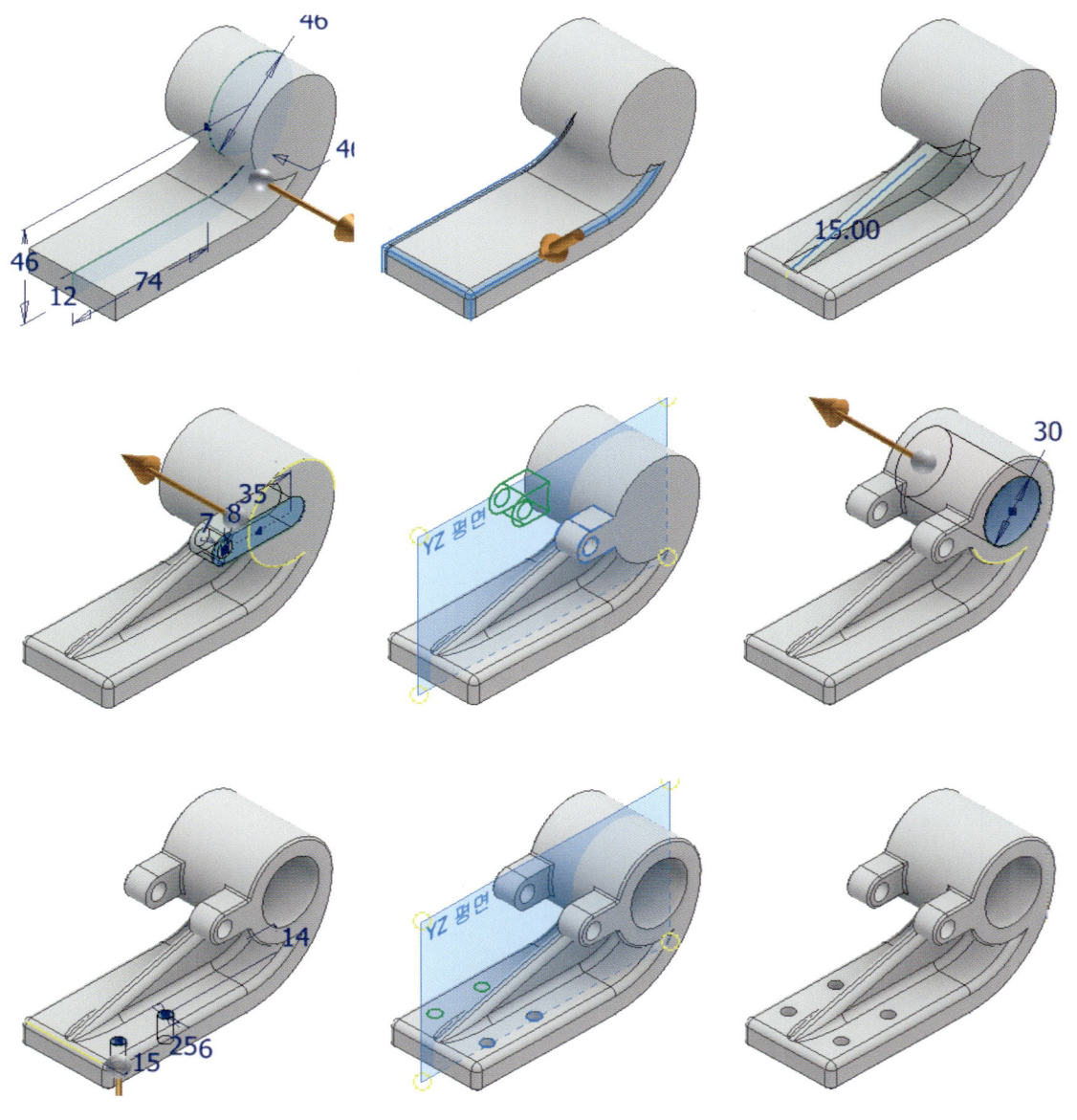

생산자동화 산업기사 모델링

SECTION 01 공개문제-01 예상문제

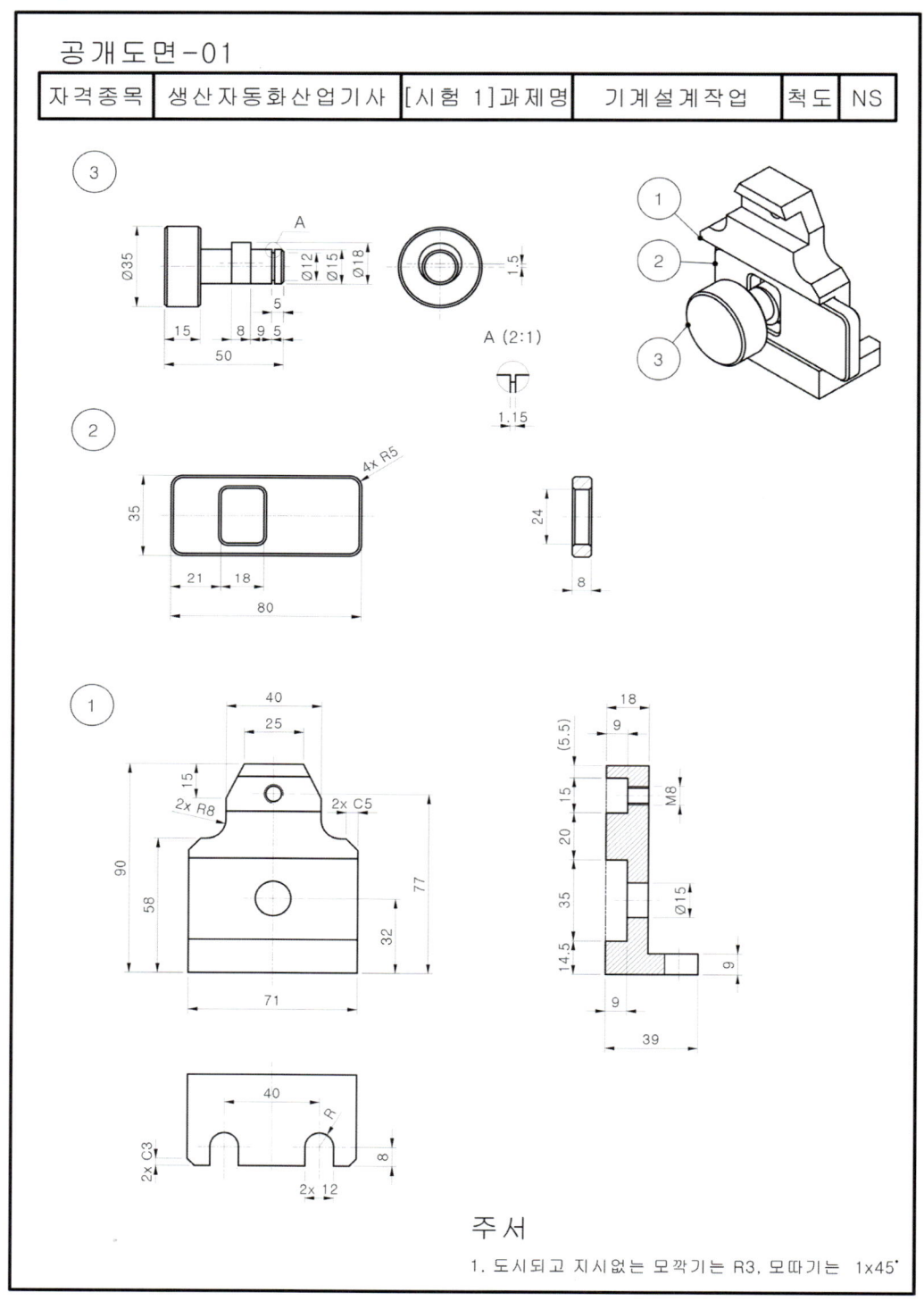

LESSON 01 1번 부품 모델링

01 ▶ 바탕화면에 비번호 폴더 생성
    ▶ 새파일 – Standard(mm).ipt

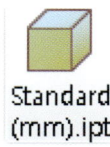

02 ▶ XZ평면 우클릭 새스케치
    ▶ 스케치 작성
    ▶ 구속조건

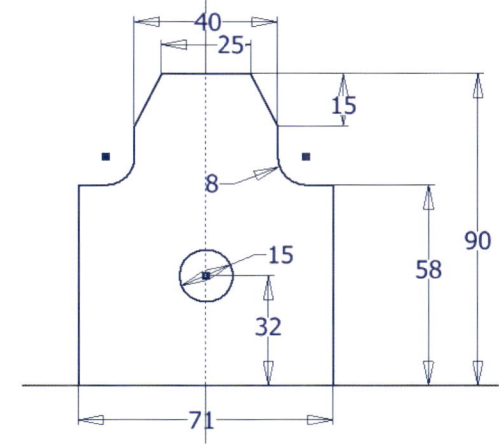

03 ▶ 스케치 마무리
    ▶ 돌출, 거리 18

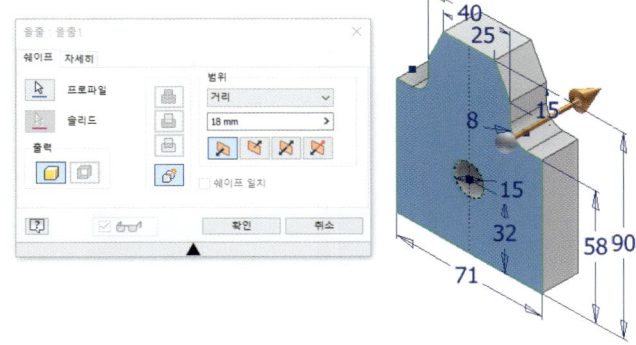

04 ▶ YZ평면 우클릭 새스케치
    ▶ 스케치 작성
    ▶ 구속조건

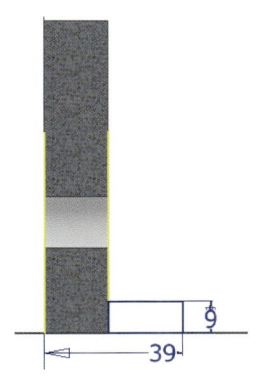

05 ▶ 스케치 마무리
　　▶ 돌출, 접합, 거리 71, 대칭

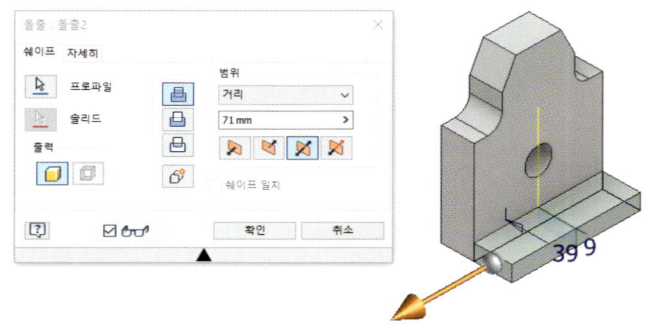

06 ▶ 해당평면 우클릭 새스케치
　　▶ 스케치 작성
　　▶ 구속조건

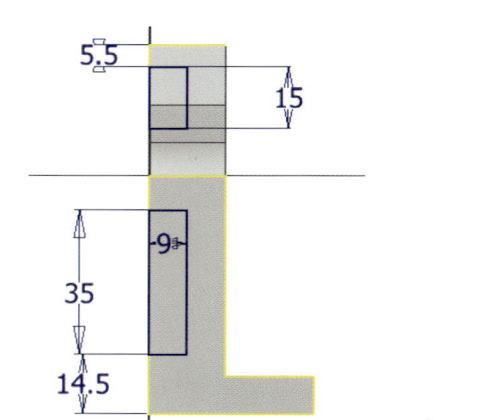

07 ▶ 스케치 마무리
　　▶ 돌출, 차집합, 전체

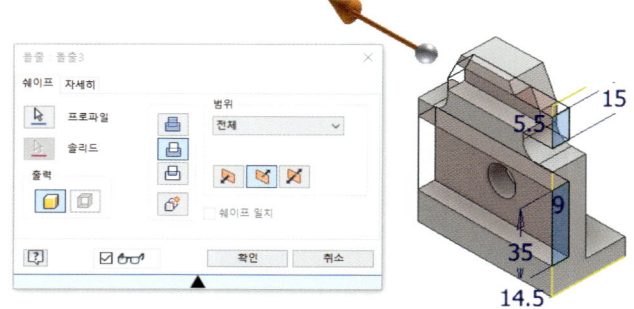

08 ▶ 모따기, C5

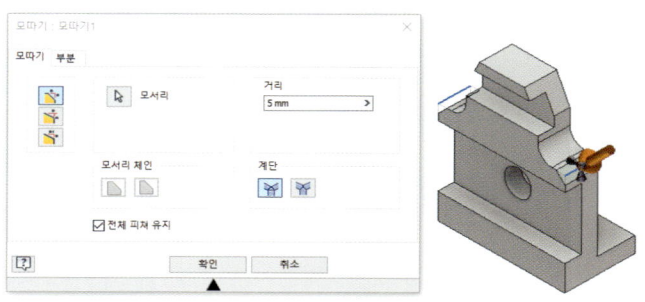

09 ▶ 모따기, C3

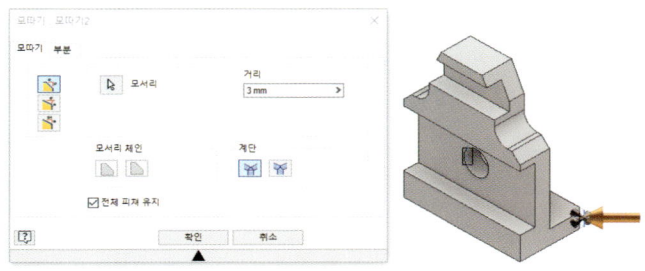

10 ▶ 해당평면 우클릭 새스케치
   ▶ 스케치 작성
   ▶ 구속조건

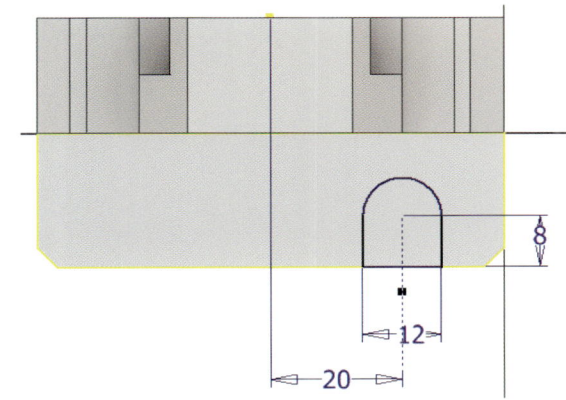

11 ▶ 스케치 마무리
   ▶ 돌출, 차집합, 전체

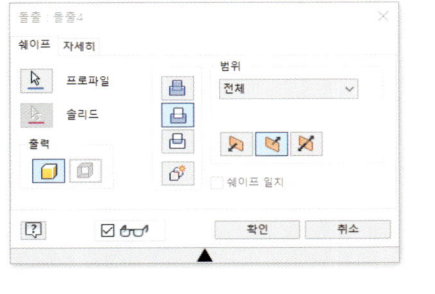 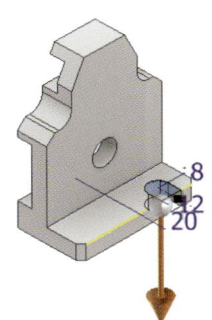

12 ▶ 미러

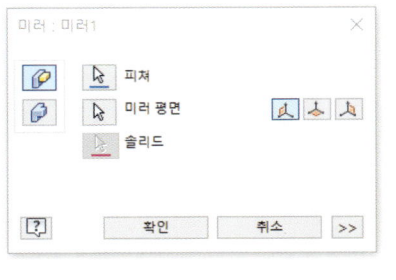 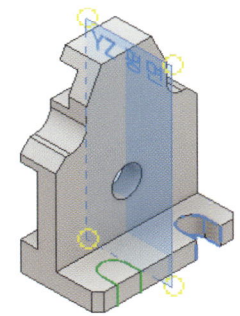

13 ▶ 작업평면 우클릭 새스케치
  ▶ 스케치 작성
  ▶ 구속조건

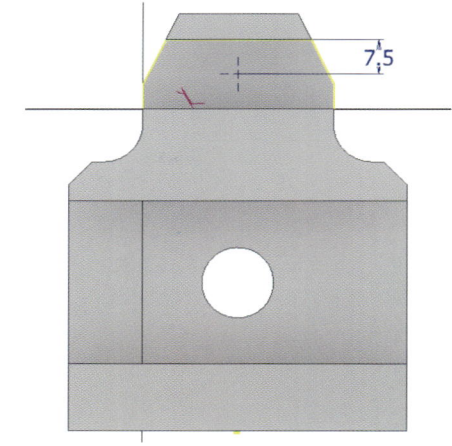

14 ▶ 스케치 마무리
  ▶ 구멍

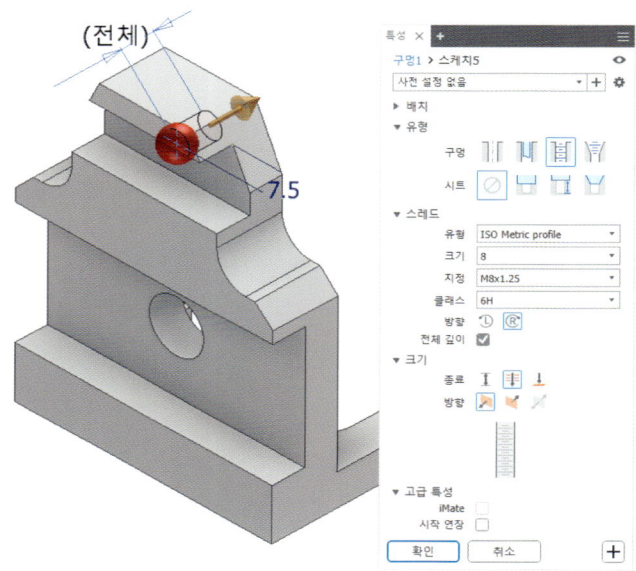

15 ▶ 저장

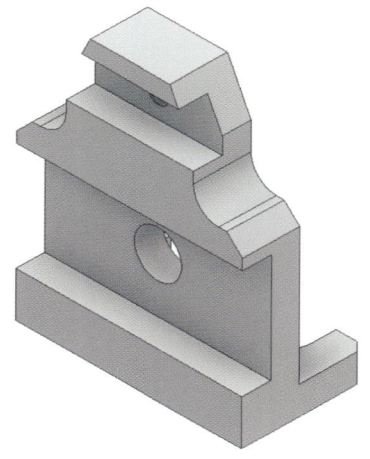

LESSON 02   2번 부품 모델링

01 ▶ 새파일 – Standard(mm).ipt

02 ▶ XZ평면 우클릭 새스케치
    ▶ 스케치 작성
    ▶ 구속조건

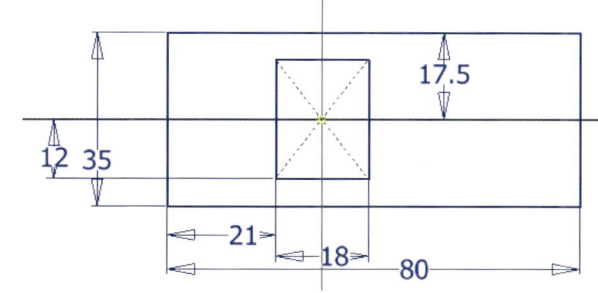

03 ▶ 스케치 마무리
    ▶ 돌출, 거리 8, 대칭

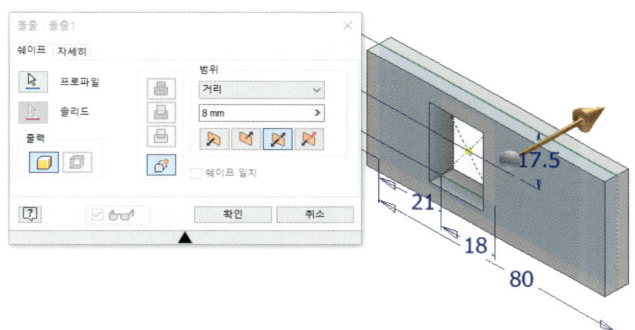

04 ▶ 모깎기, R5

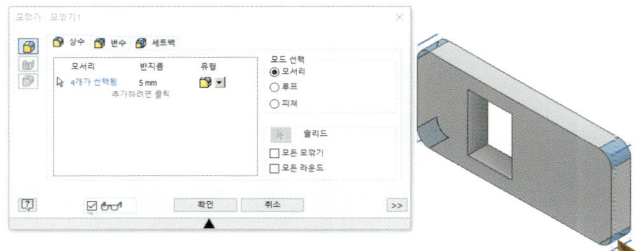

05 ▶ 모깎기, R3

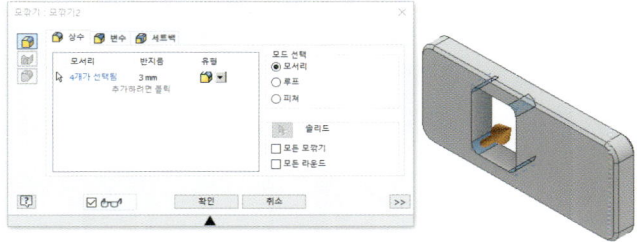

06 ▶ 모따기, C1

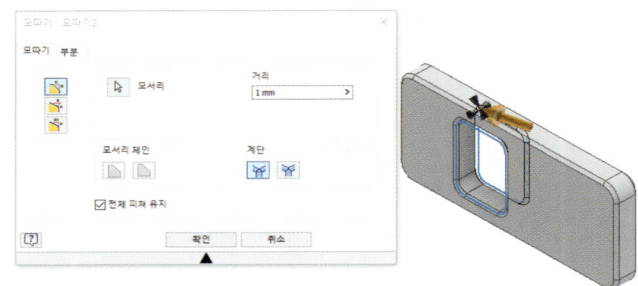

07 ▶ 저장

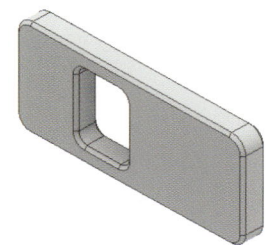

| LESSON 03 | **3번 부품 모델링** |

01 ▶ 새파일 – Standard(mm).ipt

02 ▶ YZ평면 우클릭 새스케치
　▶ 스케치 작성
　▶ 구속조건

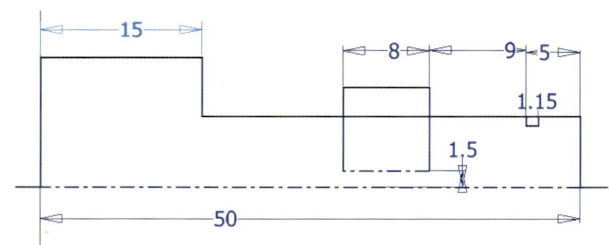

03 ▶ 스케치 마무리
　▶ 회전, 전체

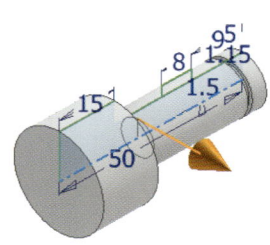

04 ▶ 스케치 공유
  ▶ 회전, 접합, 전체

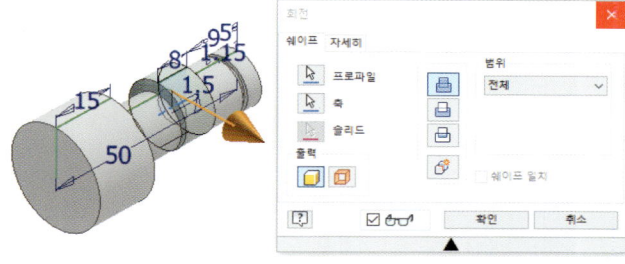

05 ▶ 스케치 가시성 해제
  ▶ 모따기, C1

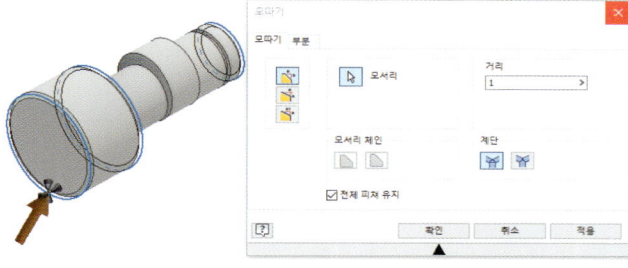

06 ▶ 저장

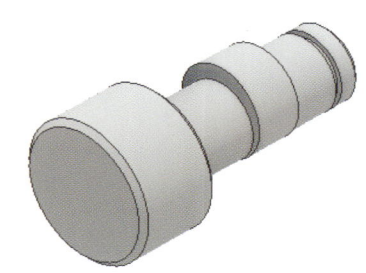

LESSON 04 조립

01 ▶ 새파일 – Standard(mm).iam

02 ▶ 3개의 부품을 드래그하여 위치
  ▶ 1번 부품 고정확인

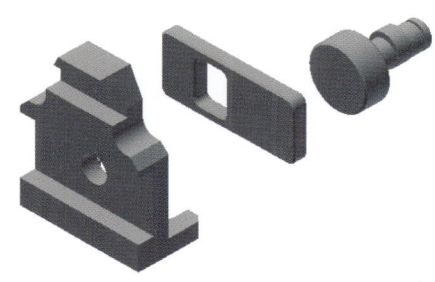

03 ▶ 조립구속조건-메이트-메이트

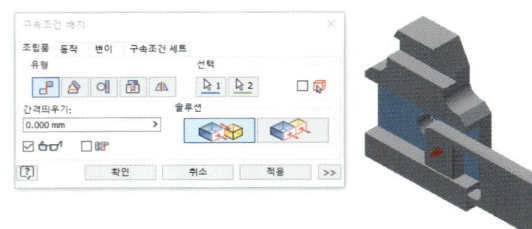

04 ▶ 조립구속조건-메이트-메이트

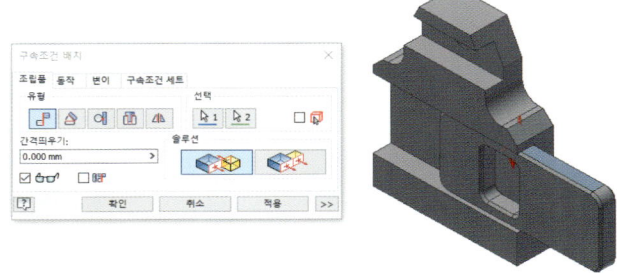

05 ▶ 조립구속조건-삽입

06 ▶ 조립구속조건-접선

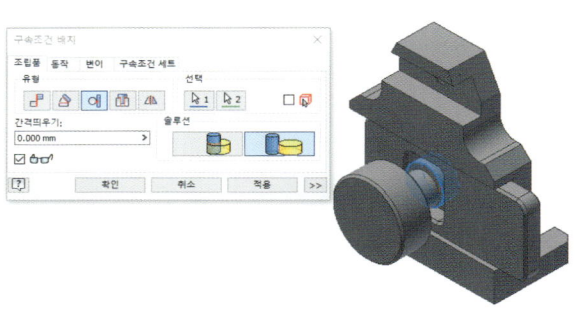

07 ▶ 저장

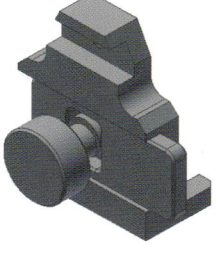

SECTION 02 공개문제-02 예상문제

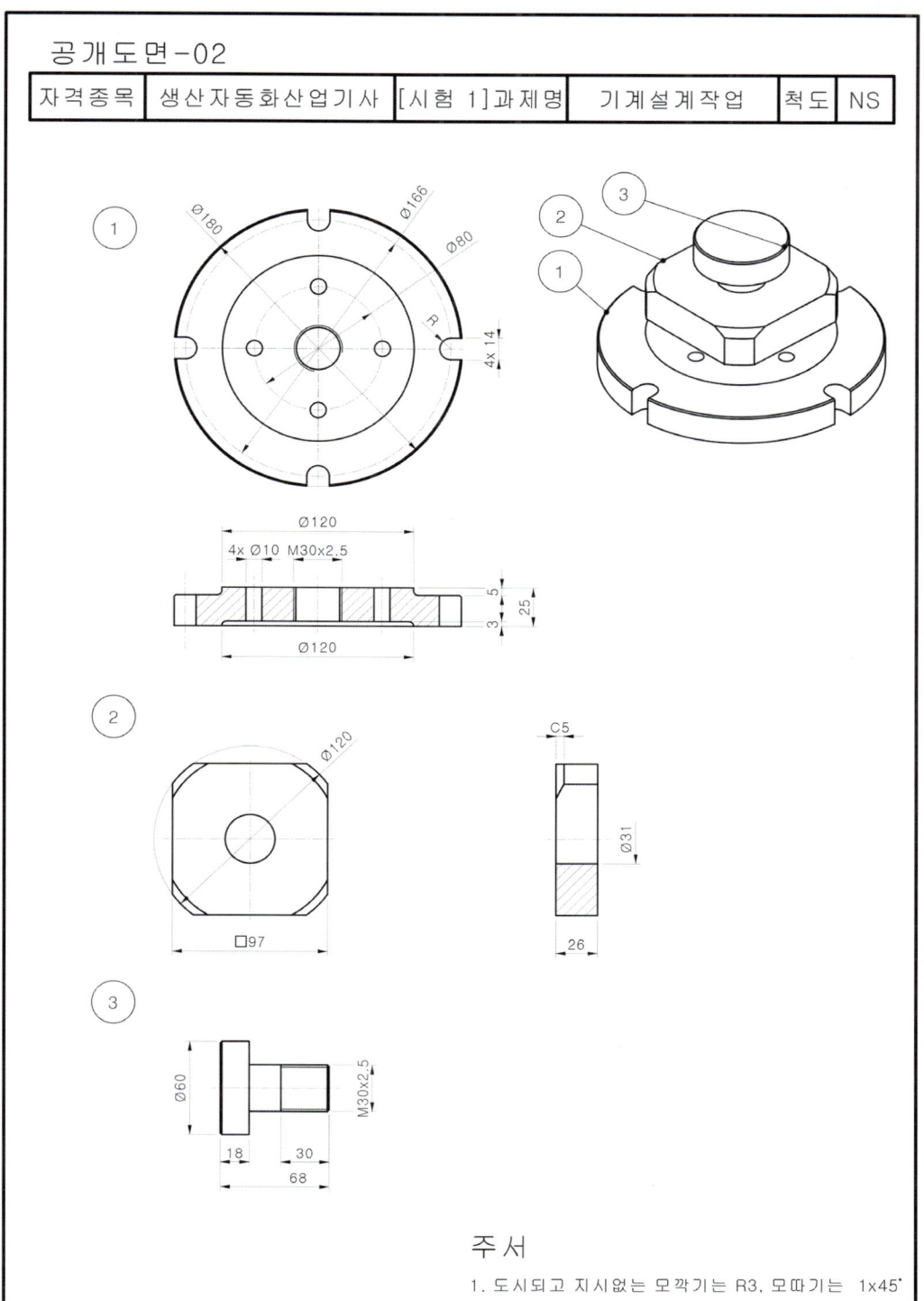

LESSON 01 1번 부품 모델링

01 ▶ 바탕화면에 비번호 폴더 생성
  ▶ 새파일 – Standard(mm).ipt

02 ▶ XZ평면 우클릭 새스케치
  ▶ 스케치 작성
  ▶ 구속조건

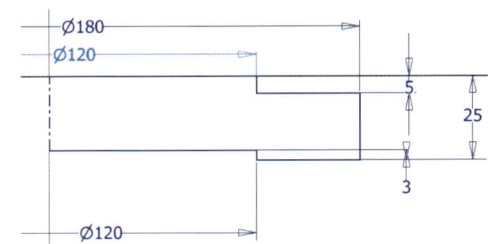

03 ▶ 스케치 마무리
  ▶ 회전, 전체

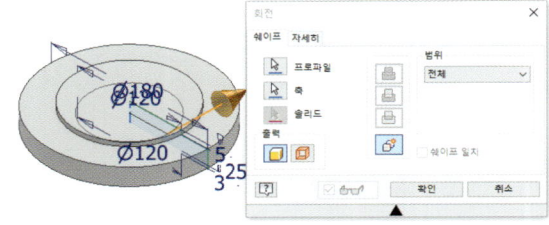

04 ▶ 모깎기, R3

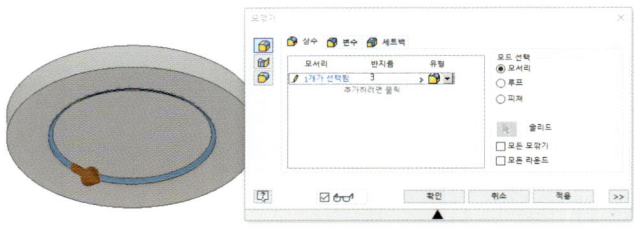

05 ▶ 구멍

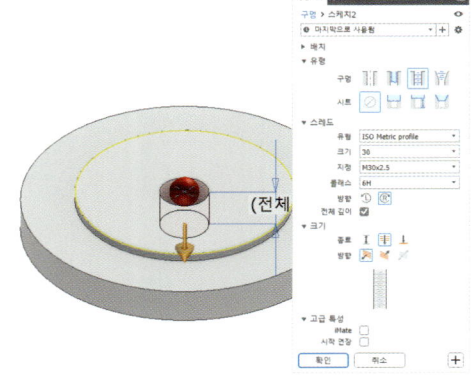

06 ▶ 해당평면 우클릭 새스케치
　　▶ 스케치 작성
　　▶ 구속조건

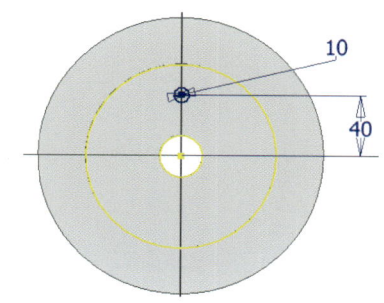

07 ▶ 스케치 마무리
　　▶ 돌출, 차집합, 전체

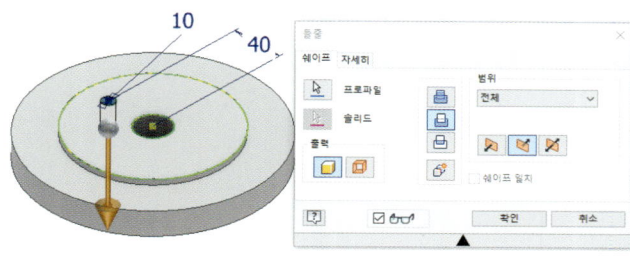

08 ▶ 원형패턴, 4개

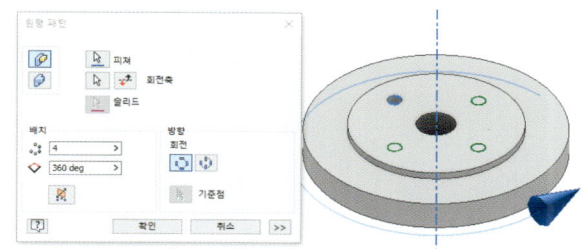

09 ▶ 모따기, C1

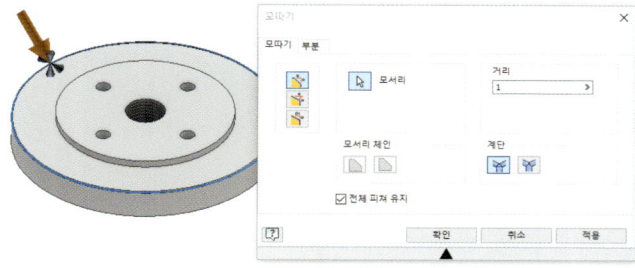

10 ▶ 해당평면 우클릭 새스케치
　　▶ 스케치 작성
　　▶ 구속조건

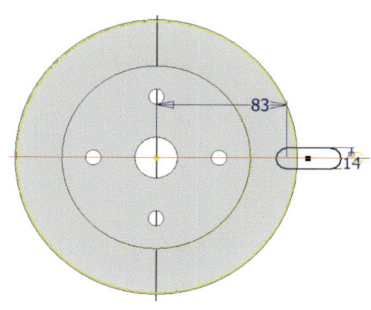

11 ▶ 스케치 마무리
  ▶ 돌출, 차집합, 전체

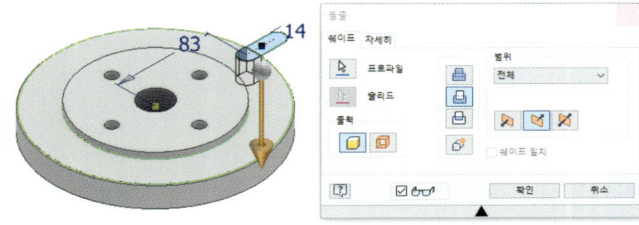

12 ▶ 원형패턴, 4개

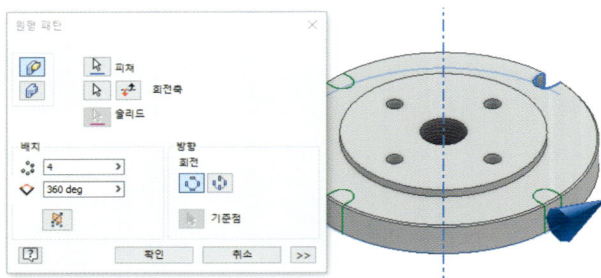

13 ▶ 저장

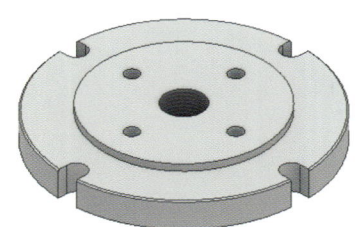

LESSON 02 2번 부품 모델링

01 ▶ 새파일 – Standard(mm).ipt

02 ▶ XY평면 우클릭 새스케치
  ▶ 스케치 작성
  ▶ 구속조건

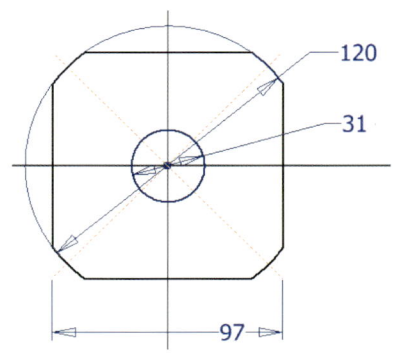

03 ▶ 스케치 마무리
　　▶ 돌출, 거리 26

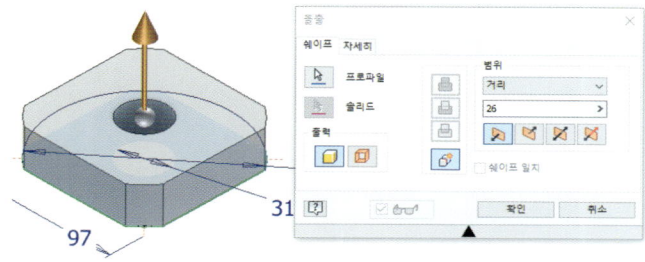

04 ▶ 모따기, C5

05 ▶ 저장

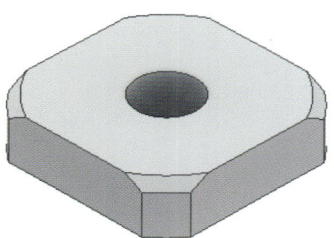

LESSON 03　3번 부품 모델링

01 ▶ 새파일 – Standard(mm).ipt

02 ▶ XZ평면 우클릭 새스케치
　　▶ 스케치 작성
　　▶ 구속조건

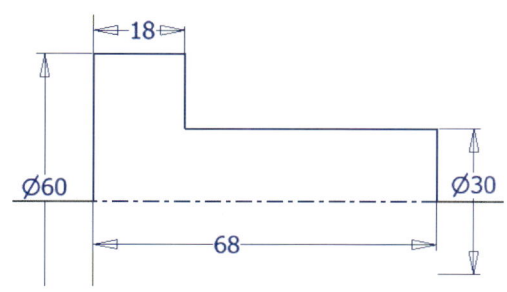

03 ▶ 스케치 마무리

　　▶ 회전, 전체

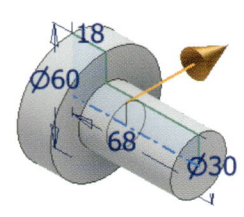
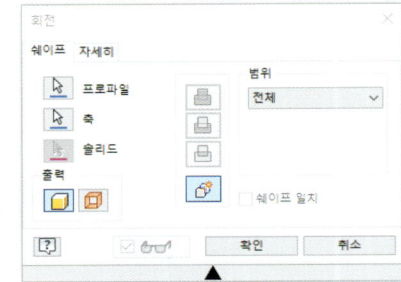

04 ▶ 스레드, 길이 30, M25×3

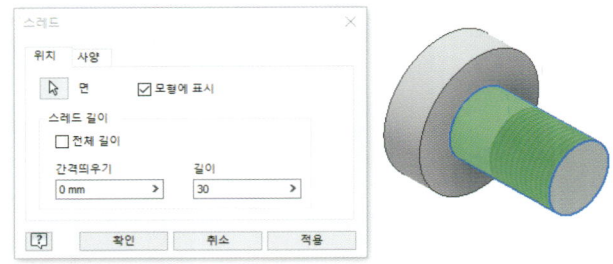

05 ▶ 모따기, C1

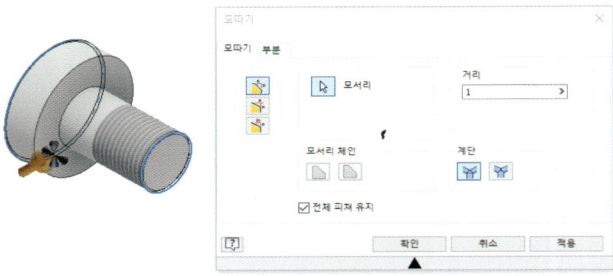

06 ▶ 저장

LESSON 04 조립

01 ▶ 조립 작성

Standard (mm).iam

02 ▶ 3개의 부품을 드래그하여 위치
　　▶ 1번 부품 고정확인

03 ▶ 조립구속조건-메이트-메이트

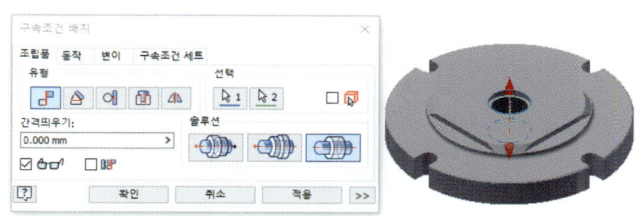

04 ▶ 조립구속조건-메이트-메이트
　　▶ 2번 부품 적당한 간격으로 이동

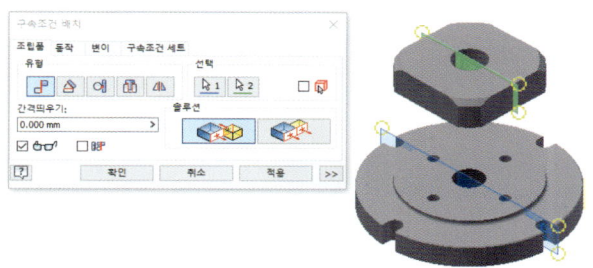

05 ▶ 조립구속조건-메이트-메이트
　　▶ 3번 부품 적당한 간격으로 이동

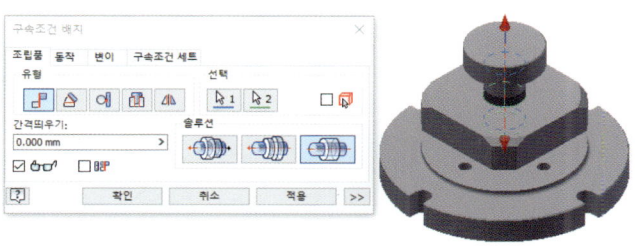

06 ▶ 저장

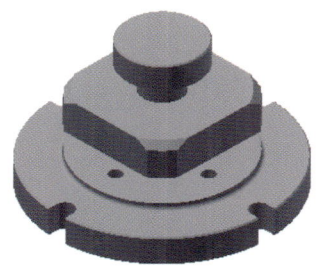

SECTION 03 공개문제-03 예상문제

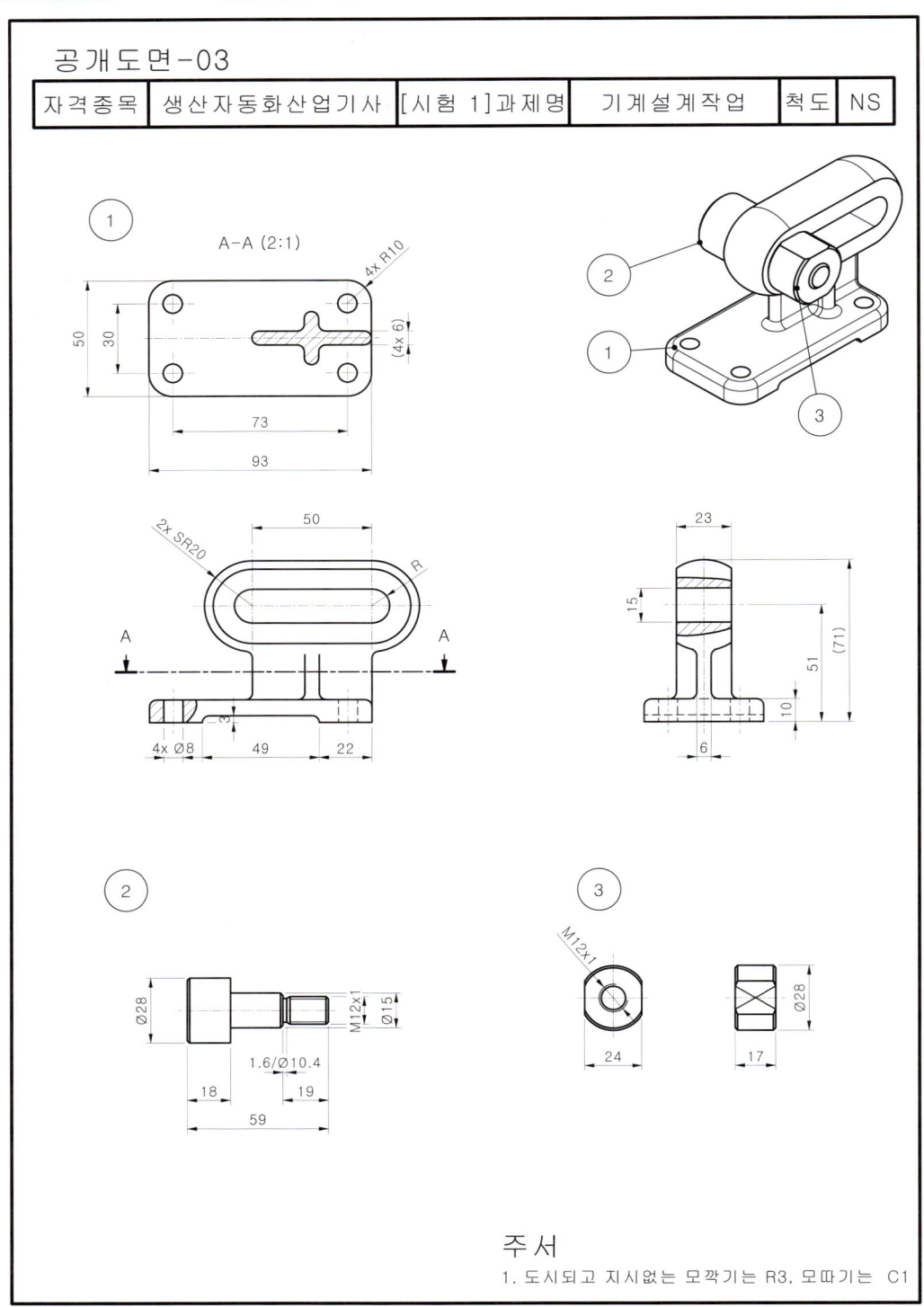

LESSON 01 1번 부품 모델링

01 ▶ 새파일 – Standard(mm).ipt

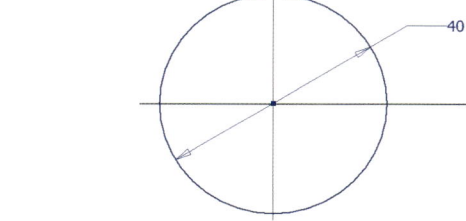

02 ▶ XZ평면 우클릭 새스케치
　　▶ 스케치 작성
　　▶ 구속조건

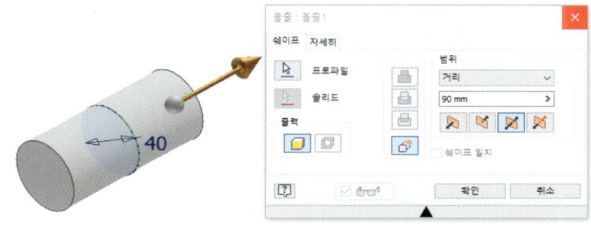

03 ▶ 스케치 마무리
　　▶ 돌출, 거리 90, 대칭

04 ▶ 모깎기, 20

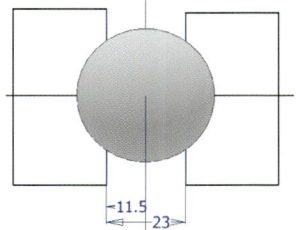

05 ▶ XZ평면 우클릭 새스케치
　　▶ 스케치 작성
　　▶ 구속조건

06 ▶ 스케치 마무리
　　▶ 돌출, 차집합, 전체, 대칭

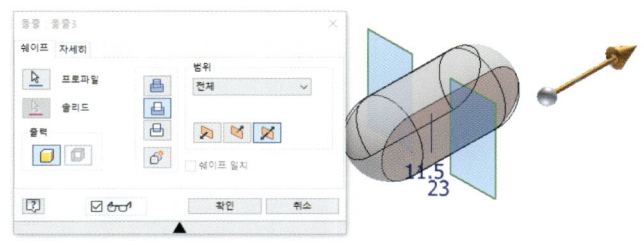

07
- YZ평면 우클릭 새스케치
  - 스케치 작성
  - 구속조건

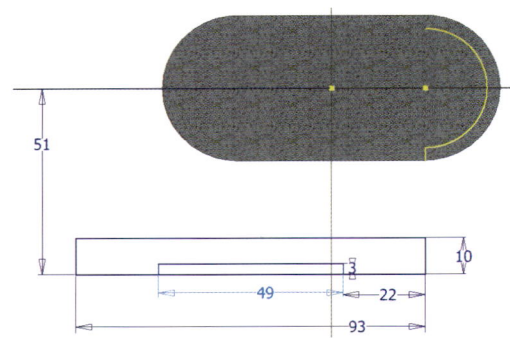

08
- 스케치 마무리
  - 돌출, 접합, 거리 50, 대칭

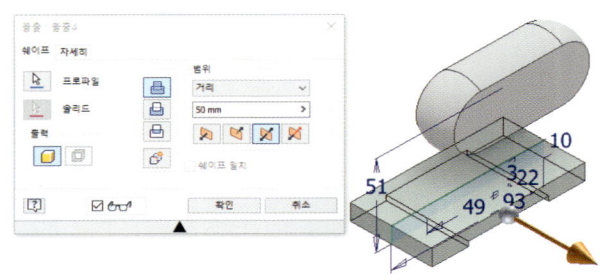

09
- 모깎기, R10

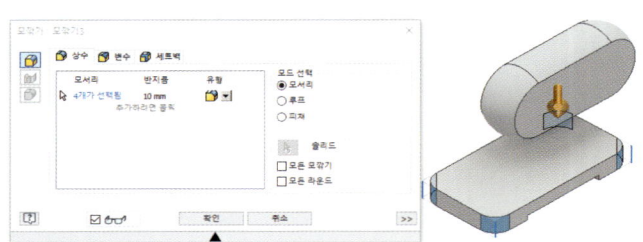

10
- 모깎기, R3

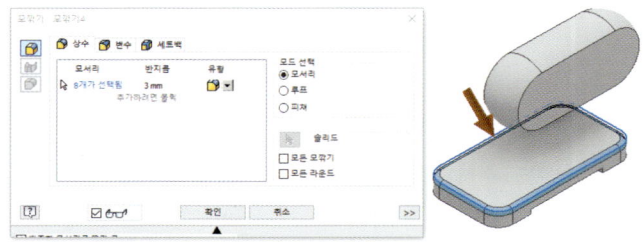

11
- YZ평면 우클릭 새스케치
  - 스케치 작성
  - 구속조건

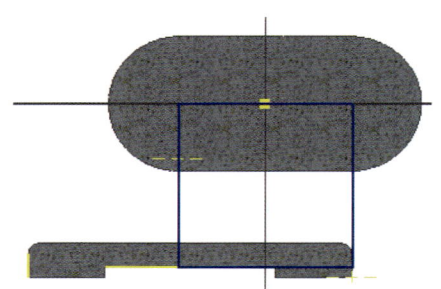

12 ▶ 스케치 마무리
　　▶ 돌출, 접합, 거리 6, 대칭

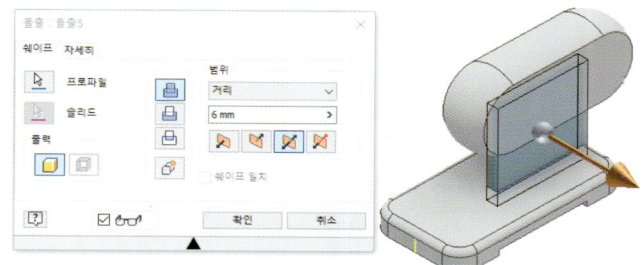

13 ▶ 해당평면 우클릭 새스케치
　　▶ 스케치 작성
　　▶ 구속조건

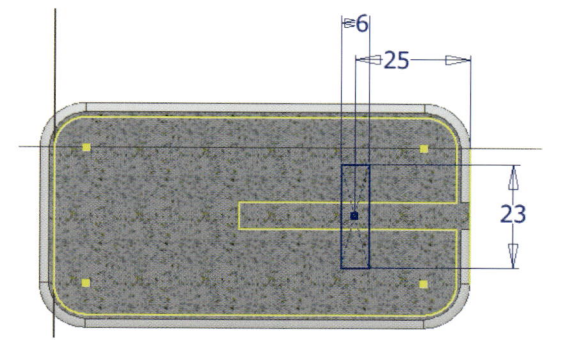

14 ▶ 스케치 마무리
　　▶ 돌출, 접합, 거리 41

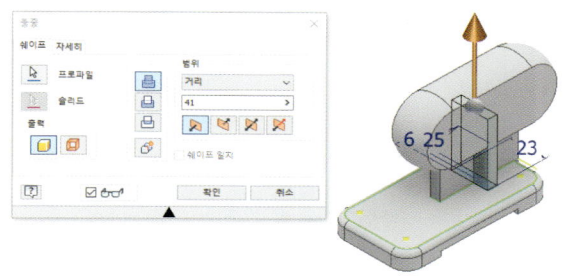

15 ▶ 모깎기, R3

16 ▶ 모깎기, R3

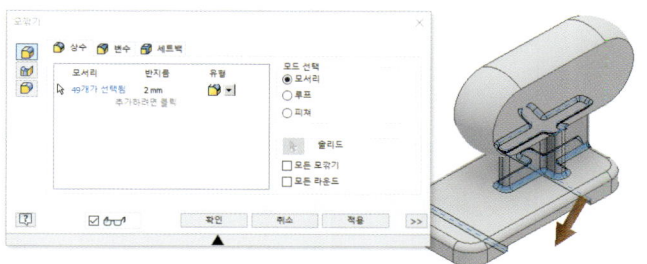

17 ▶ 해당평면 우클릭 새스케치

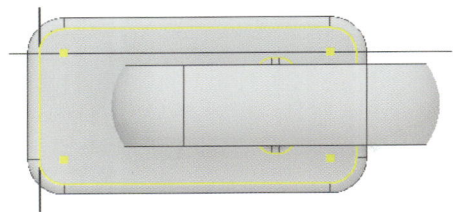

18 ▶ 스케치 마무리
　▶ 구멍

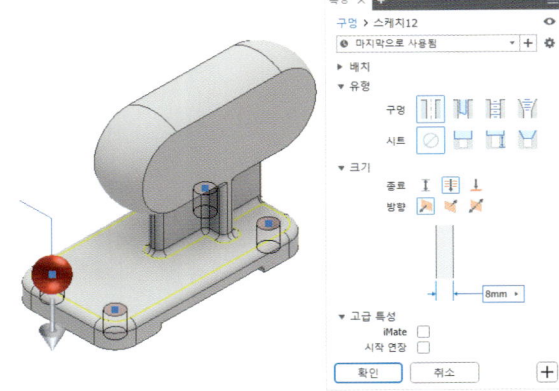

19 ▶ 해당평면 우클릭 새스케치
　▶ 스케치 작성
　▶ 구속조건

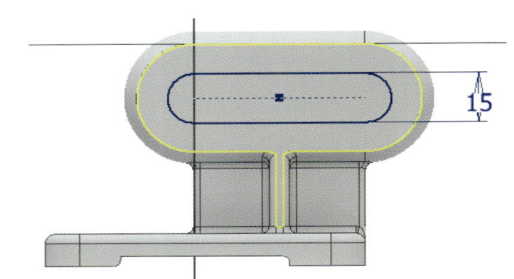

20 ▶ 스케치 마무리
　▶ 돌출, 차집합, 전체

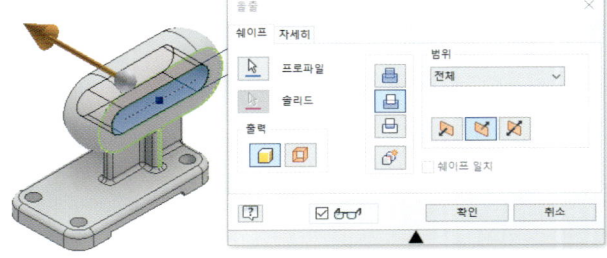

21 ▶ 저장

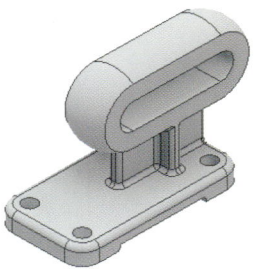

LESSON 02 2번 부품 모델링

01 ▶ 새파일 – Standard(mm).ipt

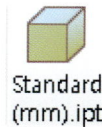

02 ▶ YZ평면 우클릭 새스케치
　　▶ 스케치 작성
　　▶ 구속조건

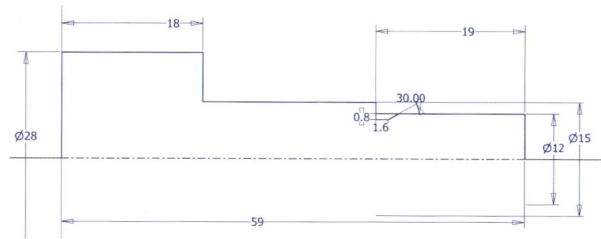

03 ▶ 스케치 마무리
　　▶ 회전, 전체

04 ▶ 스레드, 전체길이, M12×1

05 ▶ 모따기, C1

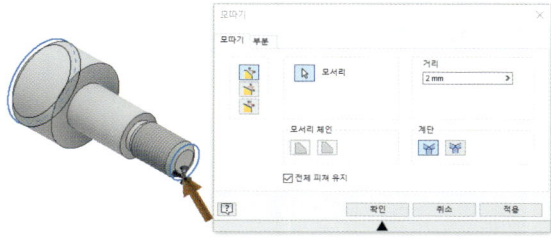

06 ▶ 저장

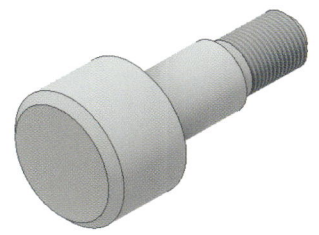

LESSON 03 3번 부품 모델링

01 ▶ 새파일 – Standard(mm).ipt

02 ▶ YZ평면 우클릭 새스케치
　　▶ 스케치 작성
　　▶ 구속조건

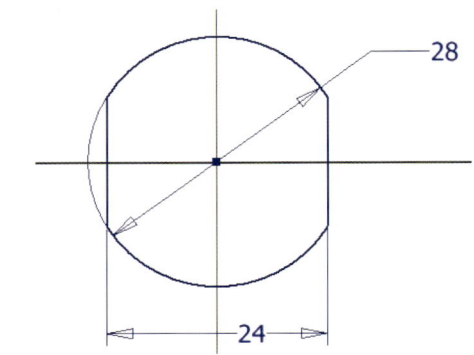

03 ▶ 스케치 마무리
　　▶ 돌출, 거리 14

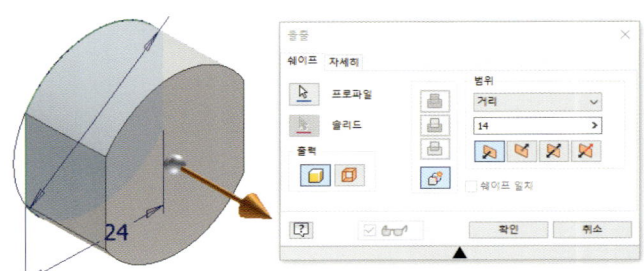

04 ▶ 구멍, M12×1

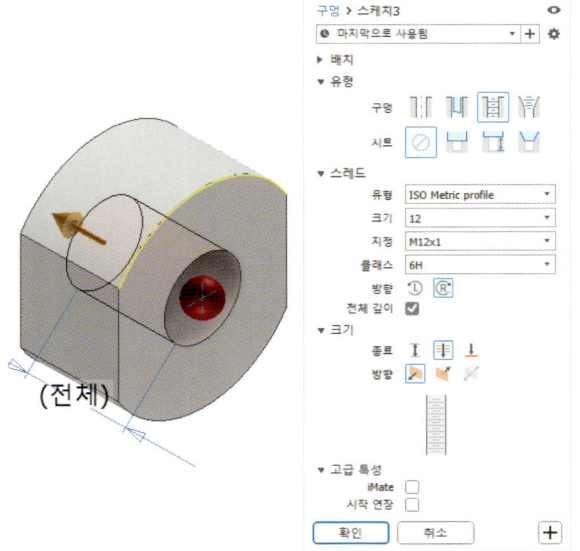

05 ▶ 모따기, C1

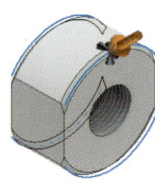
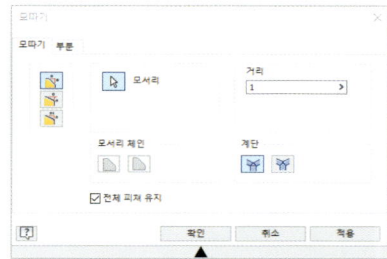

06 ▶ 저장

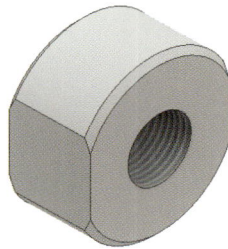

LESSON 04 조립

01 ▶ 조립 작성

02 ▶ 3개의 부품을 드래그하여 위치
  ▶ 1번 부품 고정확인

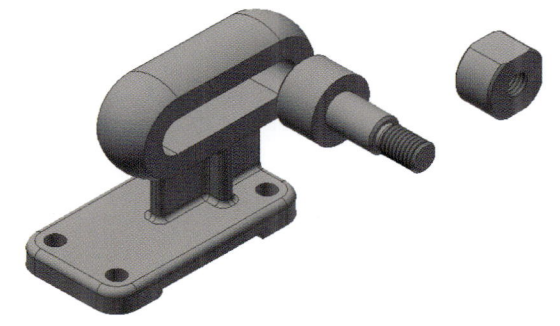

03 ▶ 조립구속조건-삽입

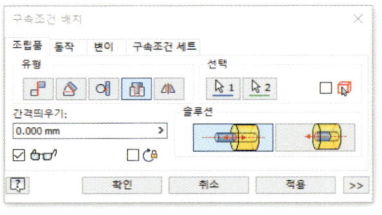

04 ▶ 조립구속조건-삽입

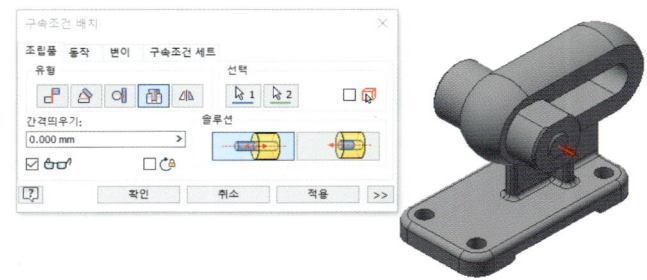

05 ▶ 저장

SECTION 04 공개문제-04 예상문제

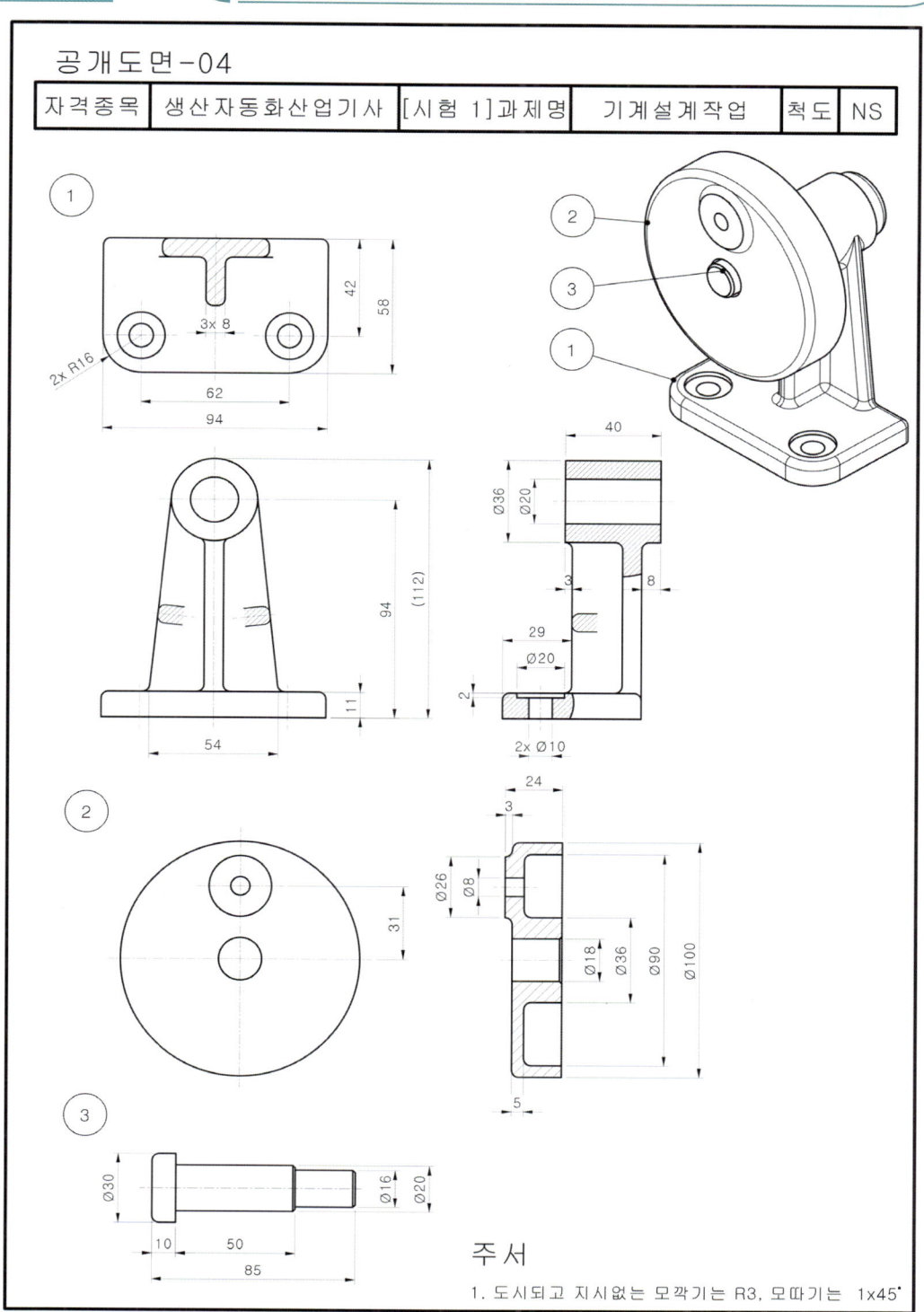

PART 03_ 생산자동화 산업기사 모델링

LESSON 01 1번 부품 모델링

01 ▶ XZ평면 우클릭 새스케치
    ▶ 스케치 작성
    ▶ 구속조건

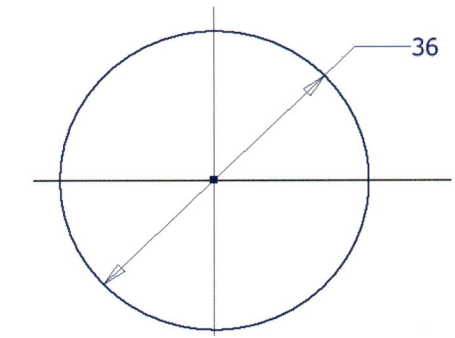

02 ▶ 스케치 마무리
    ▶ 돌출, 거리 40

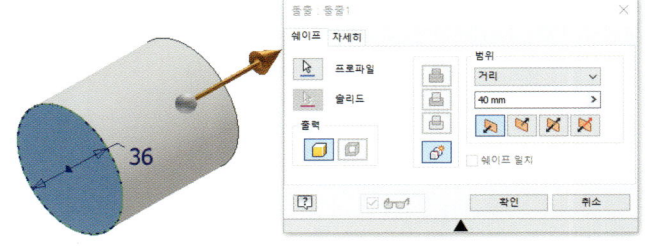

03 ▶ YZ평면 우클릭 새스케치
    ▶ 스케치 작성
    ▶ 구속조건

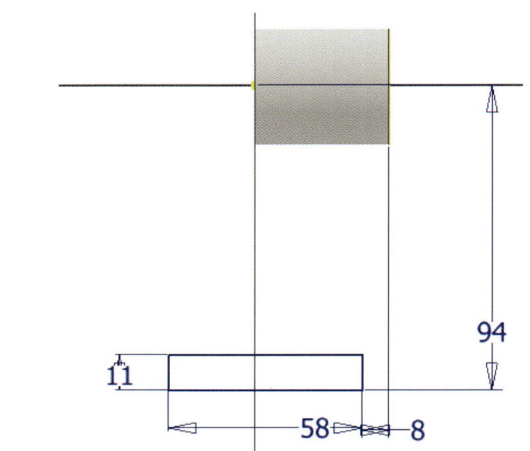

04 ▶ 스케치 마무리
    ▶ 돌출, 접합, 거리 94, 대칭

05 ▶ 모깎기, R16

06 ▶ 모깎기, R3

07 ▶ 해당평면 우클릭 새스케치
　　▶ 스케치 작성
　　▶ 구속조건

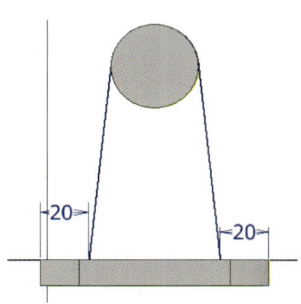

08 ▶ 스케치 마무리
　　▶ 돌출, 접합, 거리 8

09 ▶ YZ평면 우클릭 새스케치
　　▶ 스케치 작성
　　▶ 구속조건

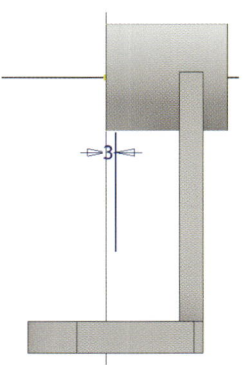

10 ▶ 스케치 마무리
  ▶ 리브, 8

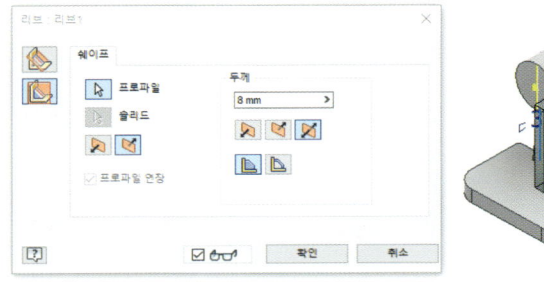

11 ▶ 모깎기, R3

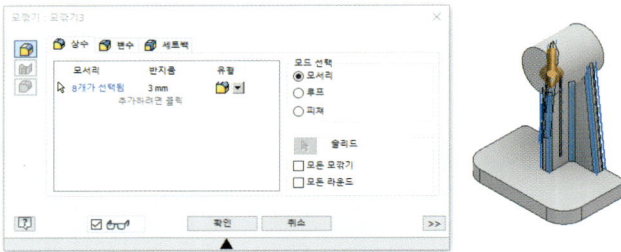

12 ▶ 모깎기, R3

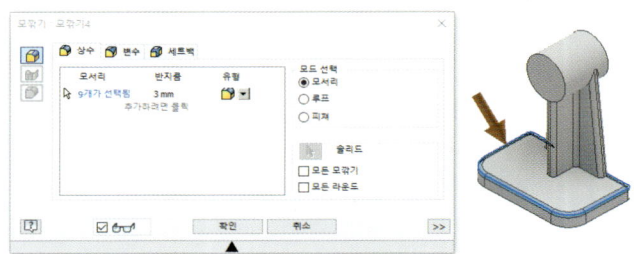

13 ▶ 모깎기, R3

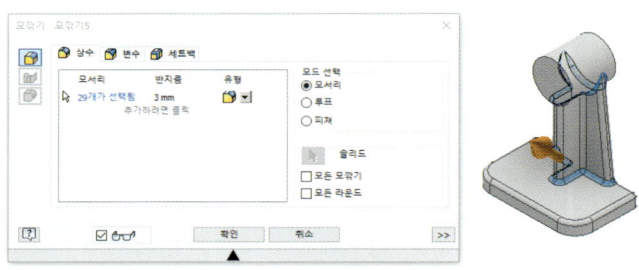

14 ▶ 구멍

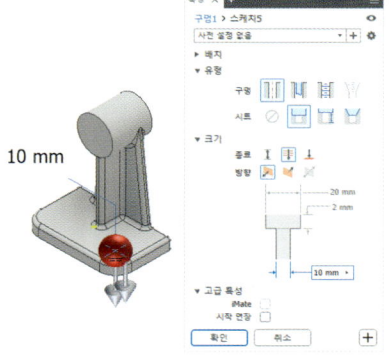

15 ▶ 미러

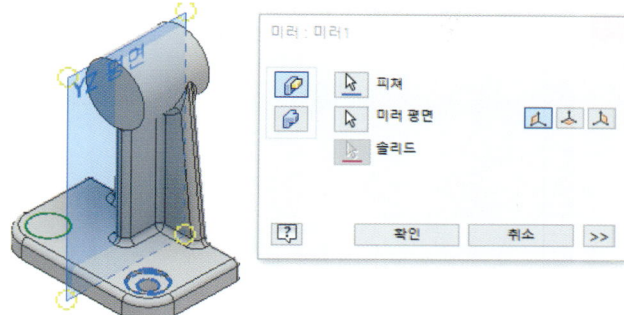

16 ▶ 구멍

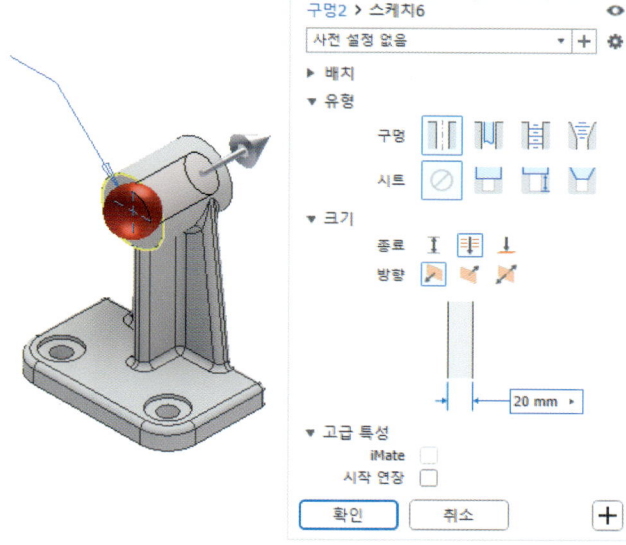

17 ▶ 저장

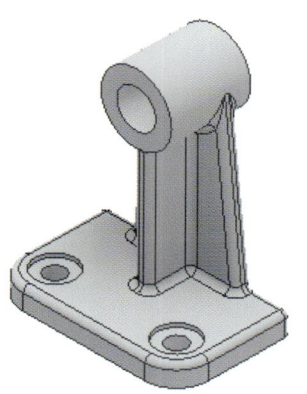

LESSON 02 2번 부품 모델링

01 ▶ YZ평면 우클릭 새스케치
  ▶ 스케치 작성
  ▶ 구속조건

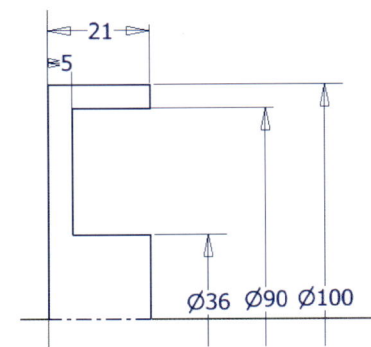

02 ▶ 스케치 마무리
  ▶ 회전, 전체

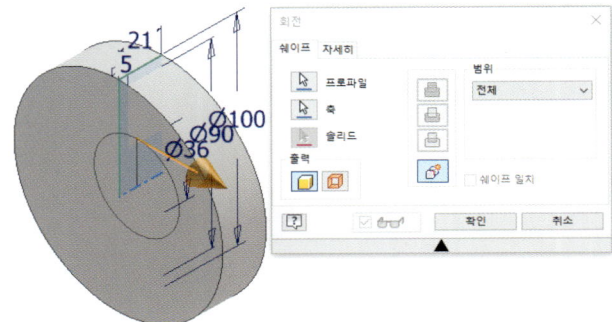

03 ▶ 해당평면 우클릭 새스케치
  ▶ 스케치 작성
  ▶ 구속조건

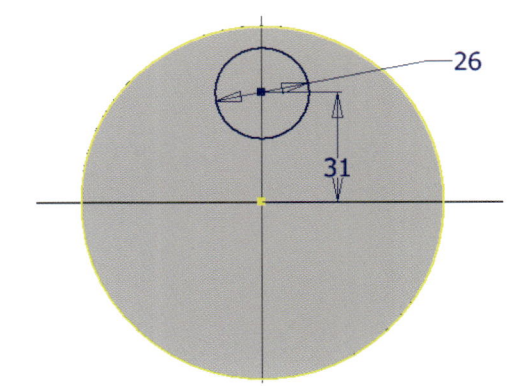

04 ▶ 스케치 마무리
  ▶ 돌출, 접합, 거리 3

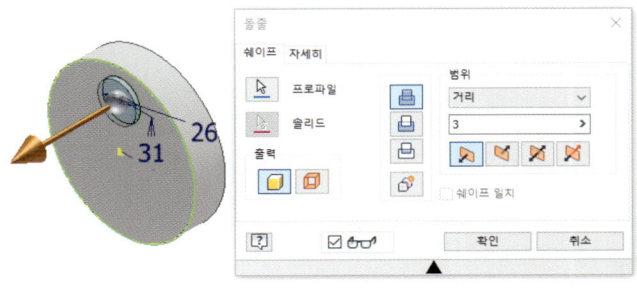

05 ▶ 모깎기, R3

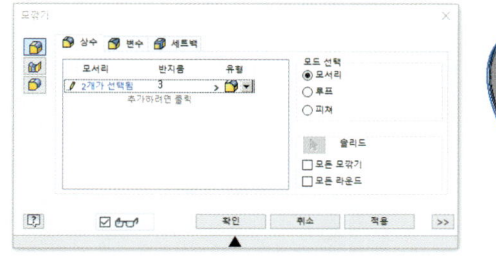

06 ▶ 모깎기, R3

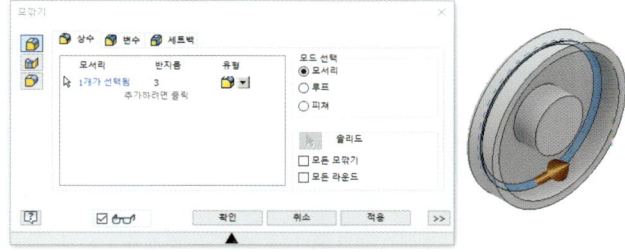

07 ▶ 구멍

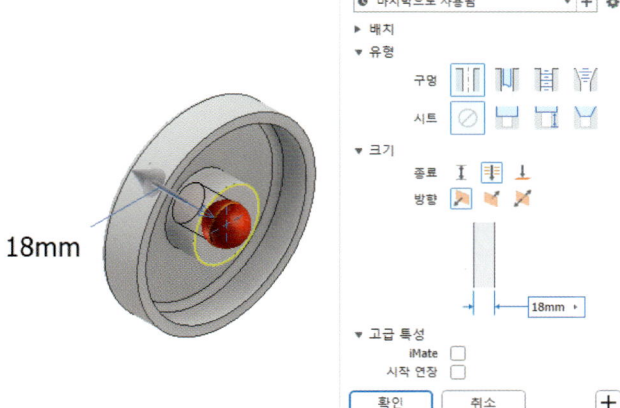

08 ▶ 모따기, C1

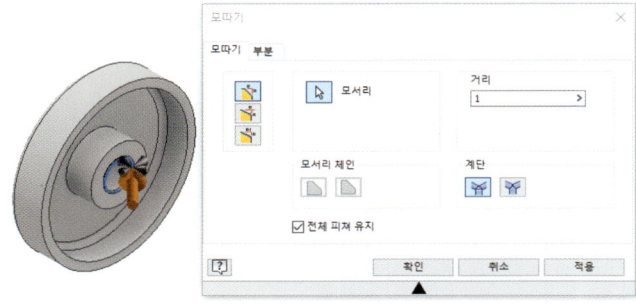

09 ▶ 구멍

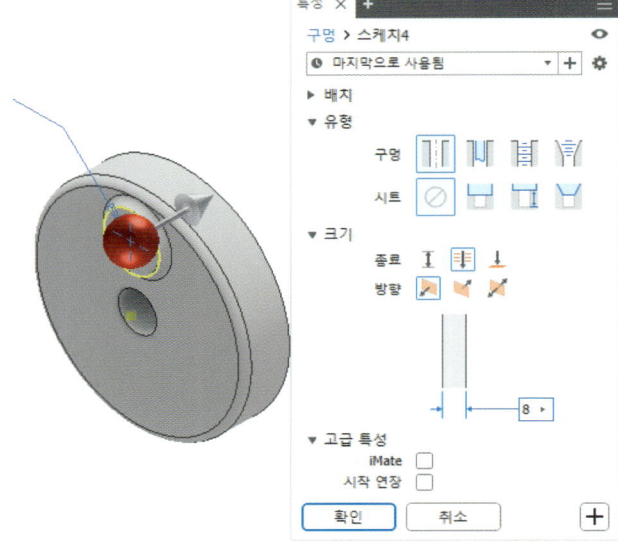

10 ▶ 저장

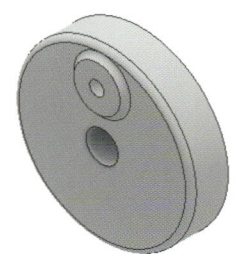

| LESSON 03 | **3번 부품 모델링** |

01 ▶ YZ평면 우클릭 새스케치
  ▶ 스케치 작성
  ▶ 구속조건

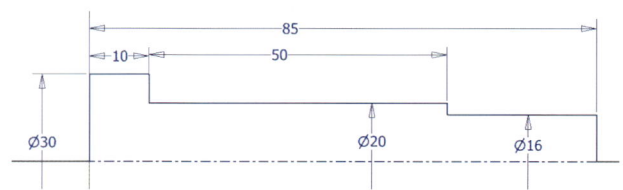

02 ▶ 스케치 마무리
  ▶ 회전, 전체

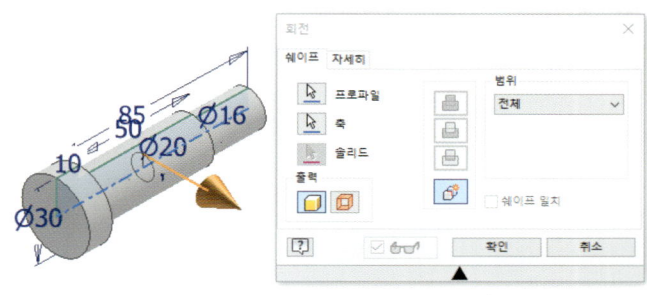

03 ▶ 모깎기, R3

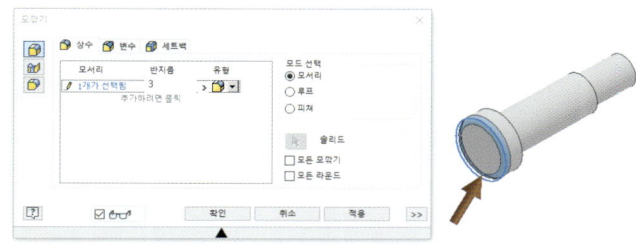

04 ▶ 모따기, C1

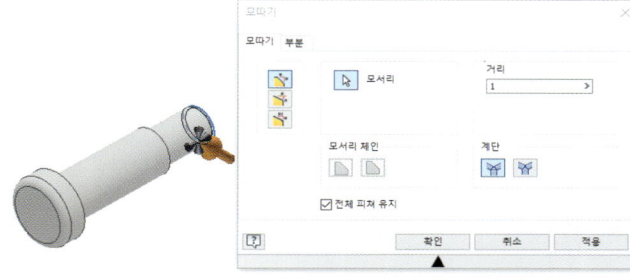

05 ▶ 저장

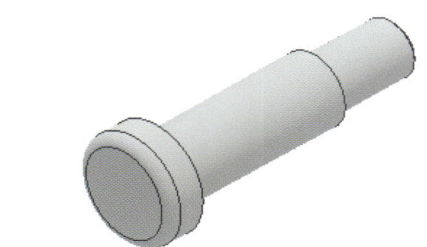

LESSON 04 조립

01 ▶ 3개의 부품을 드래그하여 위치
　　▶ 1번 부품 고정확인

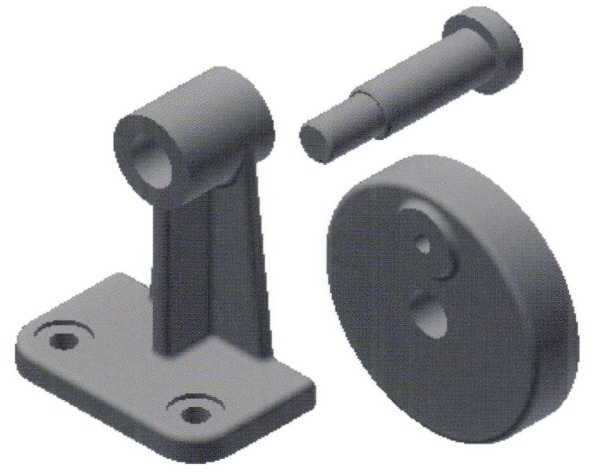

02 ▶ 조립구속조건-삽입

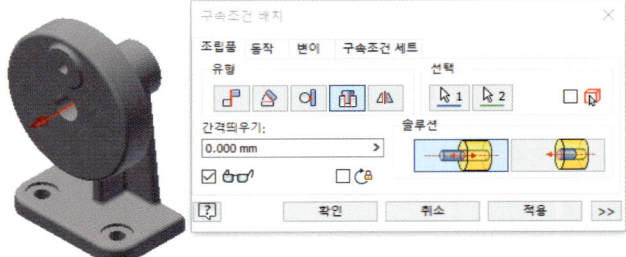

03 ▶ 조립구속조건-삽입

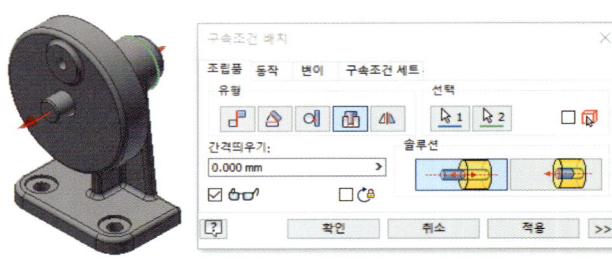

04 ▶ 저장

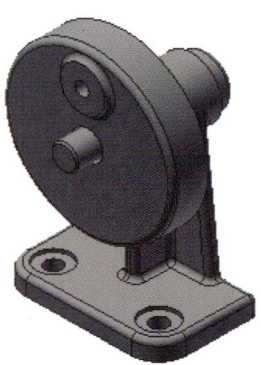

SECTION 05 공개문제-05 예상문제

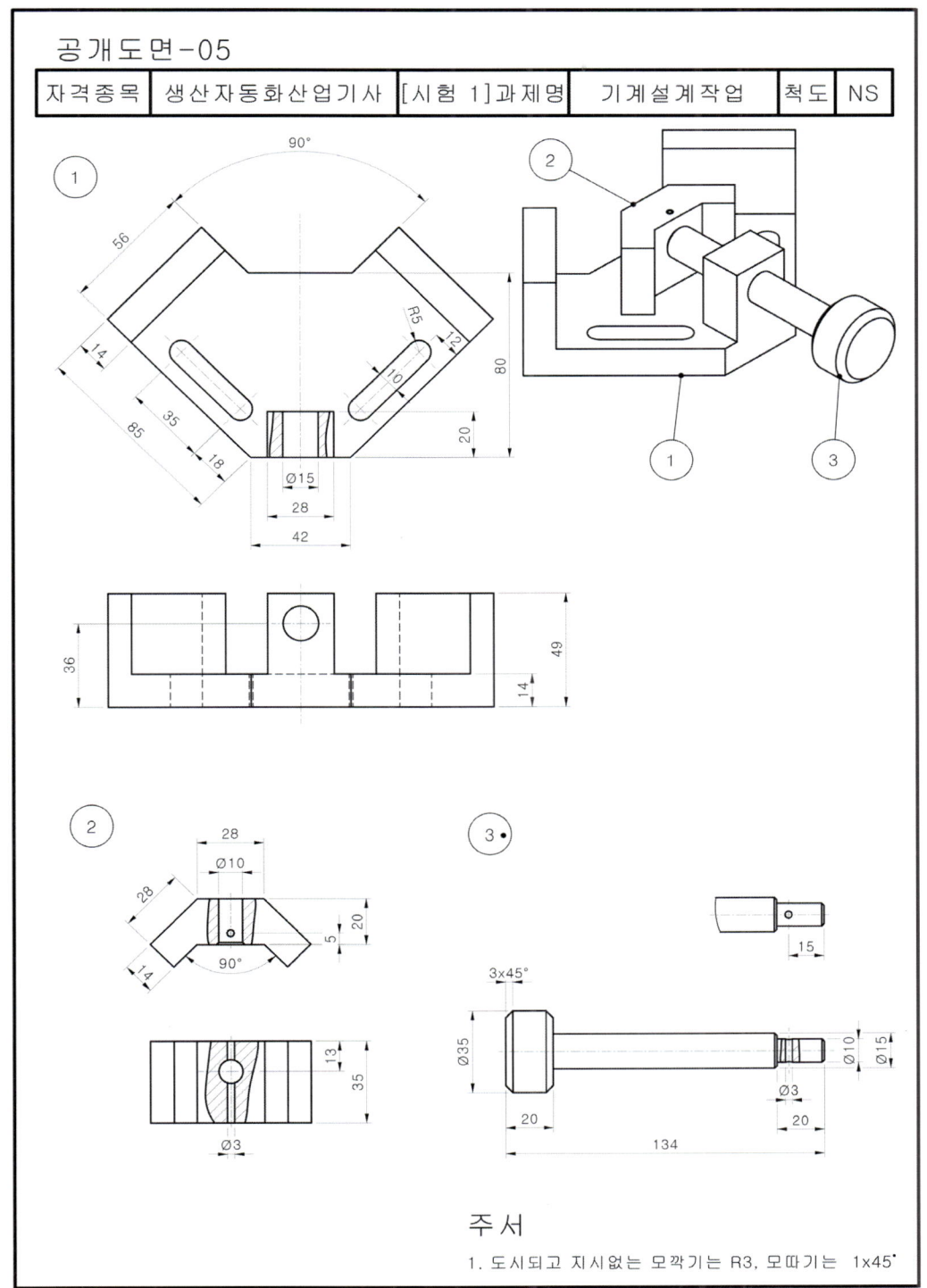

LESSON 01   1번 부품 모델링

01 ▶ XY평면 우클릭 새스케치
    ▶ 스케치 작성
    ▶ 구속조건

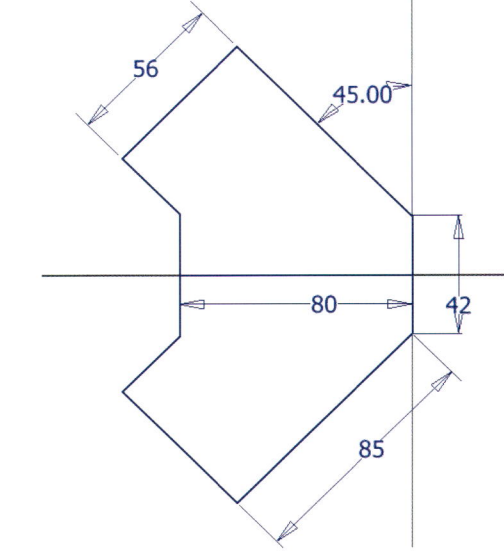

02 ▶ 스케치 마무리
    ▶ 돌출, 거리 14

03 ▶ XY평면 우클릭 새스케치
    ▶ 스케치 작성
    ▶ 구속조건

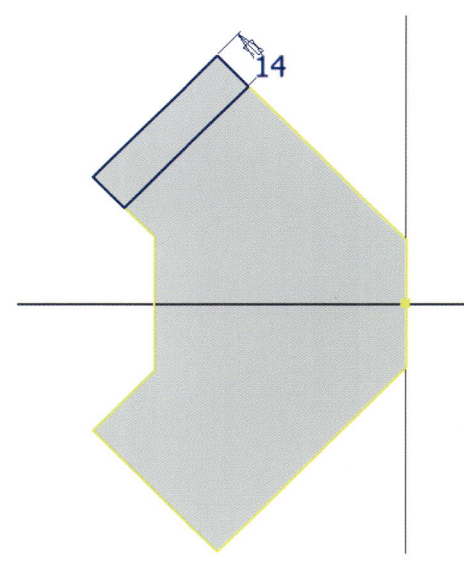

04 ▶ 스케치 마무리
   ▶ 돌출, 접합, 거리 35

05 ▶ 미러

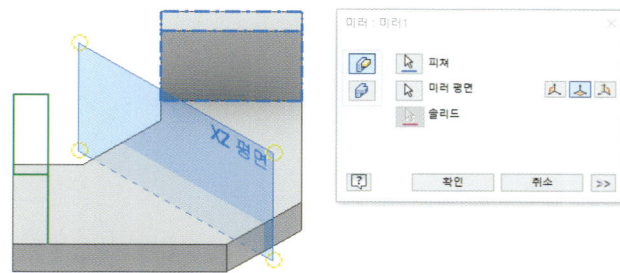

06 ▶ 해당평면 우클릭 새스케치
   ▶ 스케치 작성
   ▶ 구속조건

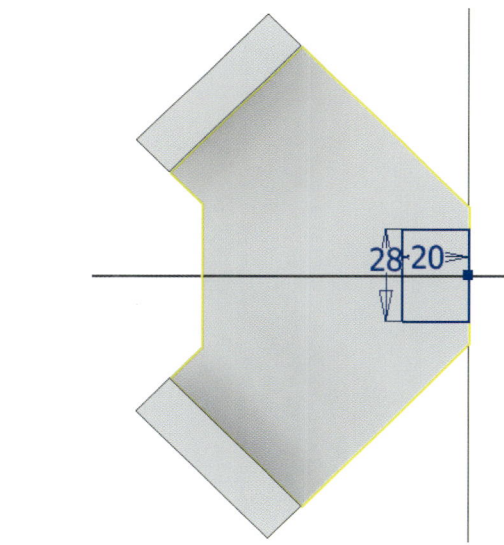

07 ▶ 스케치 마무리
   ▶ 돌출, 접합, 거리 35

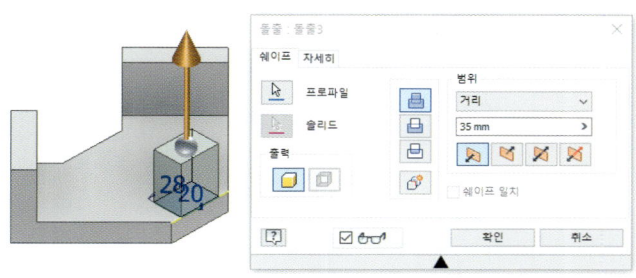

08 ▶ 해당평면 우클릭 새스케치
  ▶ 스케치 작성
  ▶ 구속조건

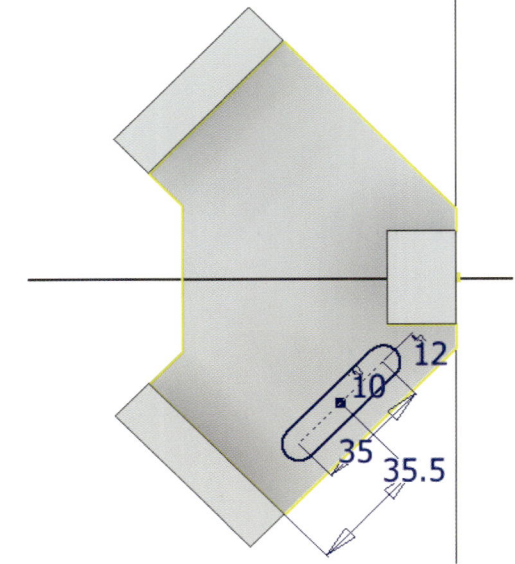

09 ▶ 스케치 마무리
  ▶ 돌출, 차집합, 전체

10 ▶ 미러

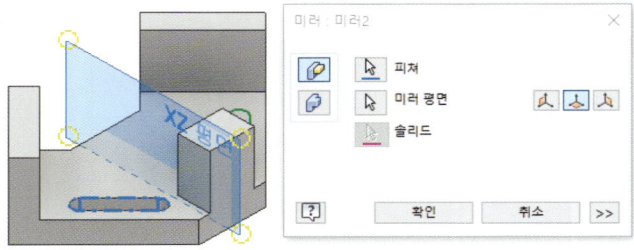

11 ▶ 해당평면 우클릭 새스케치
  ▶ 스케치 작성
  ▶ 구속조건

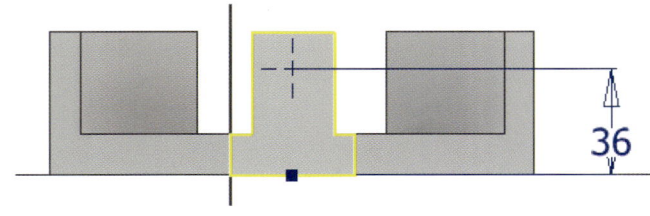

12 ▶ 스케치 마무리
   ▶ 구멍

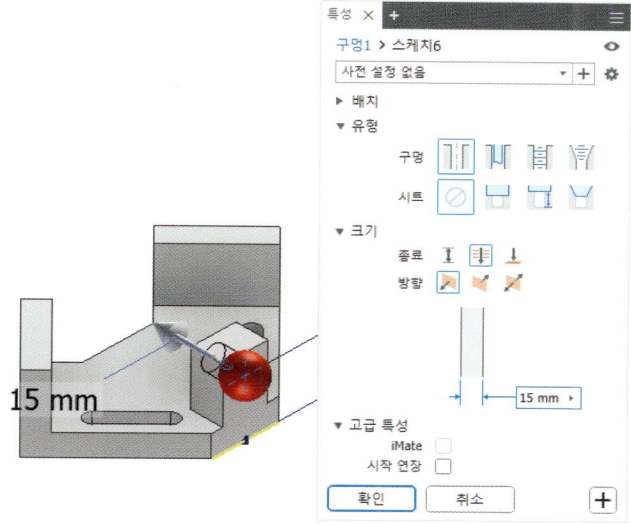

13 ▶ 저장

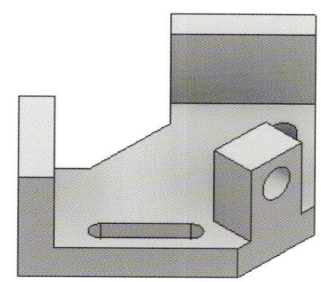

LESSON 02 2번 부품 모델링

01 ▶ XY평면 우클릭 새스케치
   ▶ 스케치 작성
   ▶ 구속조건

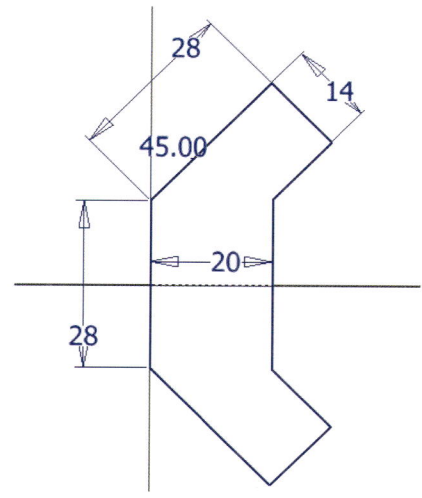

02 ▶ 스케치 마무리
　　▶ 돌출, 거리 35

03 ▶ 해당평면 우클릭 새스케치
　　▶ 스케치 작성
　　▶ 구속조건

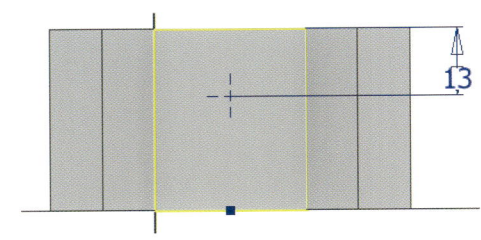

04 ▶ 스케치 마무리
　　▶ 구멍

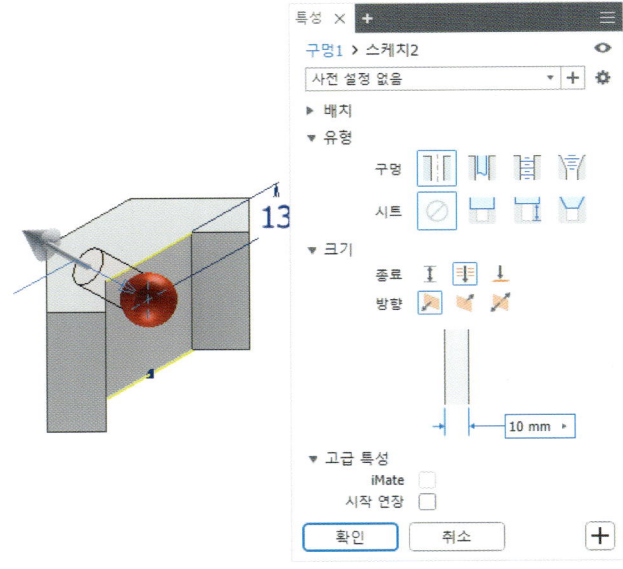

05 ▶ 모따기, C1

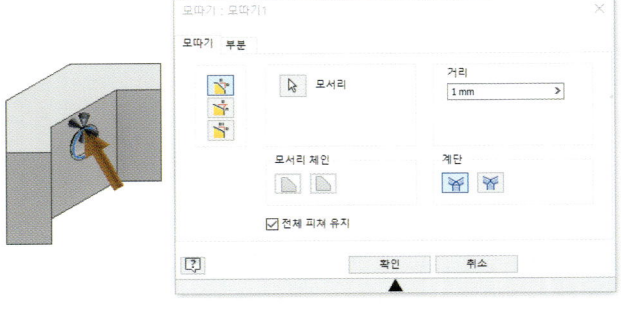

06 ▶ 해당평면 우클릭 새스케치
    ▶ 스케치 작성
    ▶ 구속조건

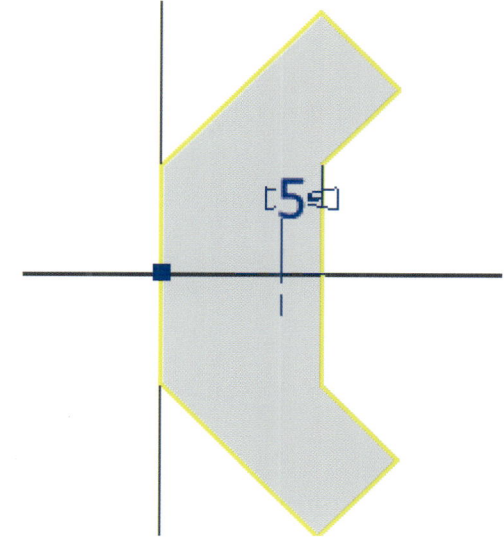

07 ▶ 스케치 마무리
    ▶ 구멍

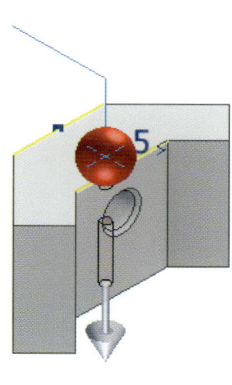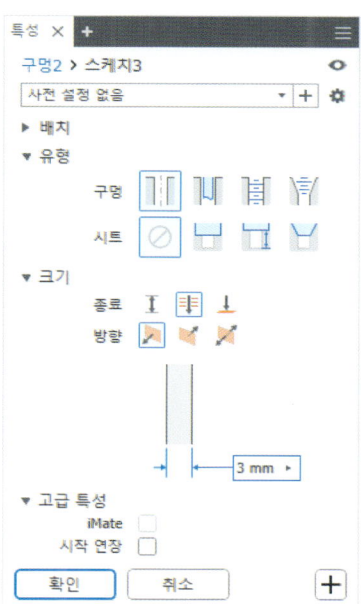

08 ▶ 저장

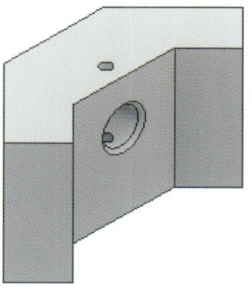

LESSON 03　3번 부품 모델링

01 ▶ XY평면 우클릭 새스케치
　　▶ 스케치 작성
　　▶ 구속조건

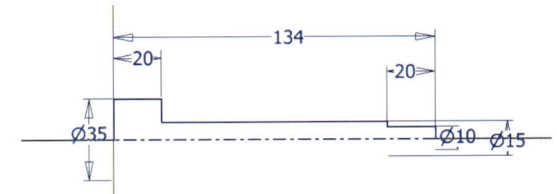

02 ▶ 스케치 마무리
　　▶ 회전, 전체

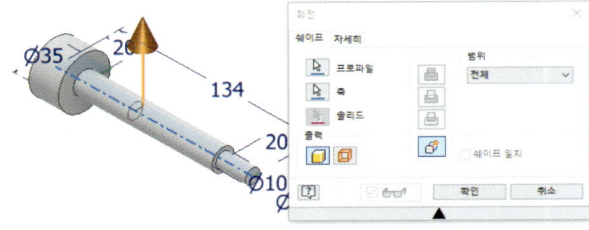

03 ▶ XY평면 우클릭 새스케치
　　▶ 스케치 작성
　　▶ 구속조건

04 ▶ 스케치 마무리
　　▶ 돌출, 차집합, 전체, 대칭

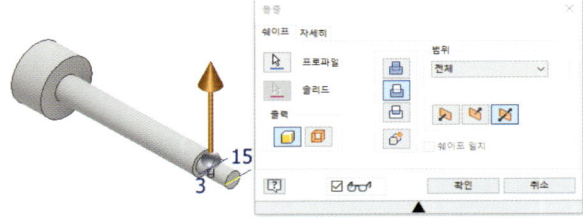

05 ▶ 모따기, C1

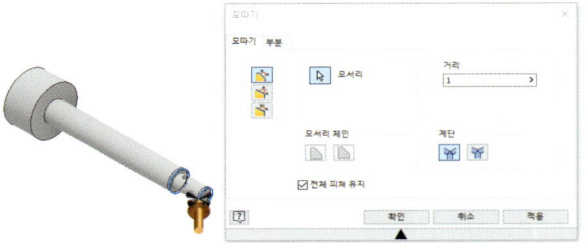

06 ▶ 모따기, C3

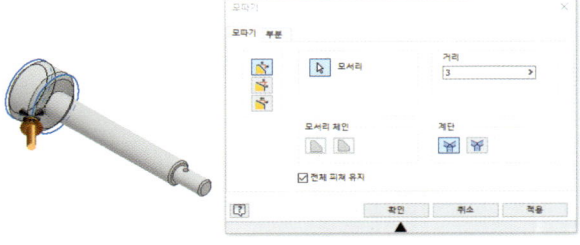

07 ▶ 저장

LESSON 04 조립

01 ▶ 3개의 부품을 드래그하여 위치
　　▶ 1번 부품 고정확인

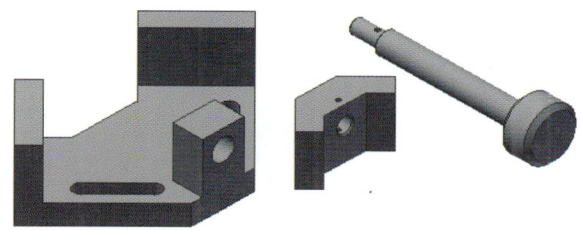

02 ▶ 조립구속조건-삽입

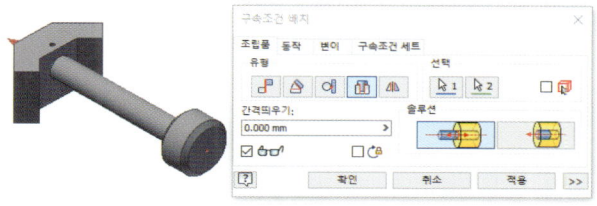

03 ▶ 조립구속조건-메이트

04 ▶ 축을 임의 거리 이동 저장

SECTION 06

공개문제-06 예상문제

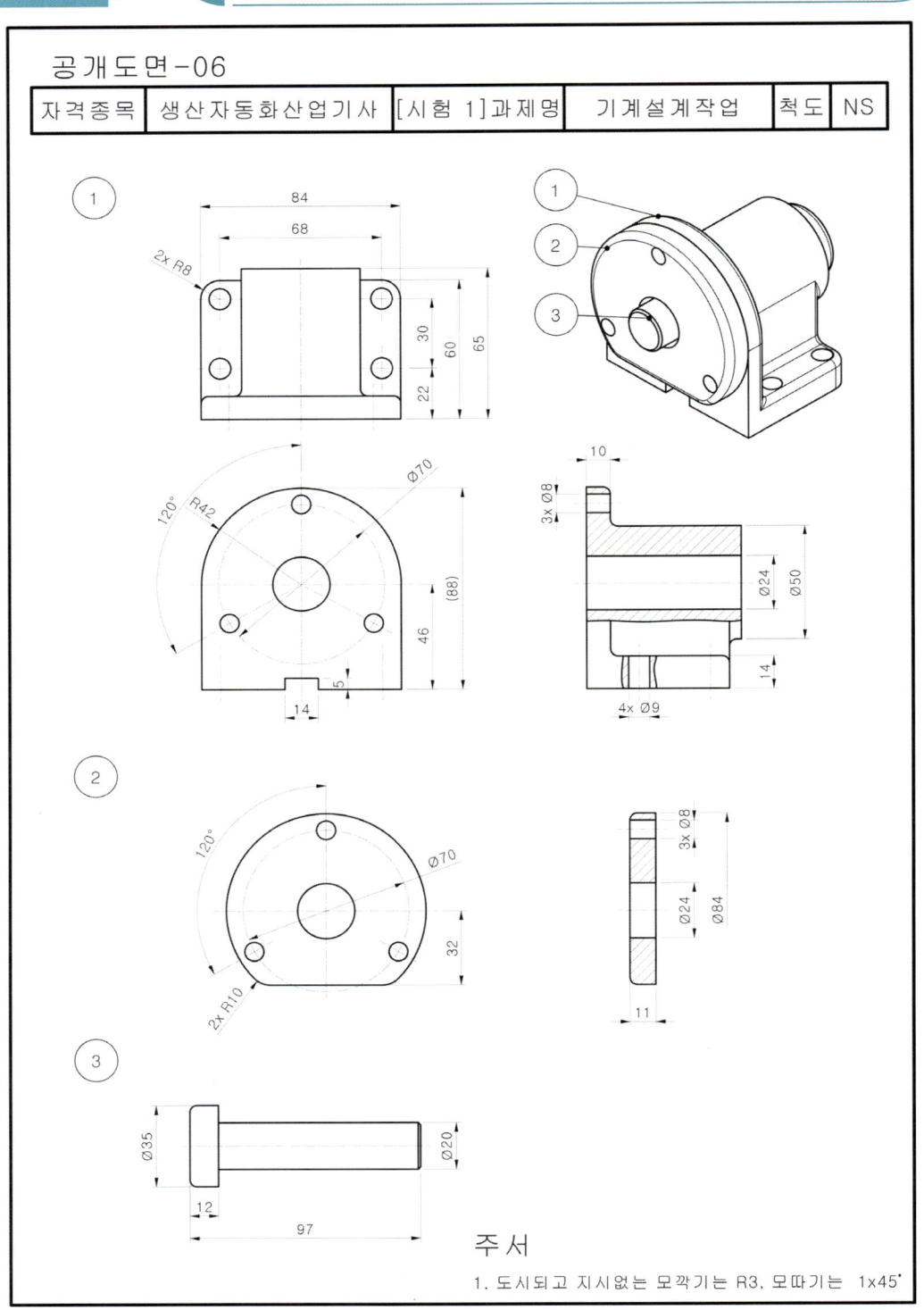

LESSON 01 1번 부품 모델링

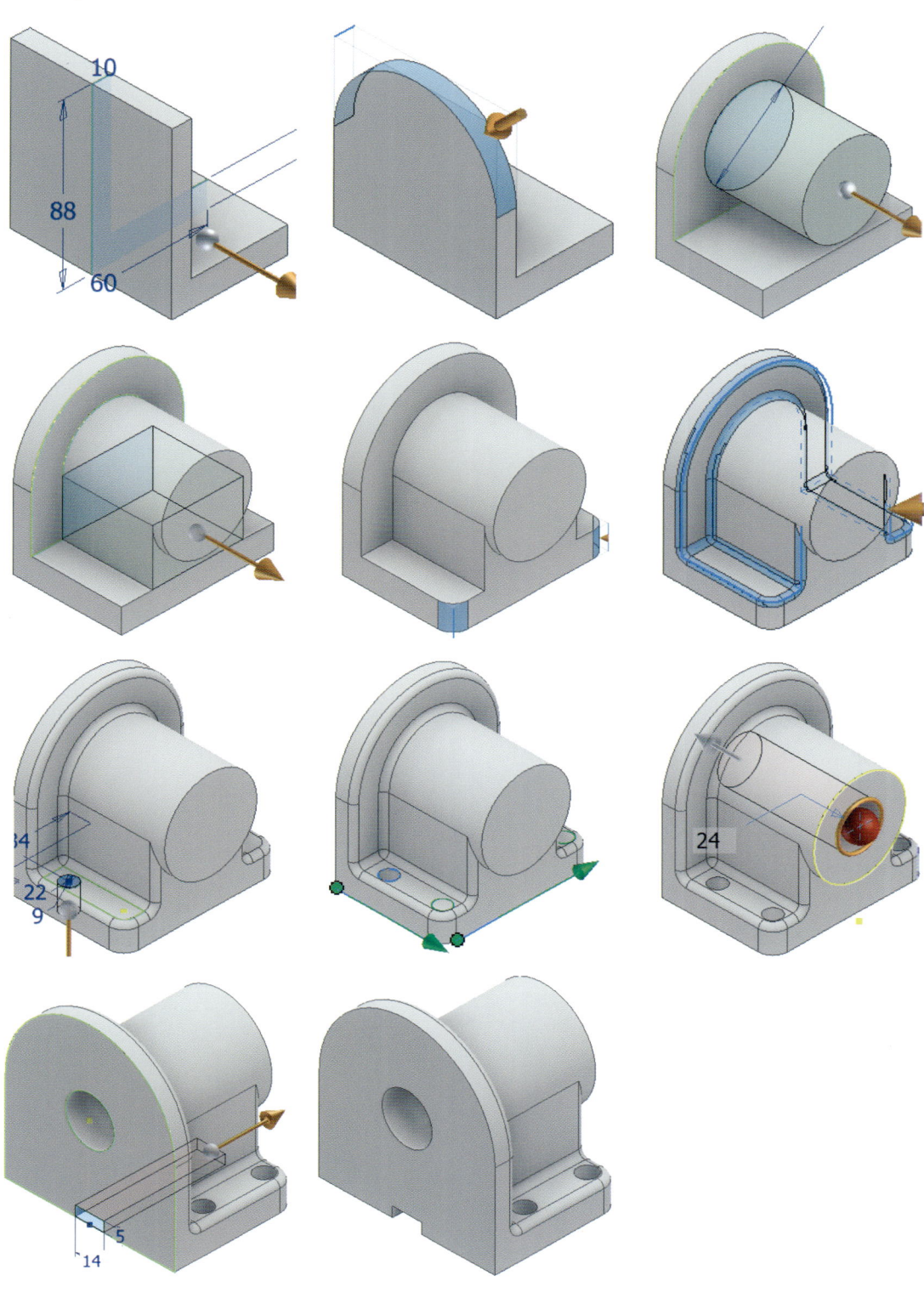

LESSON 02 2번 부품 모델링

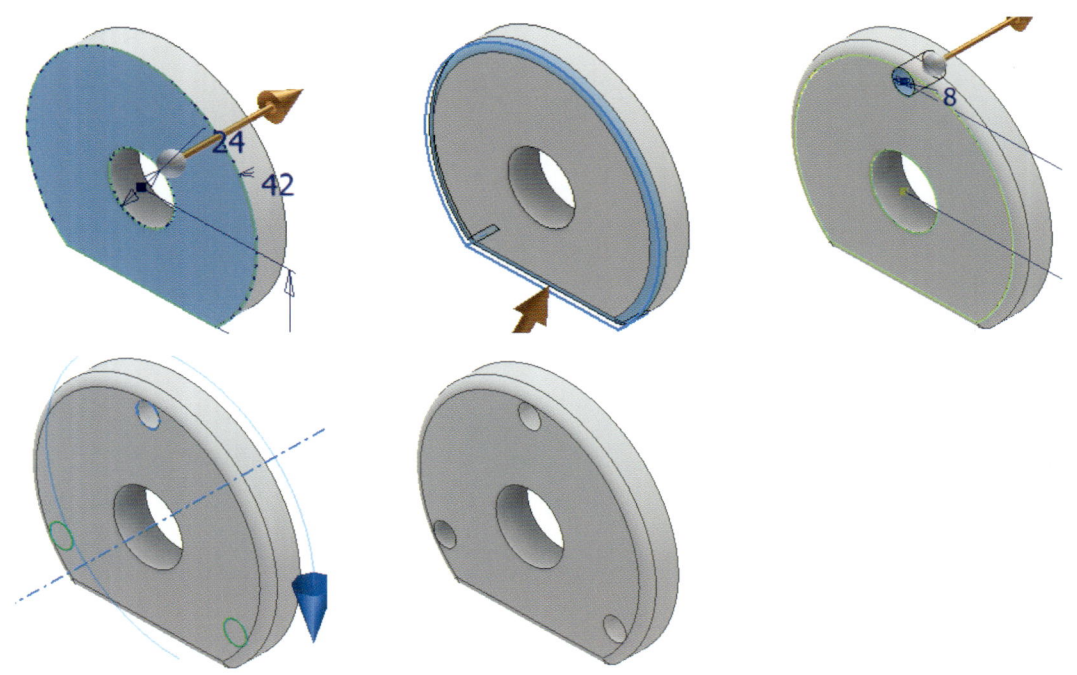

LESSON 03 3번 부품 모델링

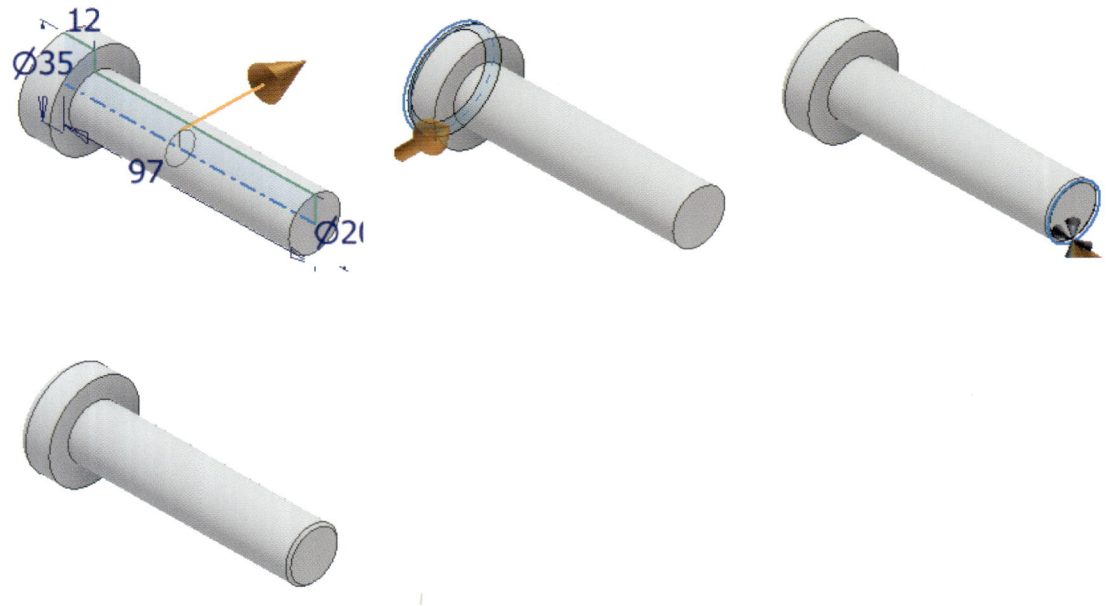

LESSON 04 조립

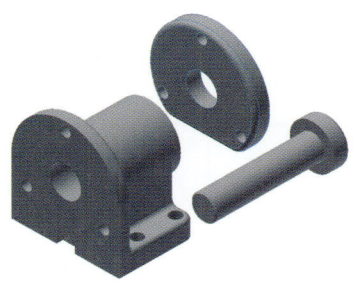  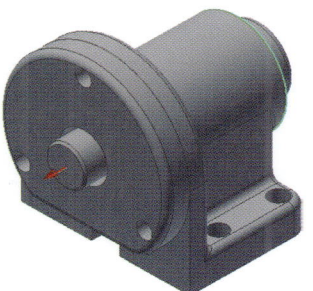

SECTION 07 공개문제-07 예상문제

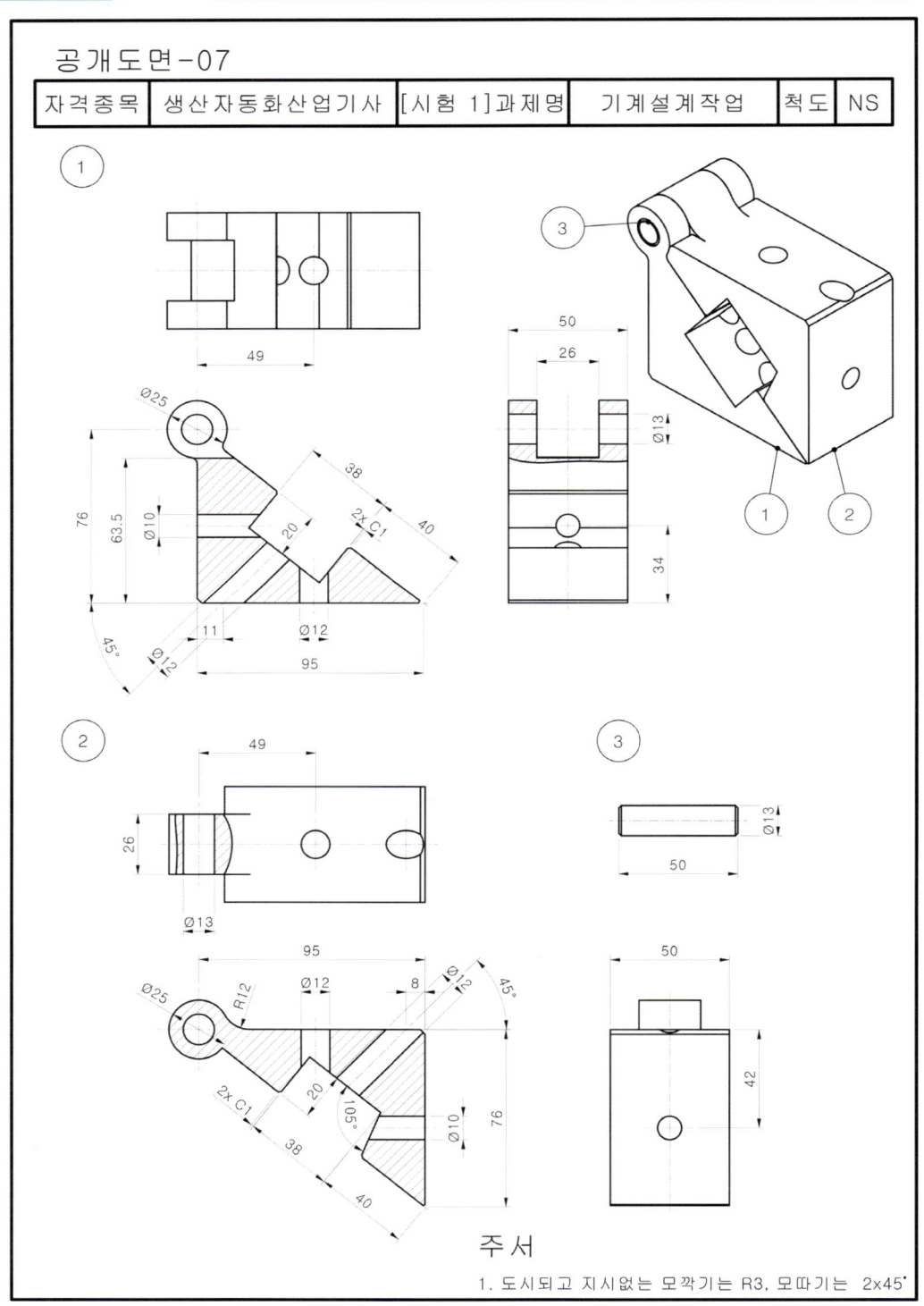

LESSON 01 1번 부품 모델링

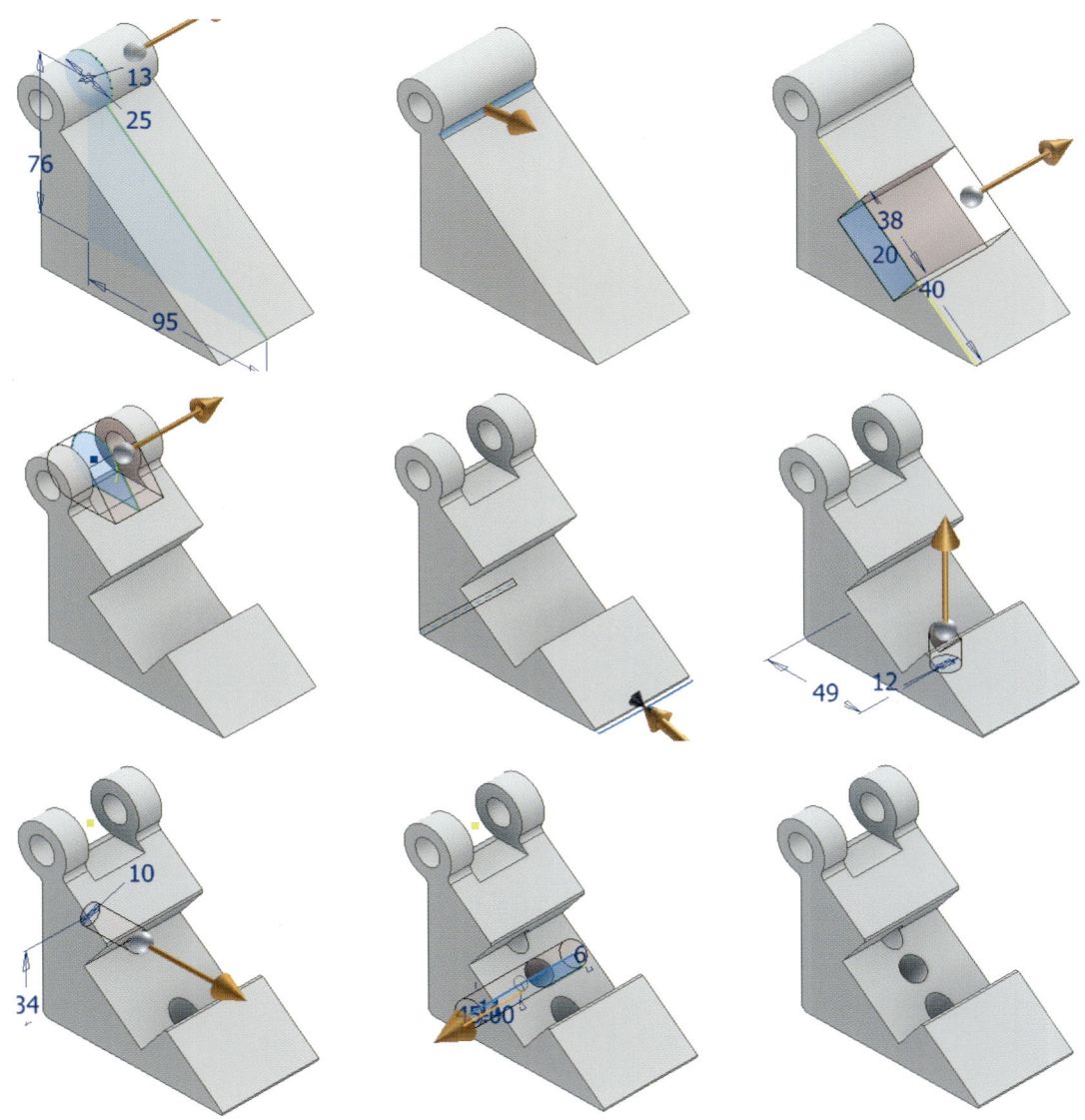

PART 03_ 생산자동화 산업기사 모델링

LESSON 02 2번 부품 모델링

LESSON 03 3번 부품 모델링

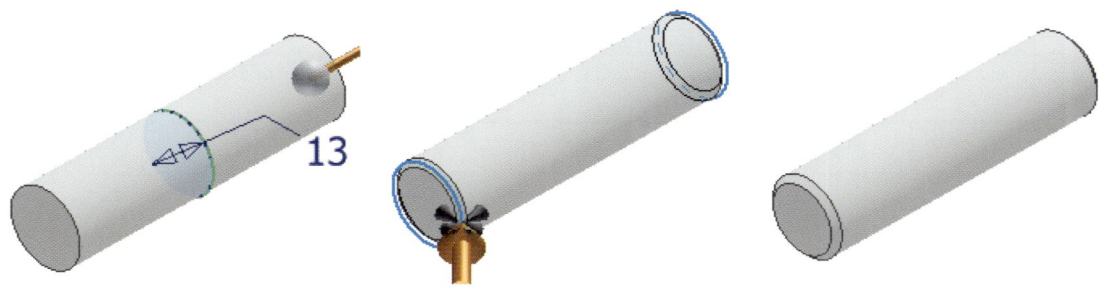

LESSON 04 조립

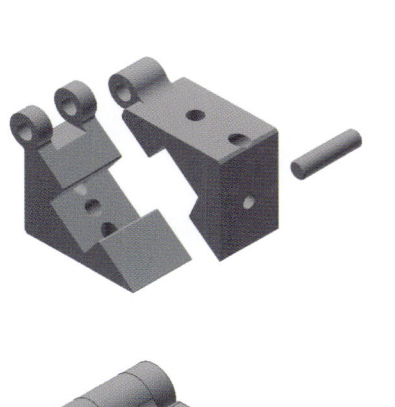
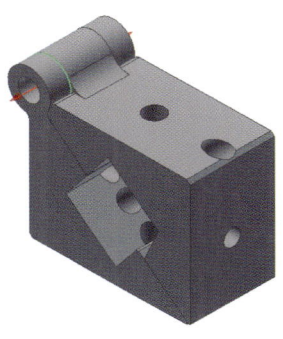
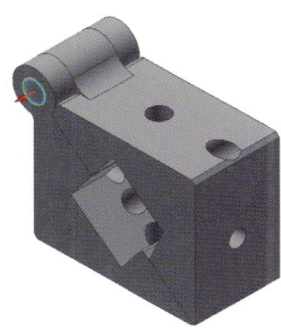

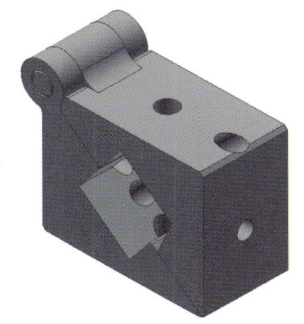

SECTION 08 공개문제-08 예상문제

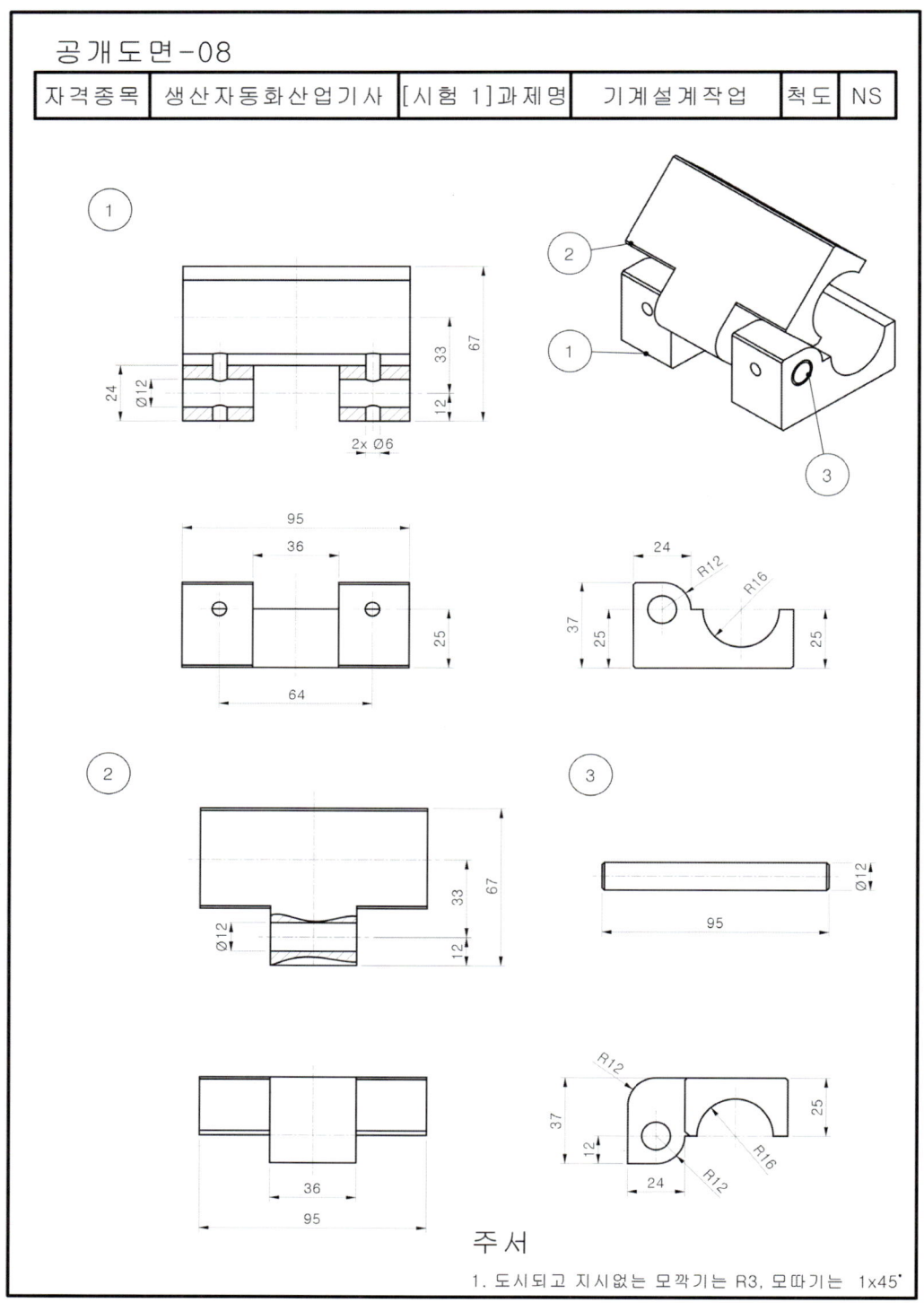

LESSON 01 1번 부품 모델링

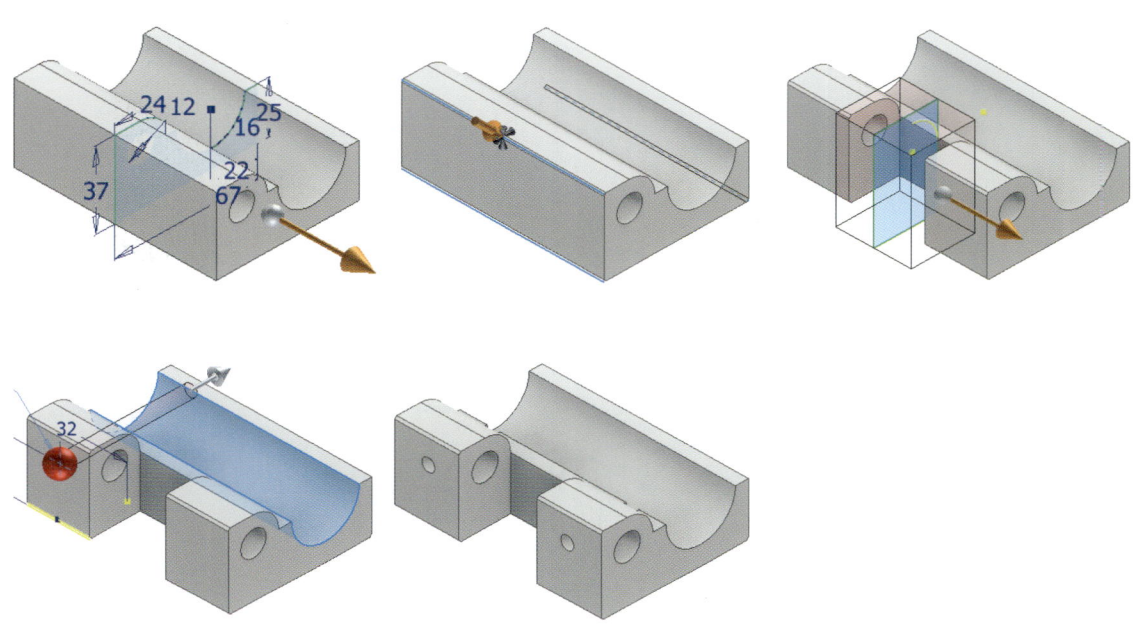

LESSON 02 2번 부품 모델링

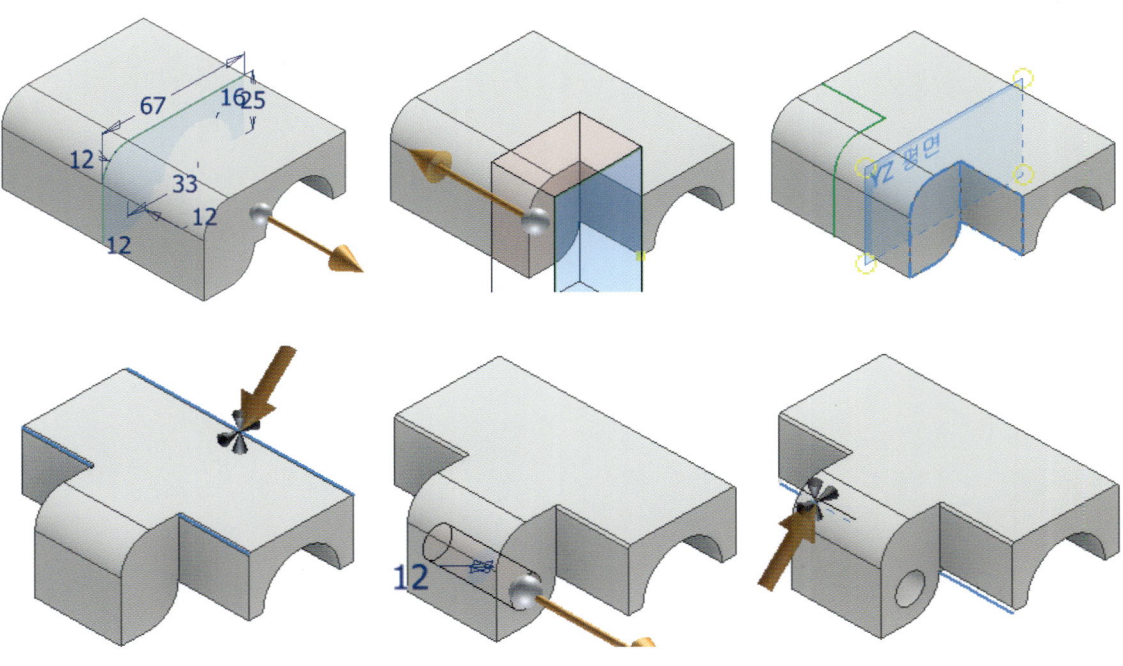

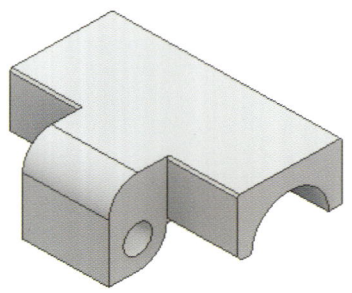

| LESSON 03 | 3번 부품 모델링 |

| LESSON 04 | 조립 |

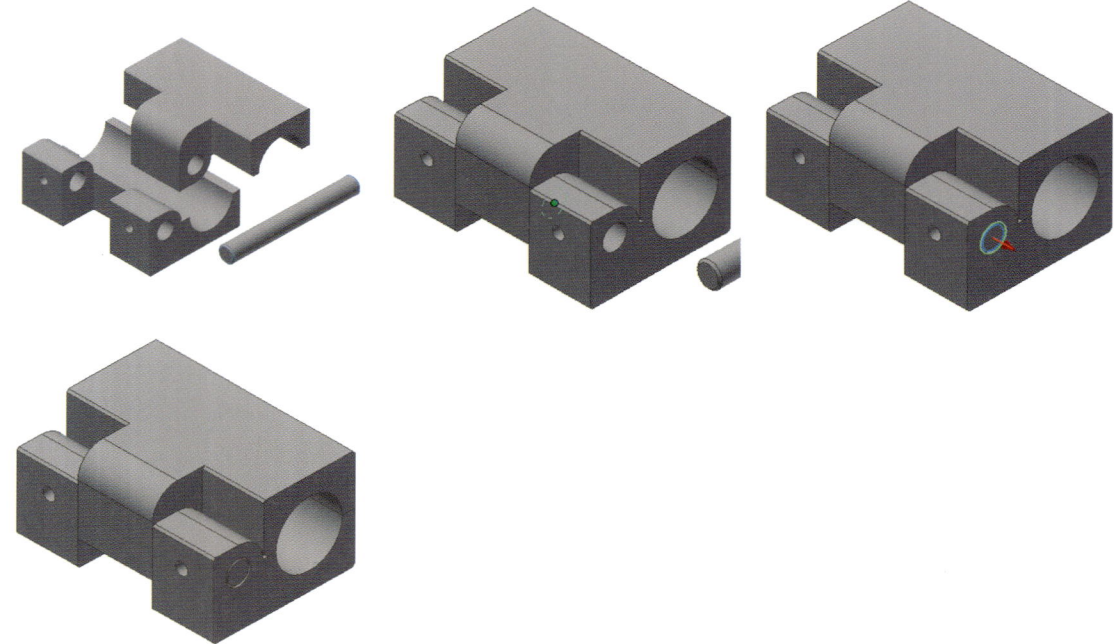

SECTION 09

공개문제-09 예상문제

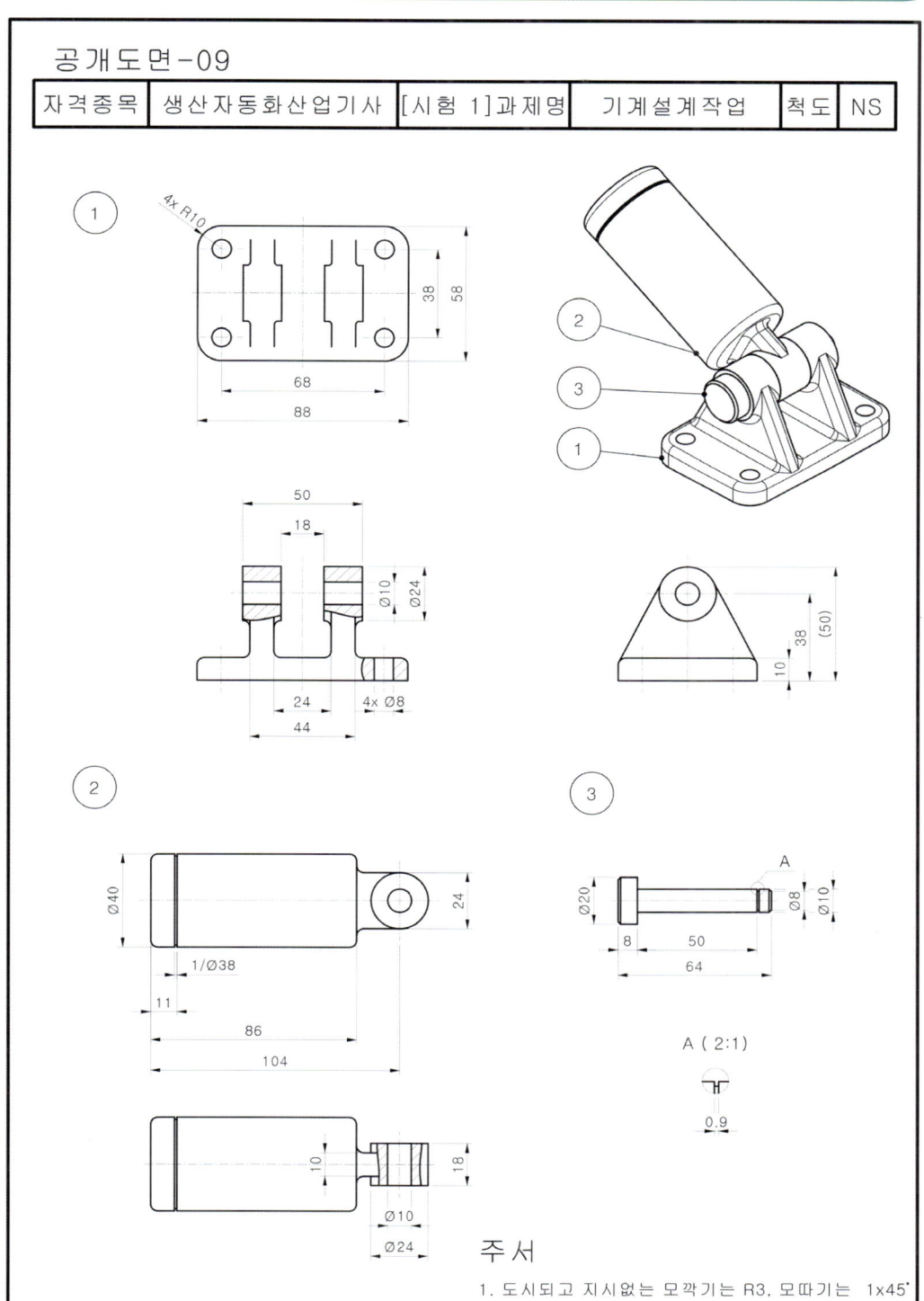

LESSON 01 1번 부품 모델링

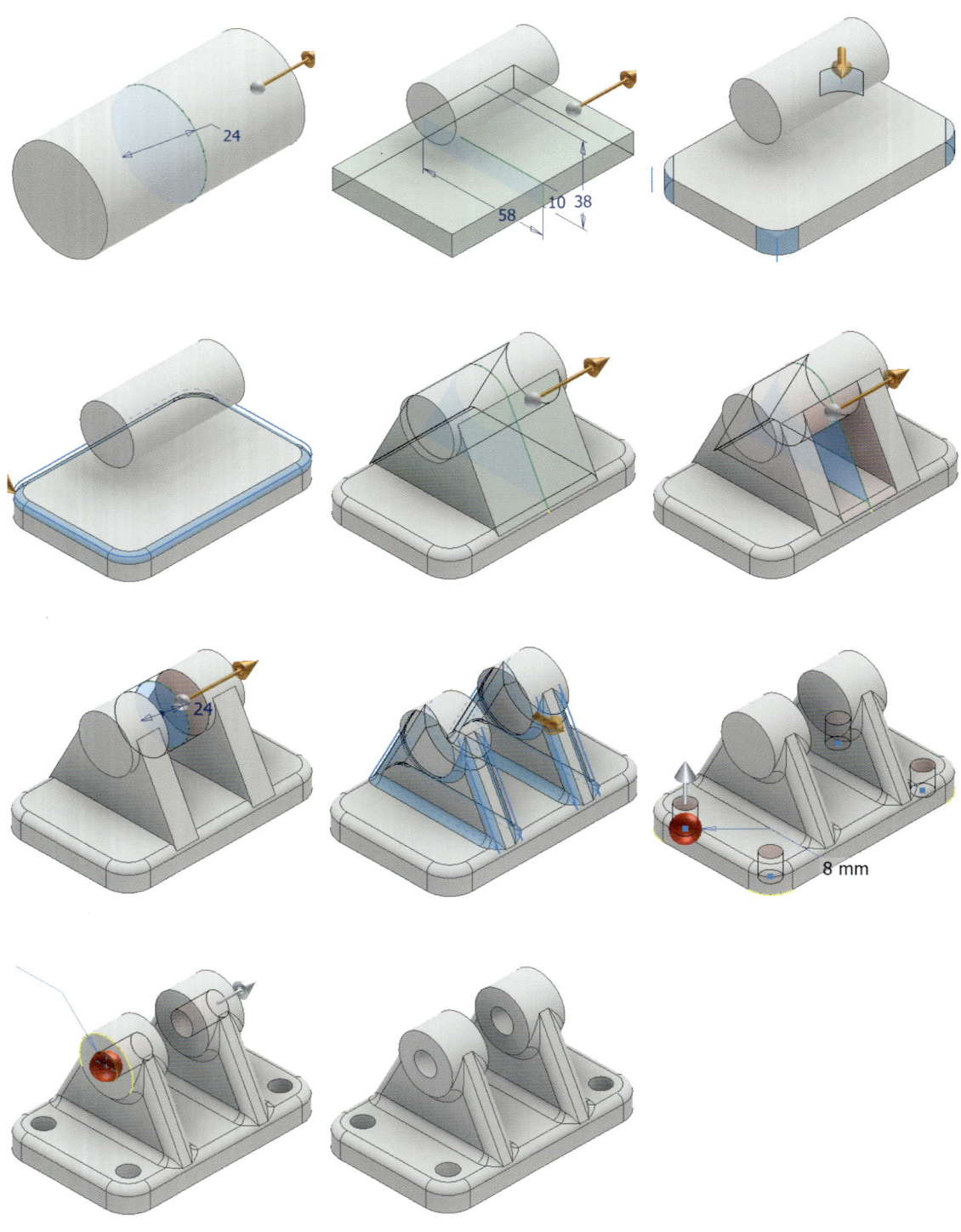

LESSON 02 2번 부품 모델링

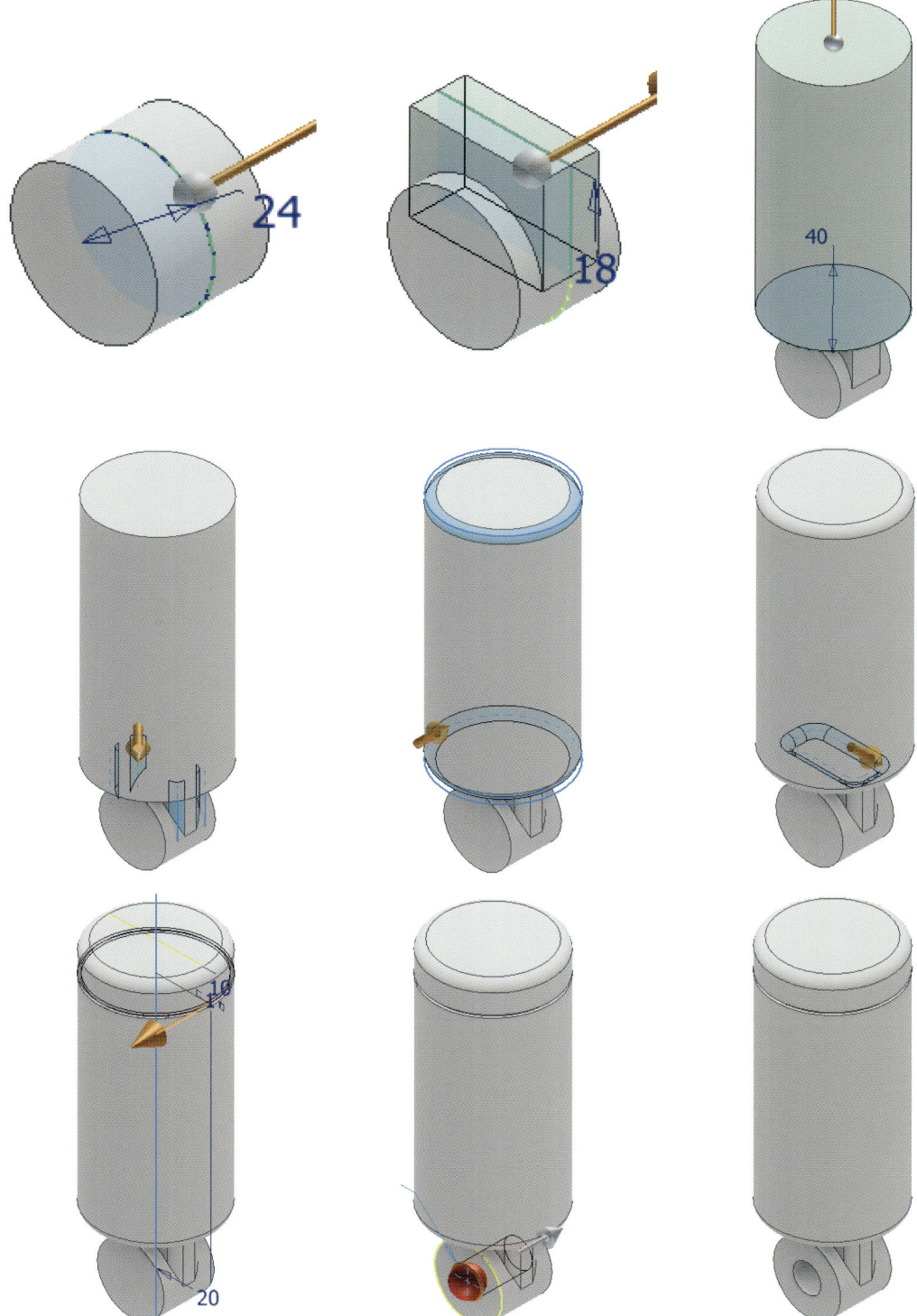

PART 03_ 생산자동화 산업기사 모델링

LESSON 03　3번 부품 모델링

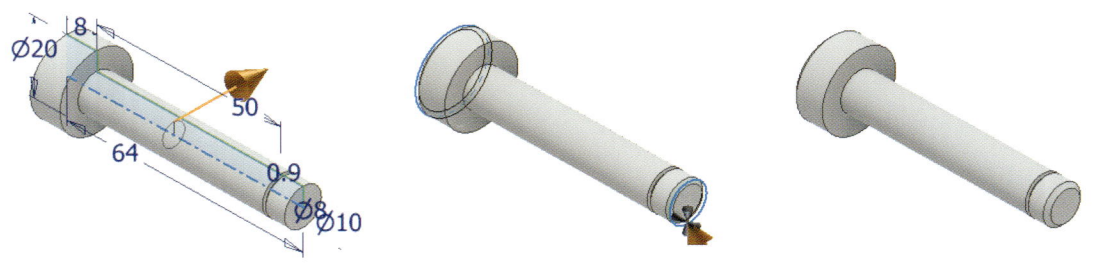

LESSON 04　조립

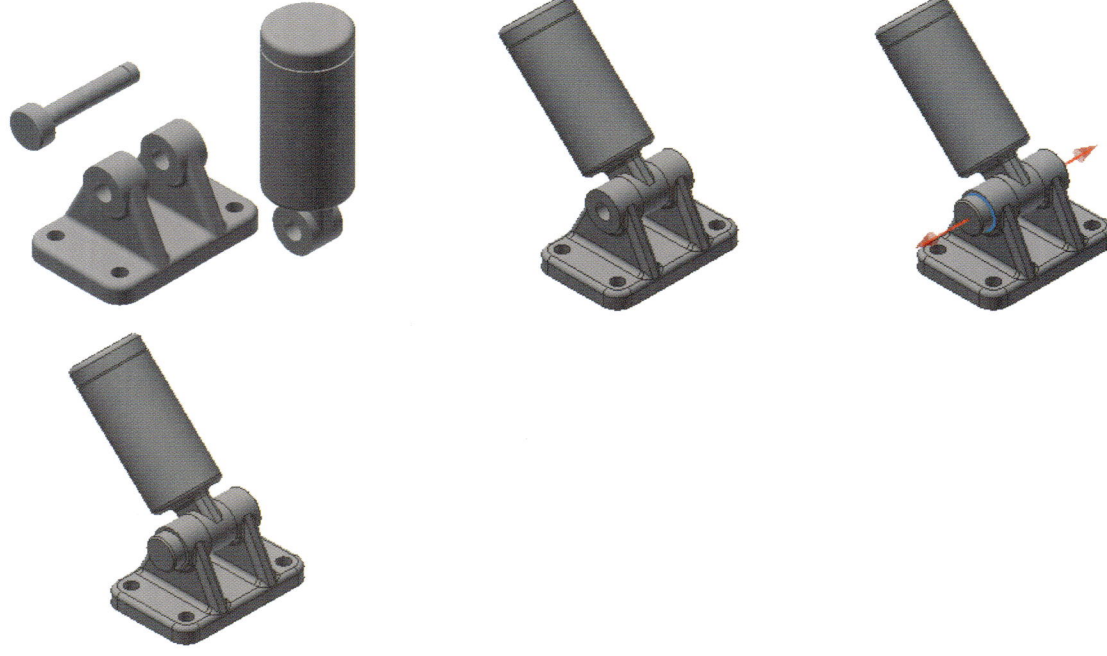

SECTION 10 공개문제-10 예상문제

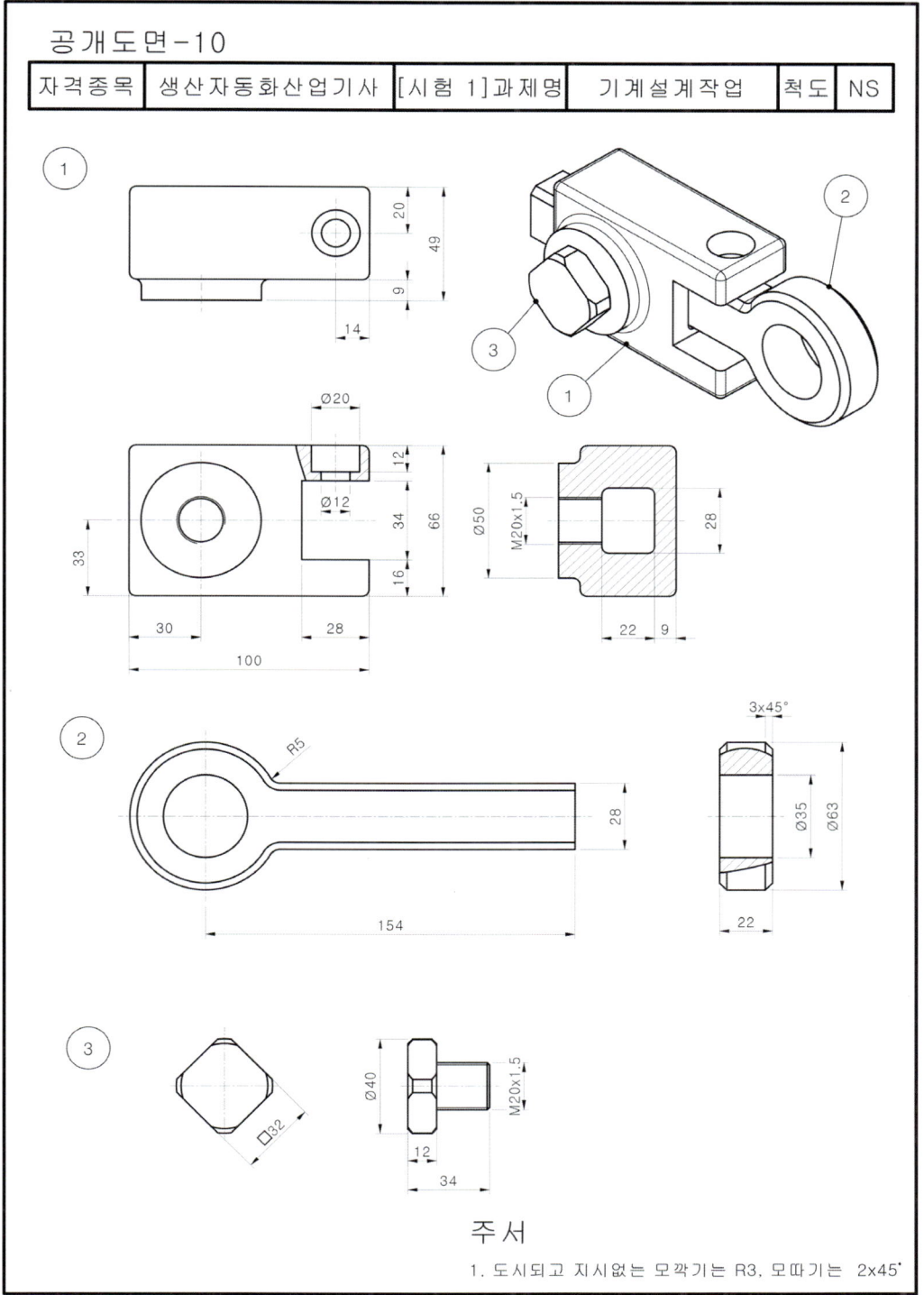

LESSON 01 1번 부품 모델링

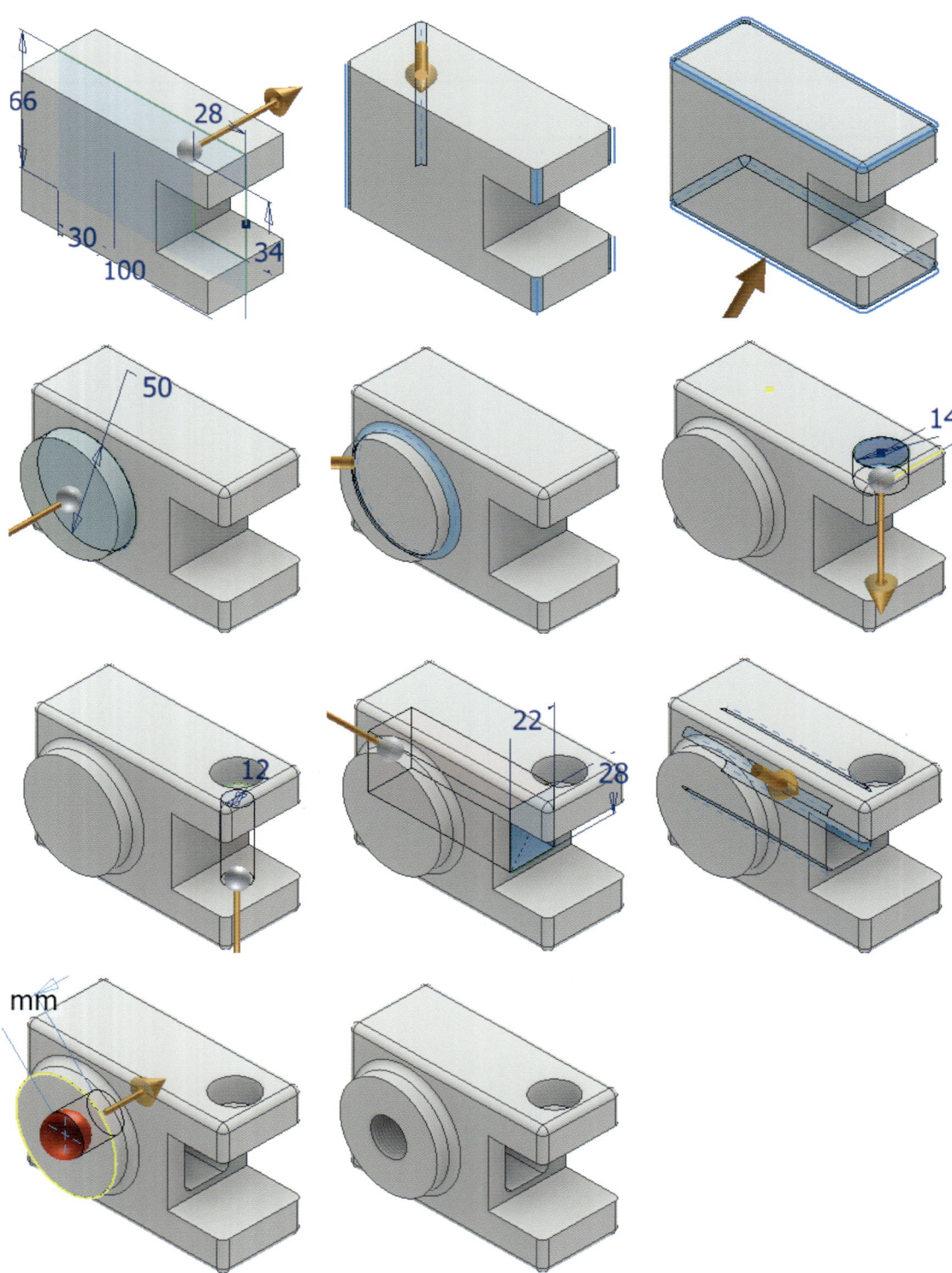

LESSON 02 2번 부품 모델링

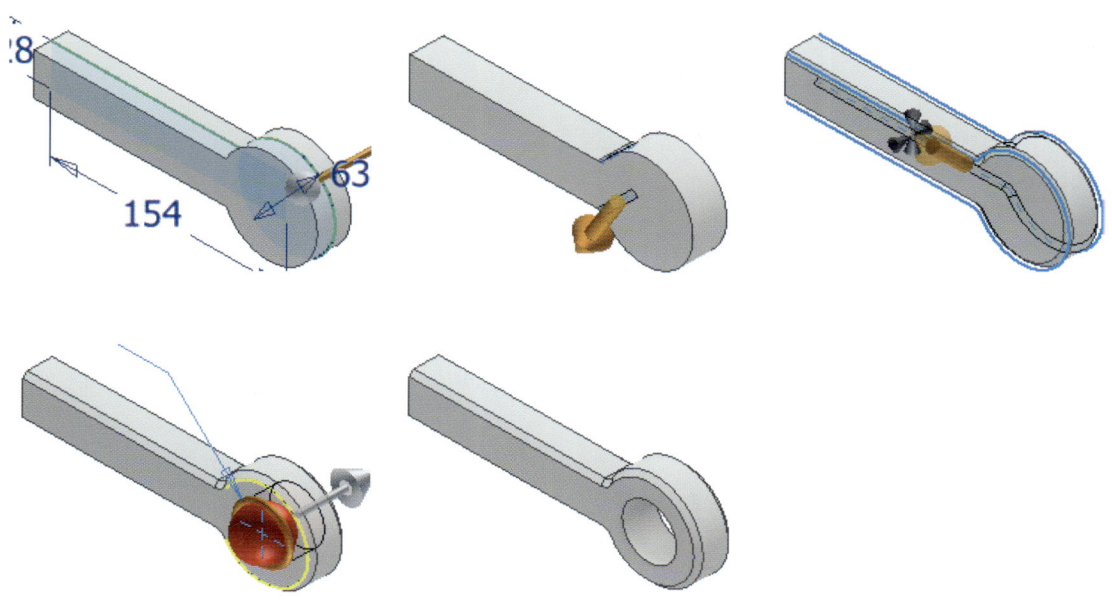

LESSON 03 3번 부품 모델링

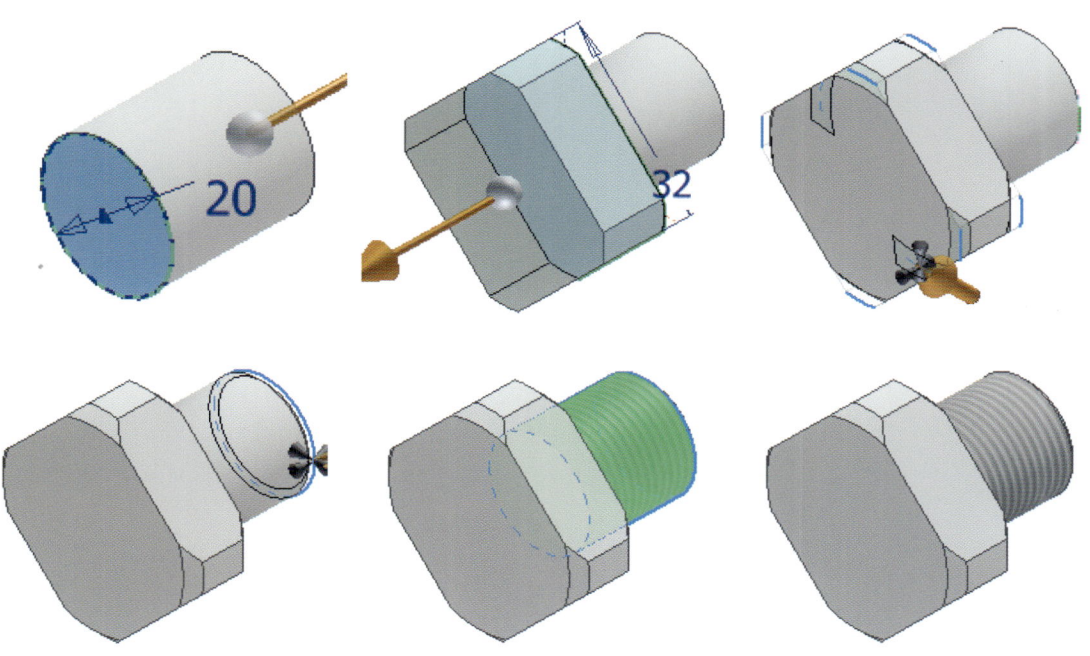

LESSON 04 조립

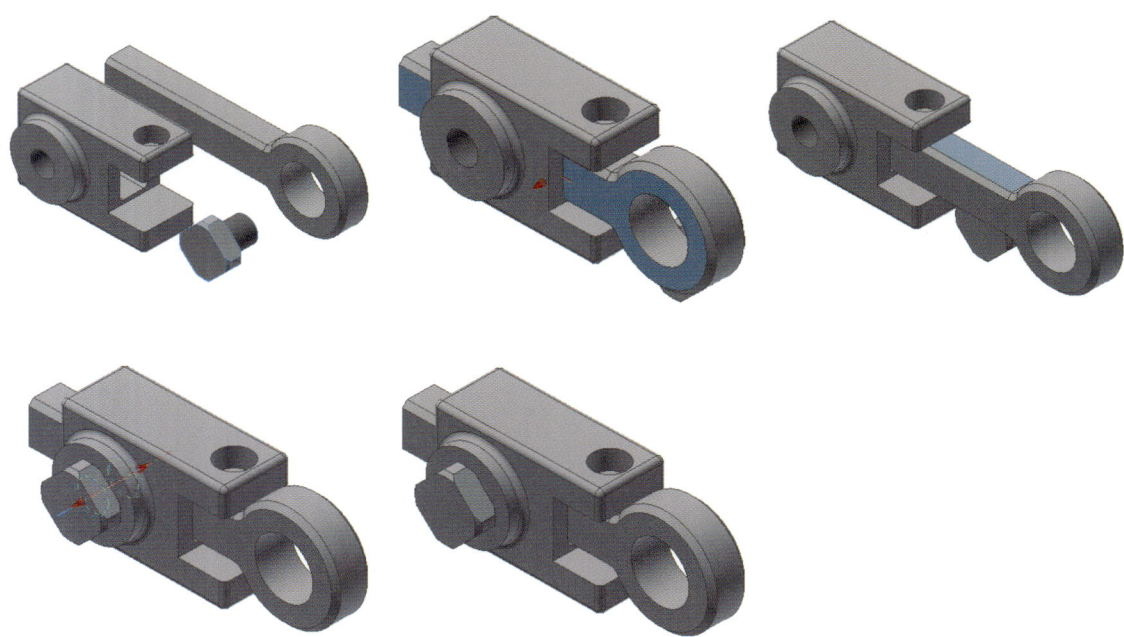

SECTION 11 공개문제-11 예상문제

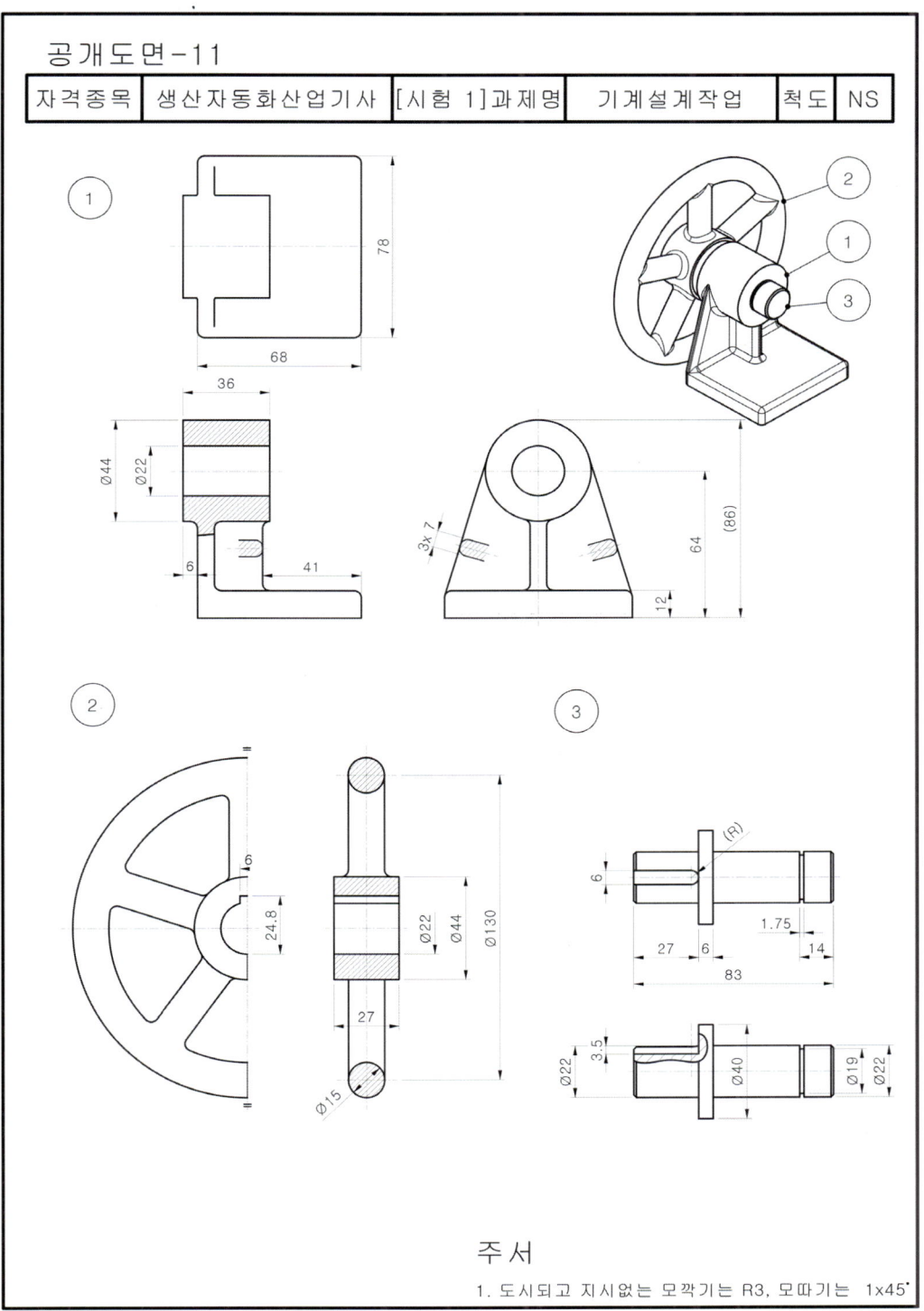

LESSON 01 1번 부품 모델링

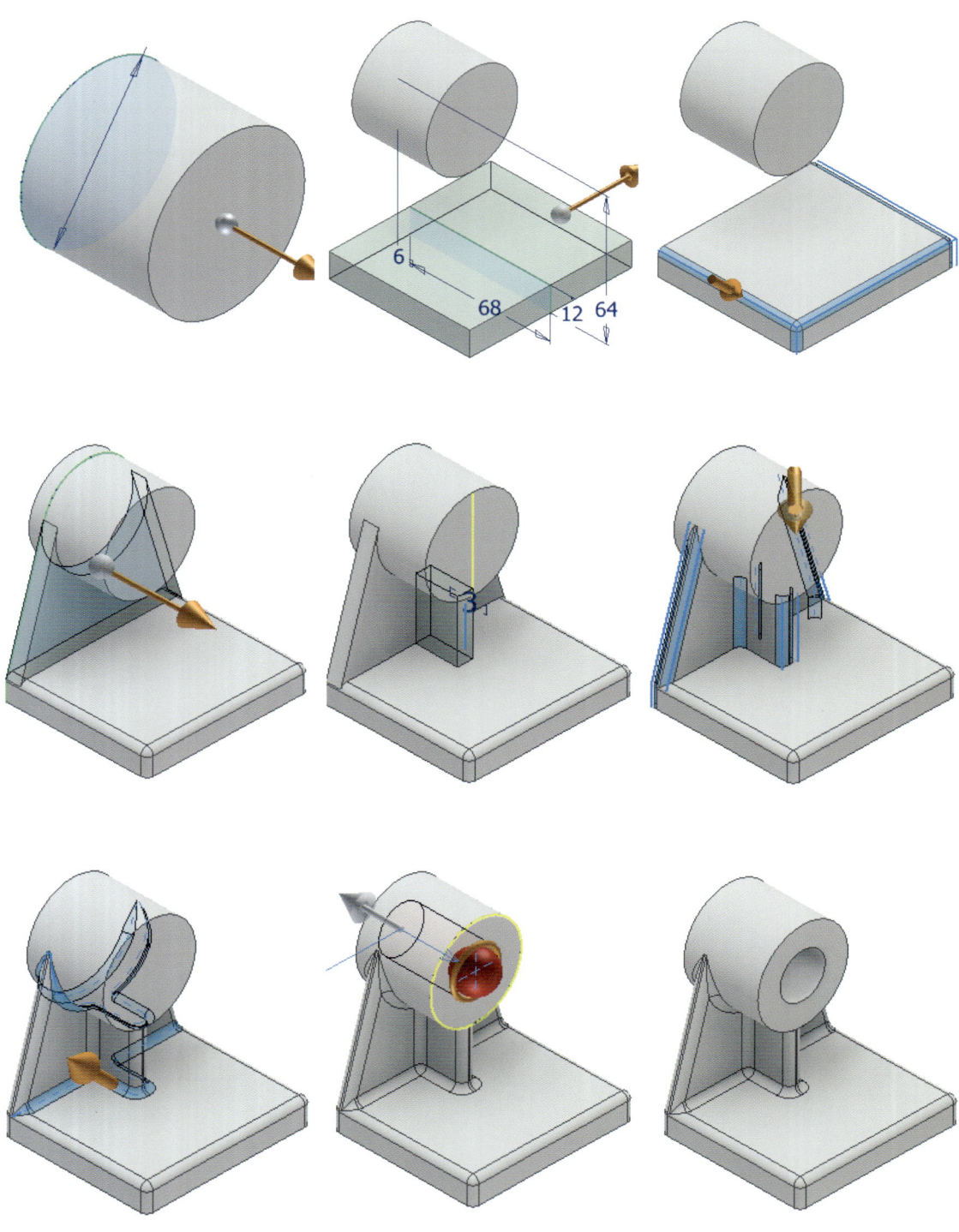

LESSON 02 2번 부품 모델링

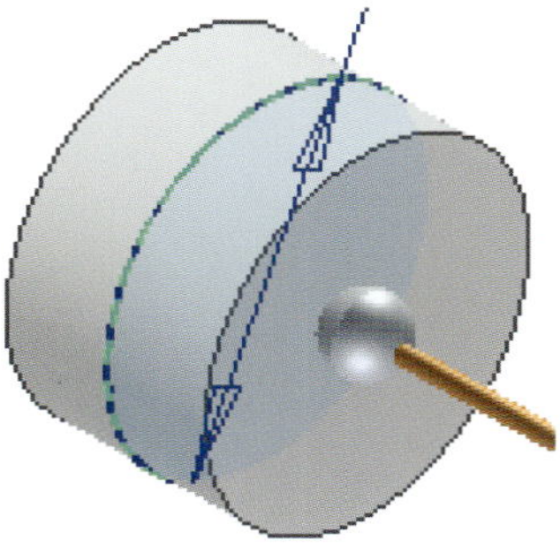

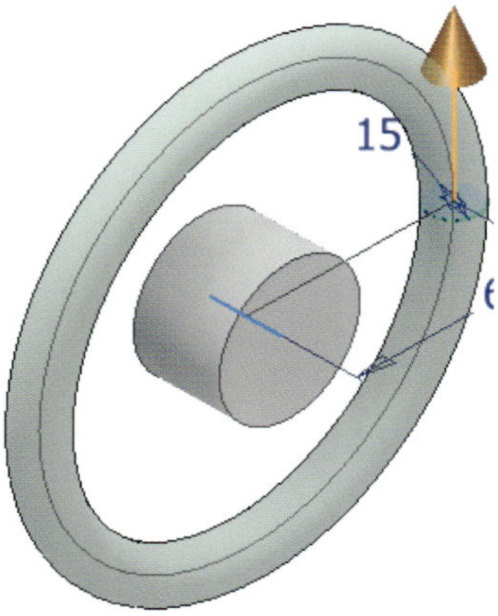

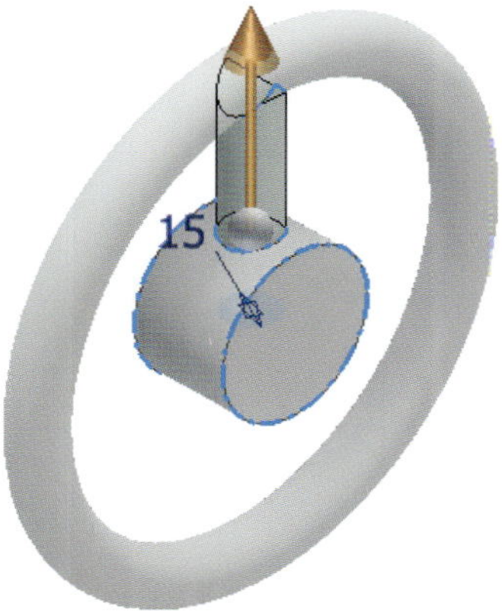

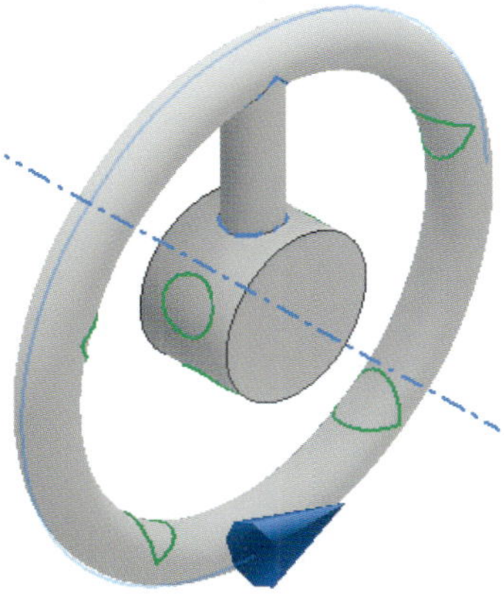

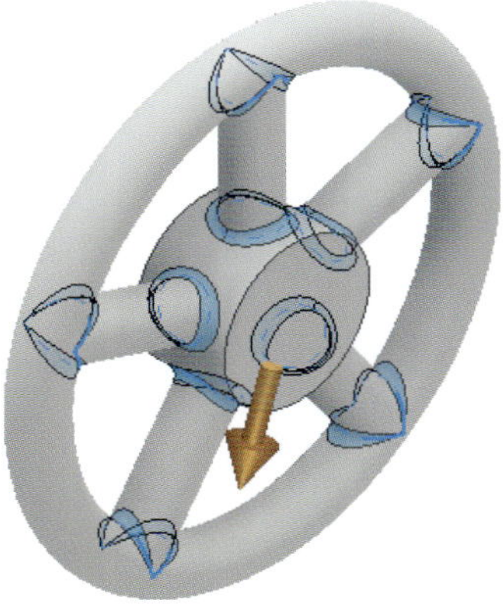

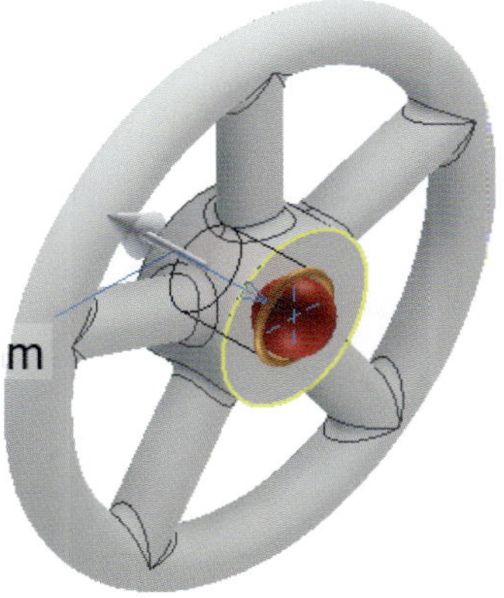

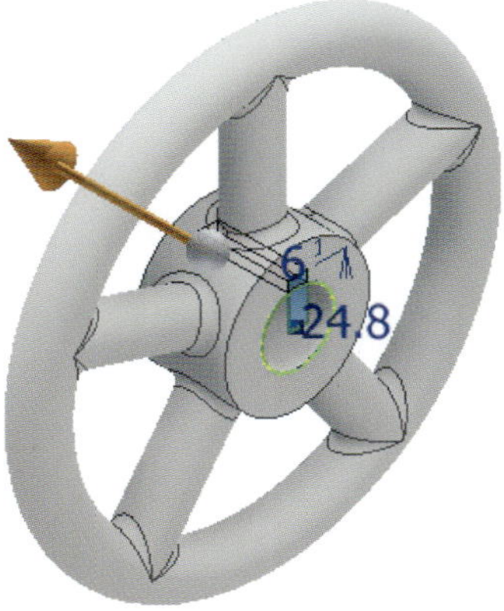

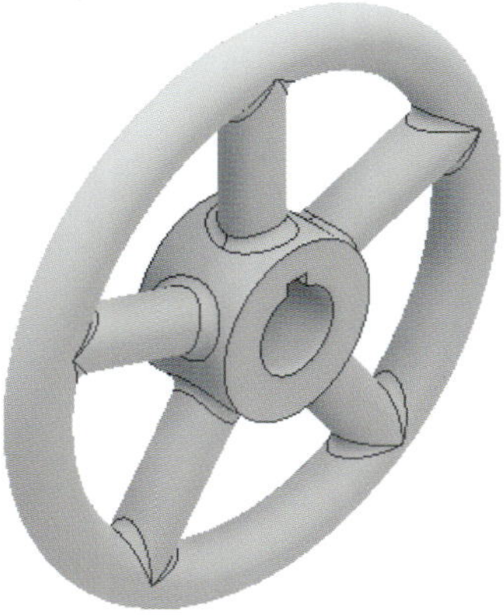

LESSON 03 3번 부품 모델링

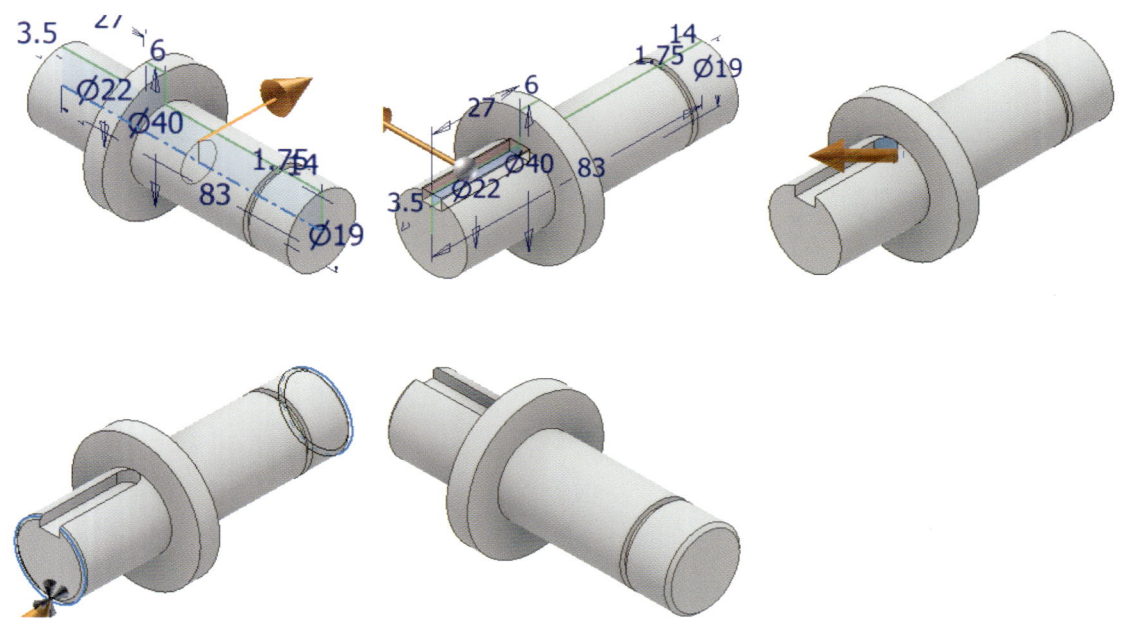

LESSON 04 조립

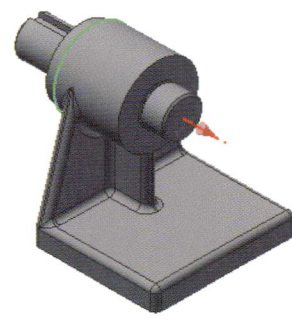

SECTION 12 공개문제-12 예상문제

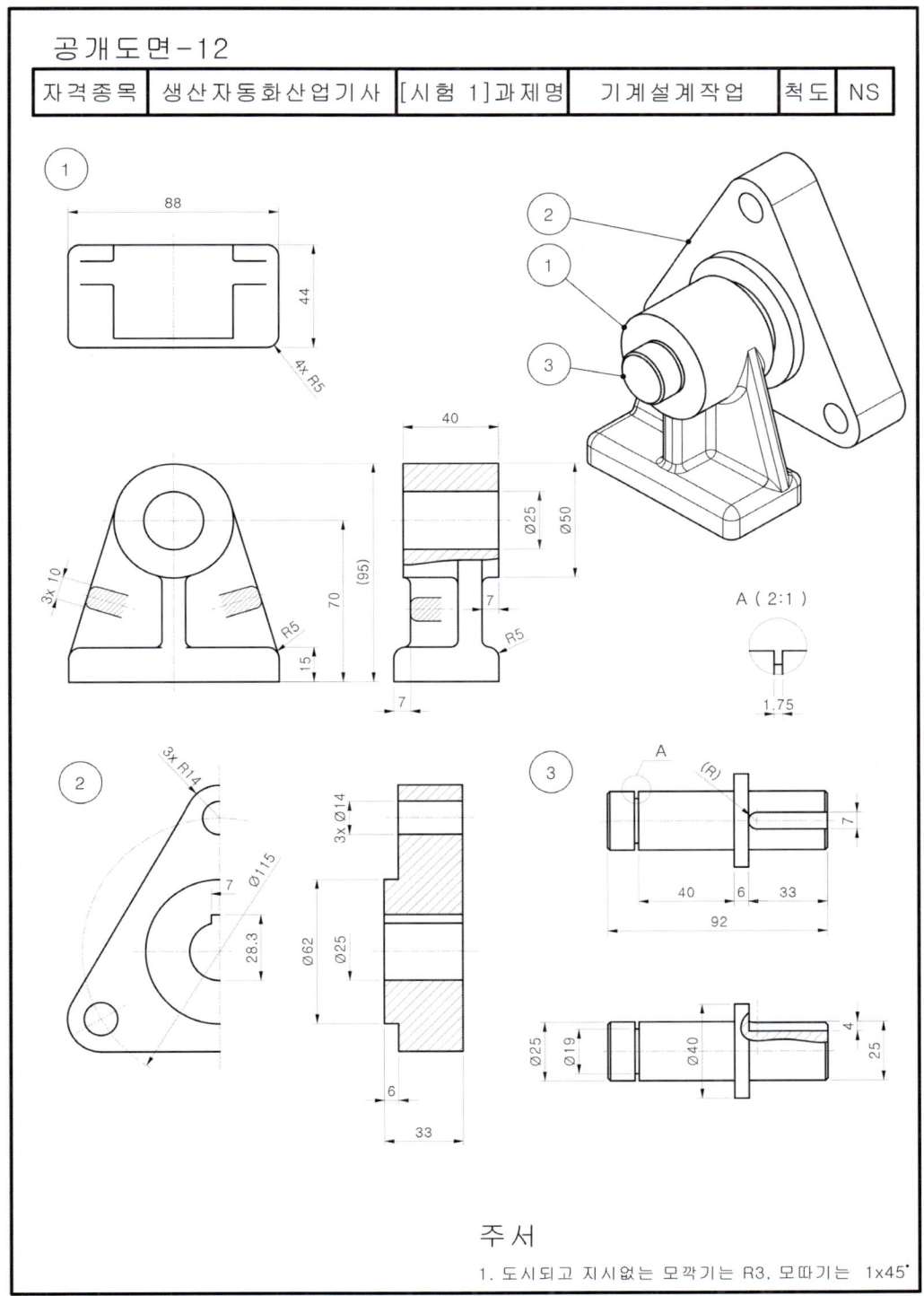

LESSON 01 1번 부품 모델링

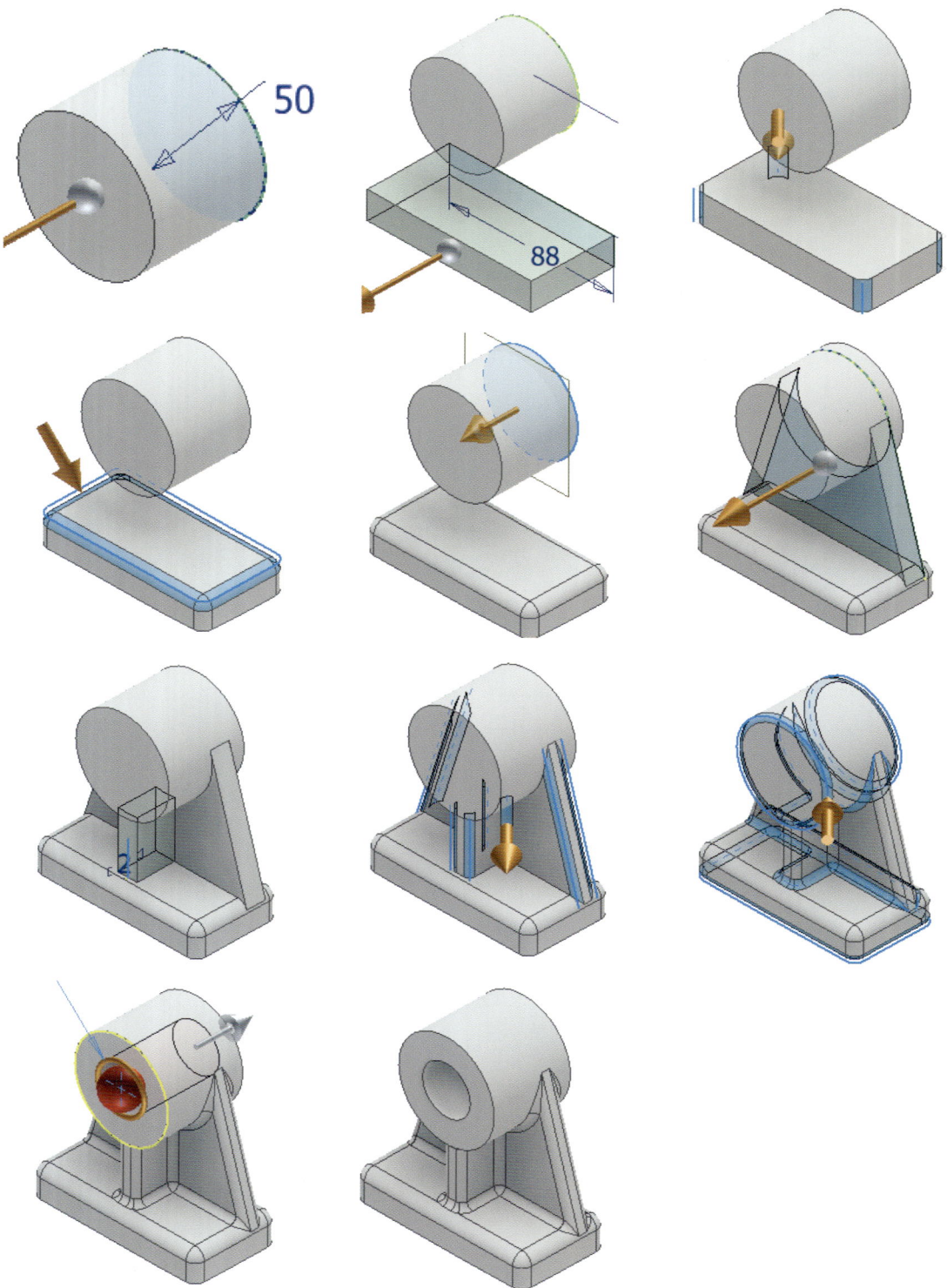

LESSON 02 2번 부품 모델링

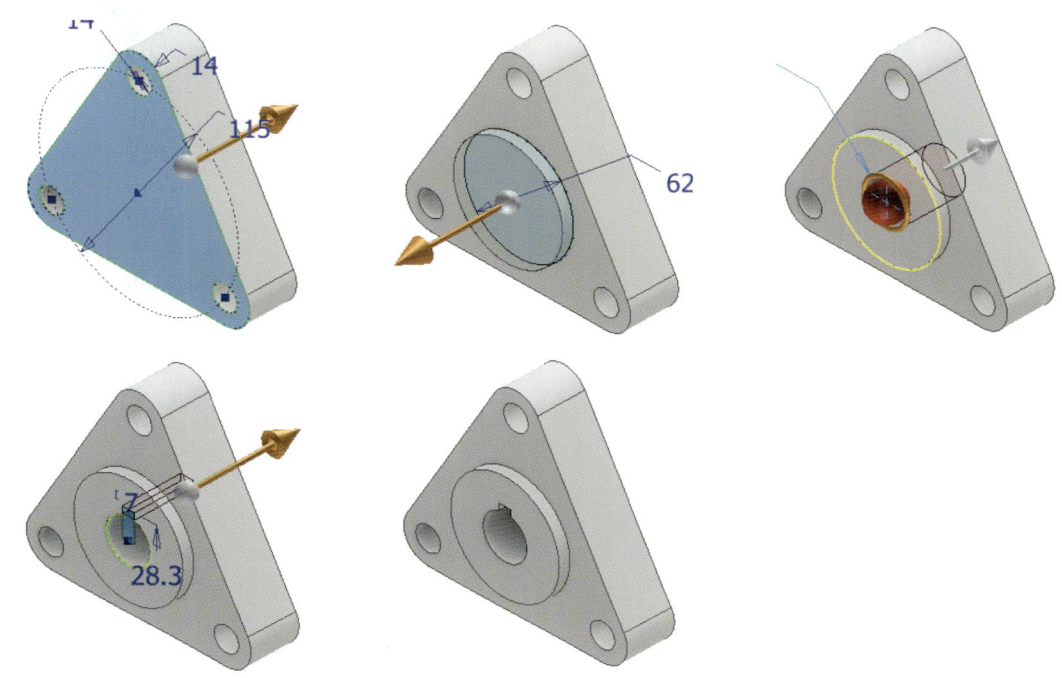

LESSON 03 3번 부품 모델링

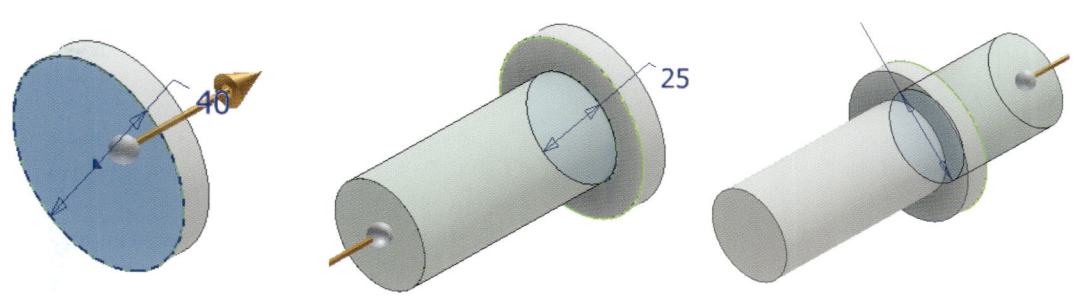

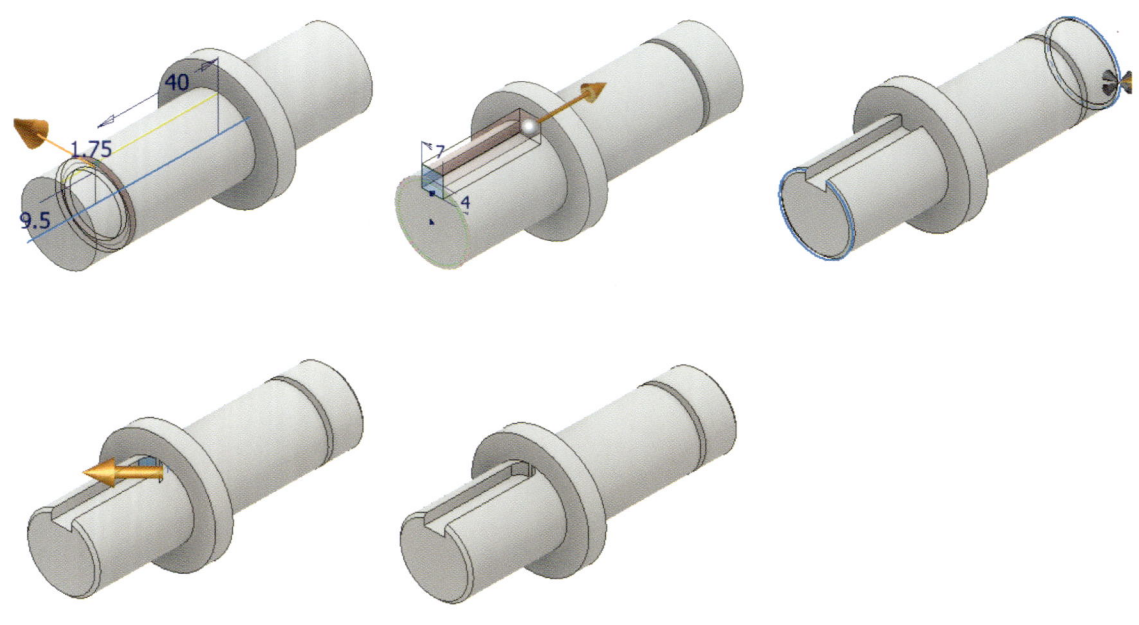

LESSON 04 조립

SECTION 13 공개문제-13 예상문제

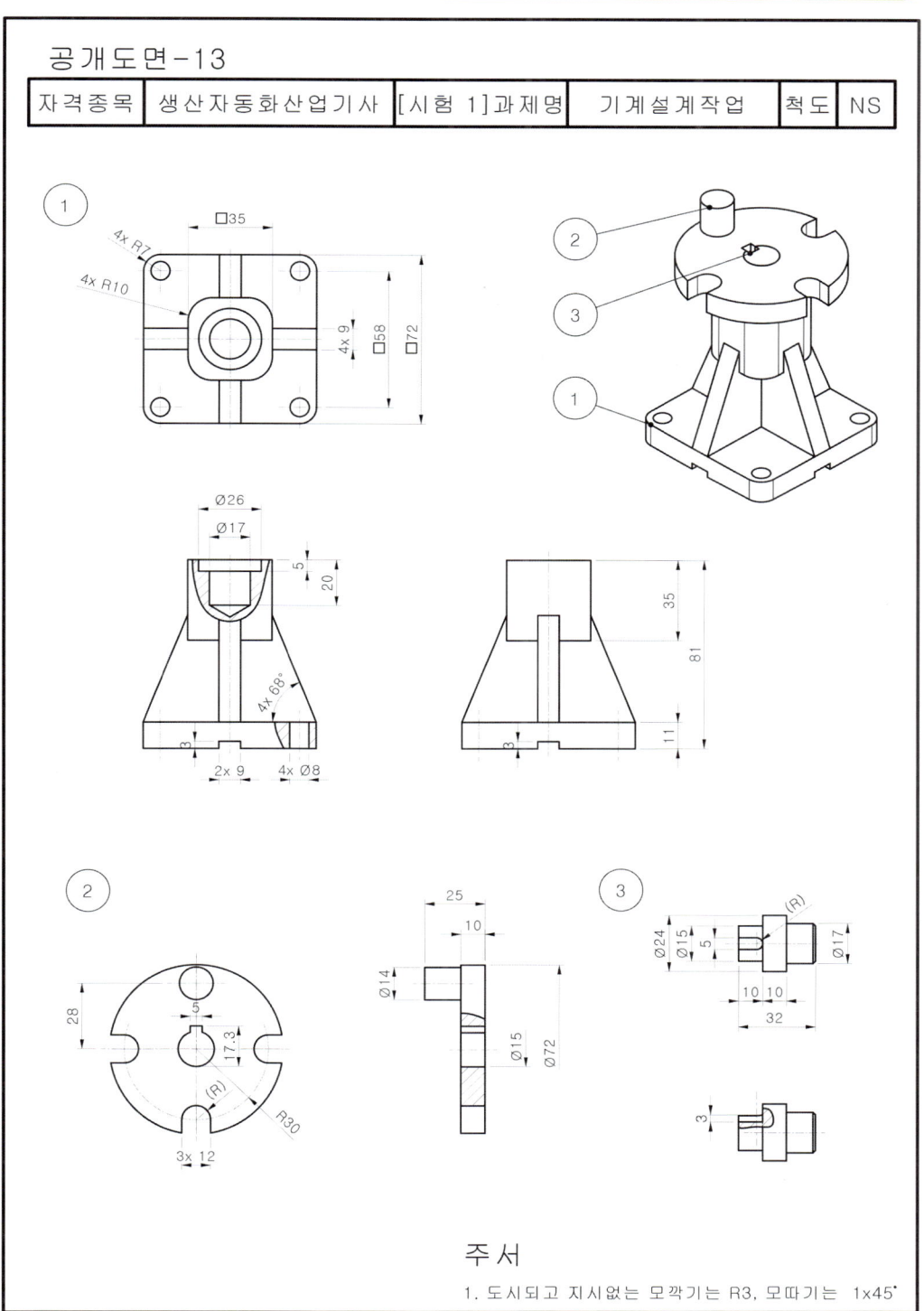

PART 03_ 생산자동화 산업기사 모델링

LESSON 01 1번 부품 모델링

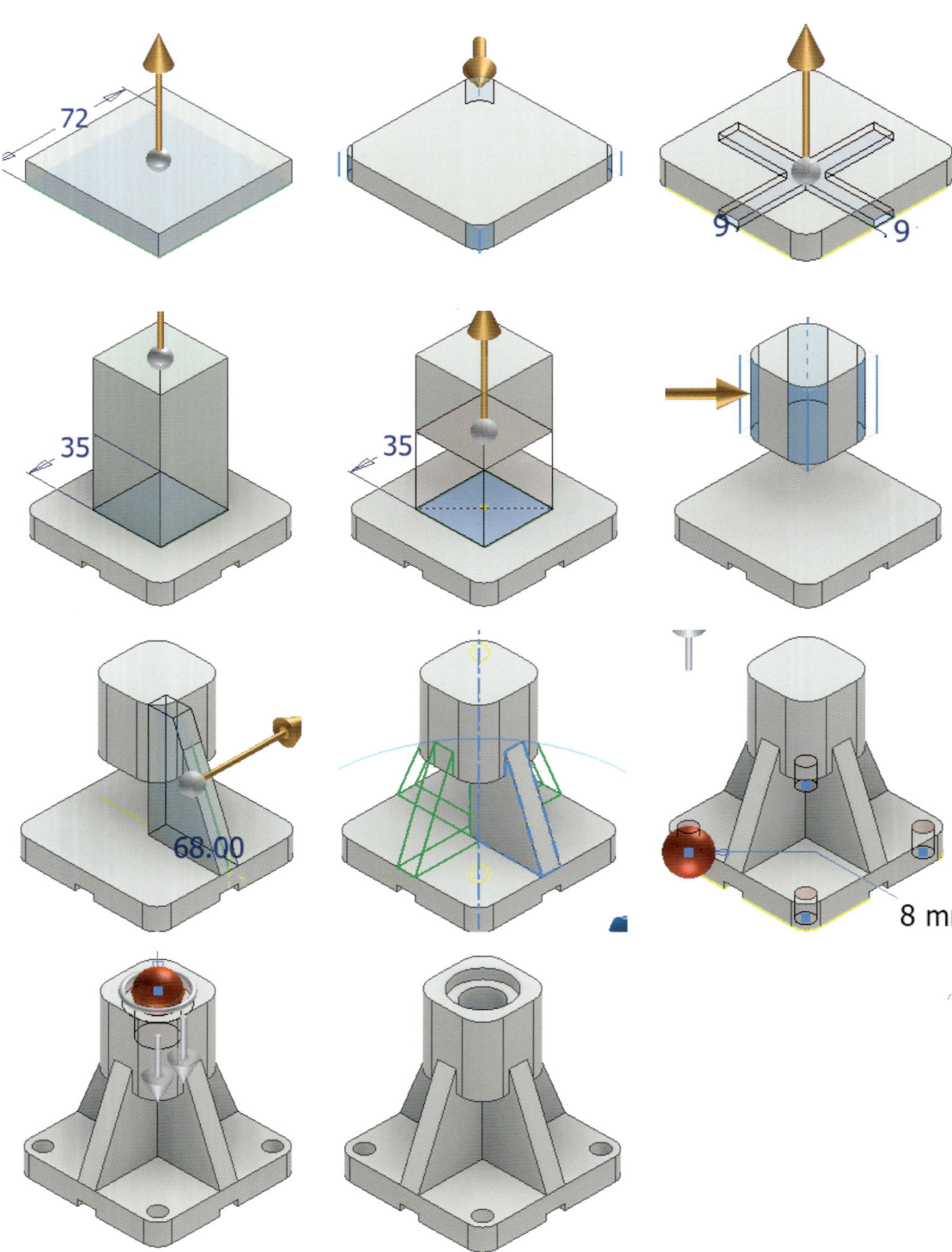

LESSON 02 2번 부품 모델링

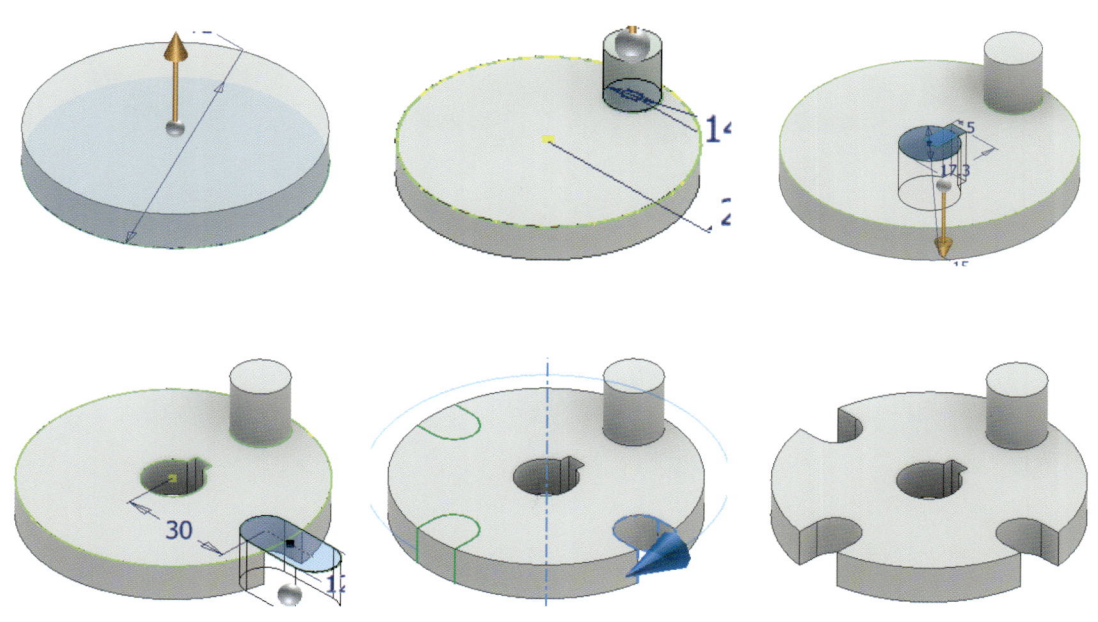

LESSON 03 3번 부품 모델링

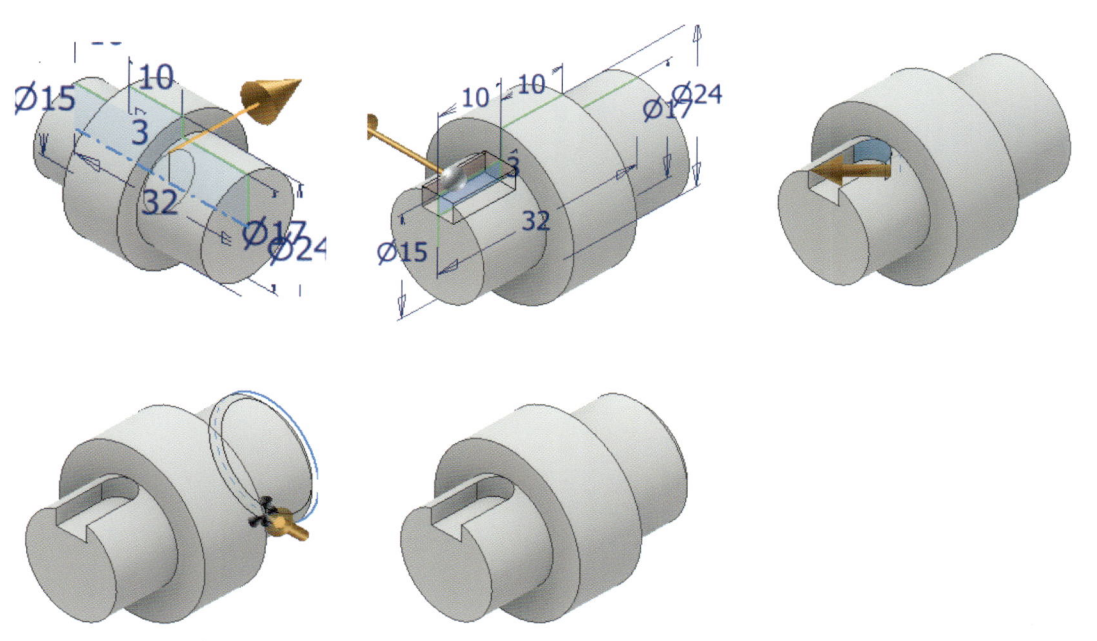

LESSON 04 조립

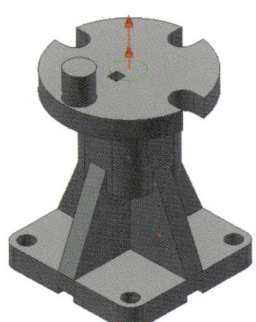

SECTION 14 공개문제-14 예상문제

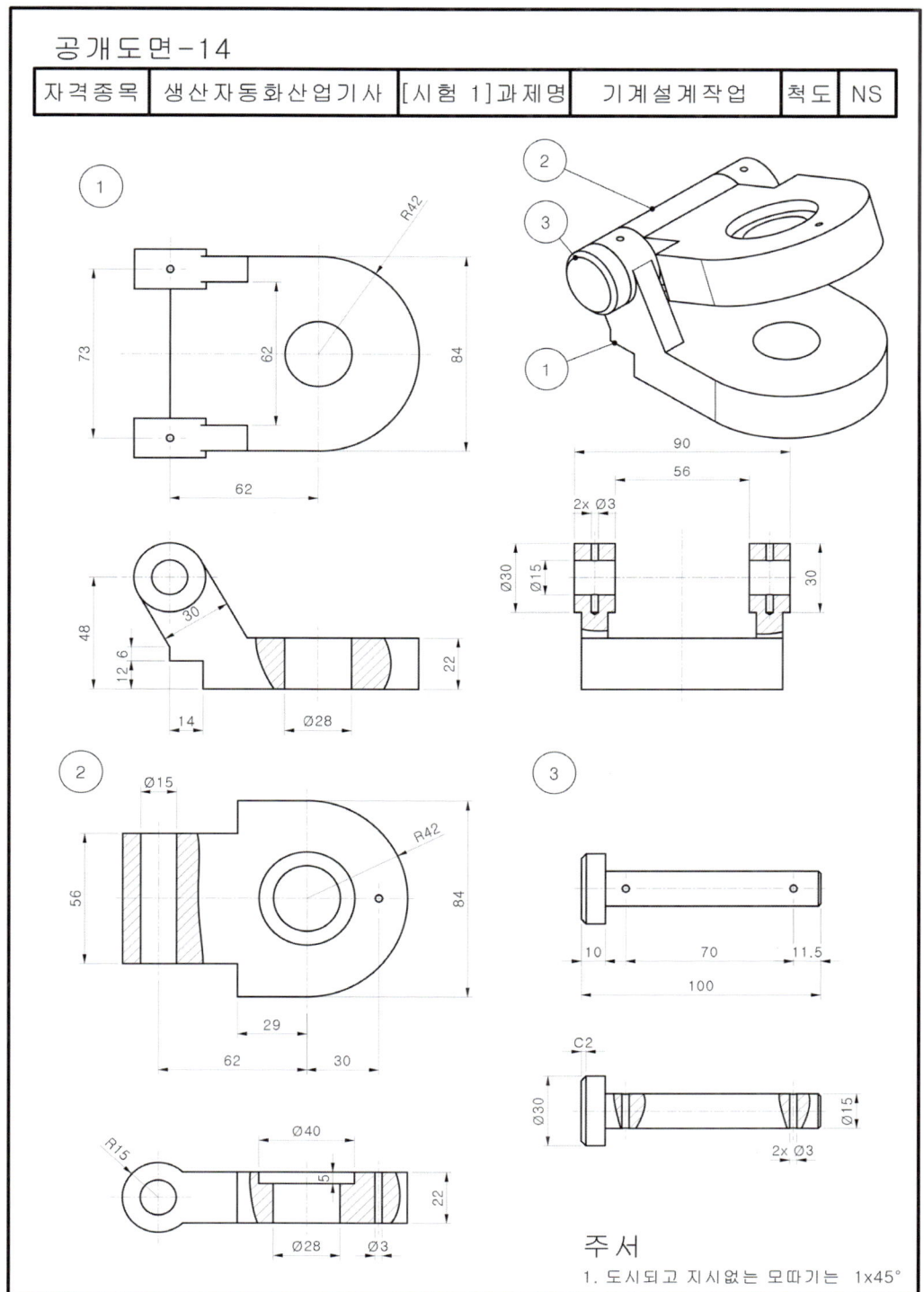

LESSON 01 1번 부품 모델링

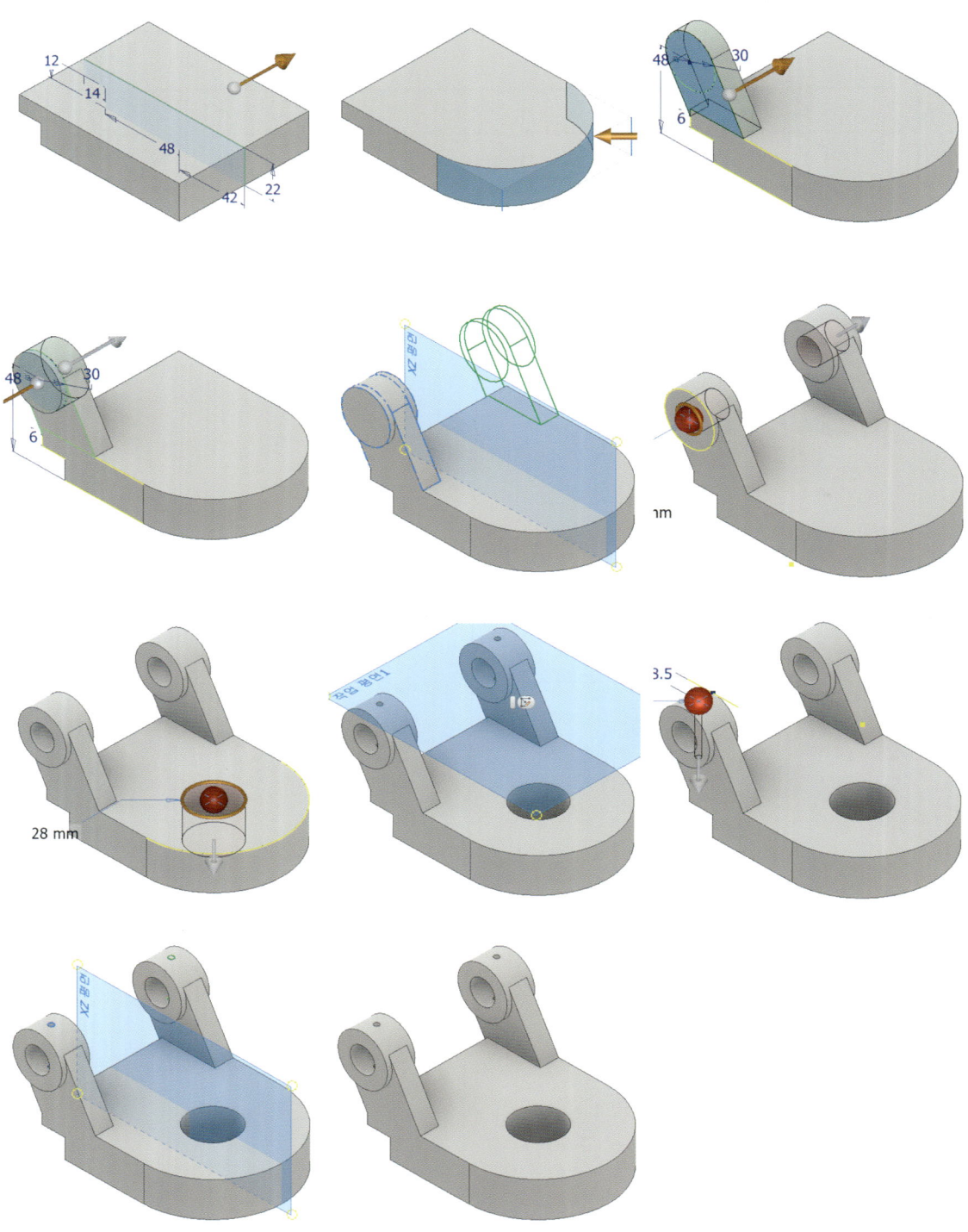

LESSON 02 2번 부품 모델링

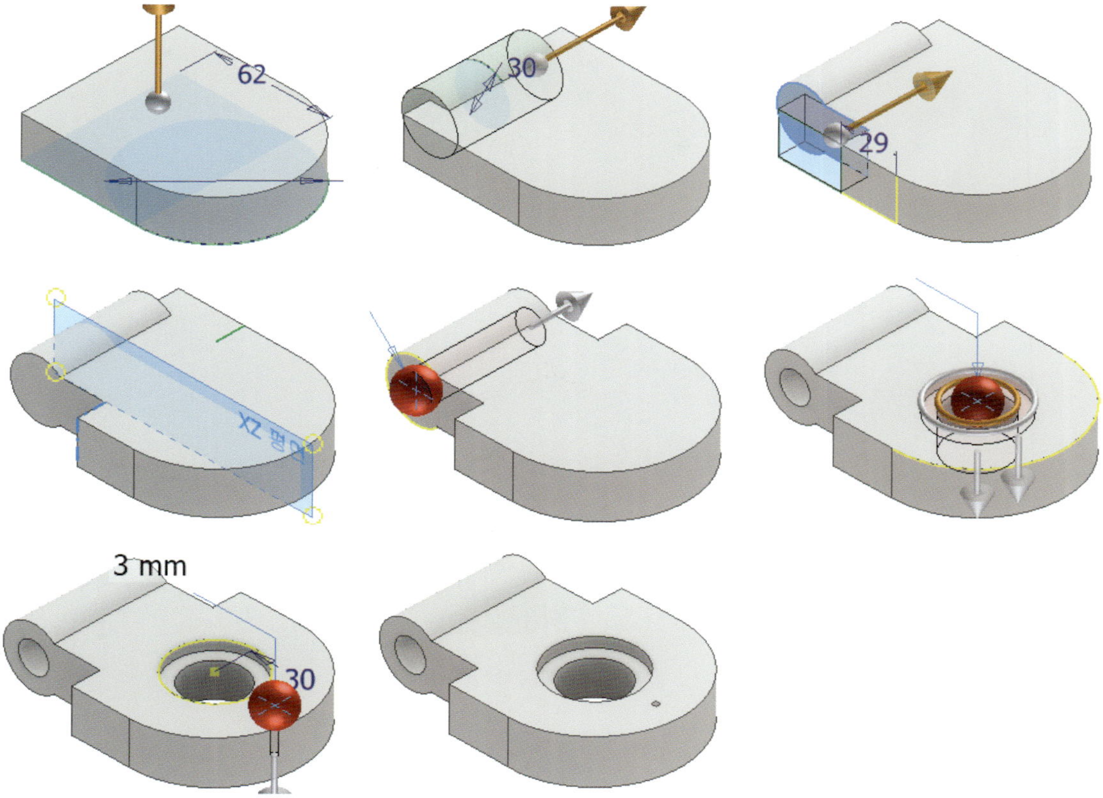

LESSON 03 3번 부품 모델링

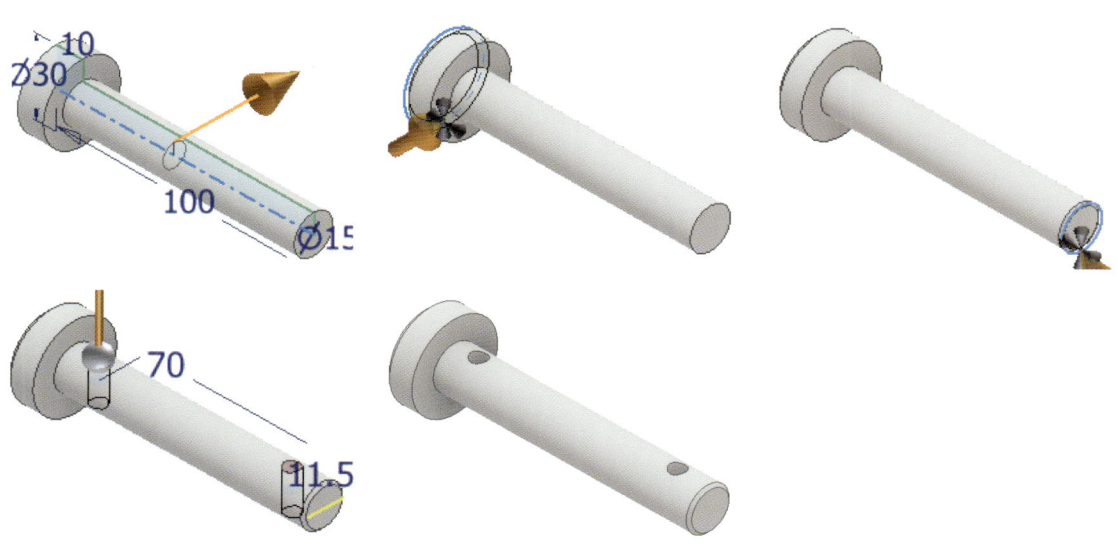

LESSON 04 조립

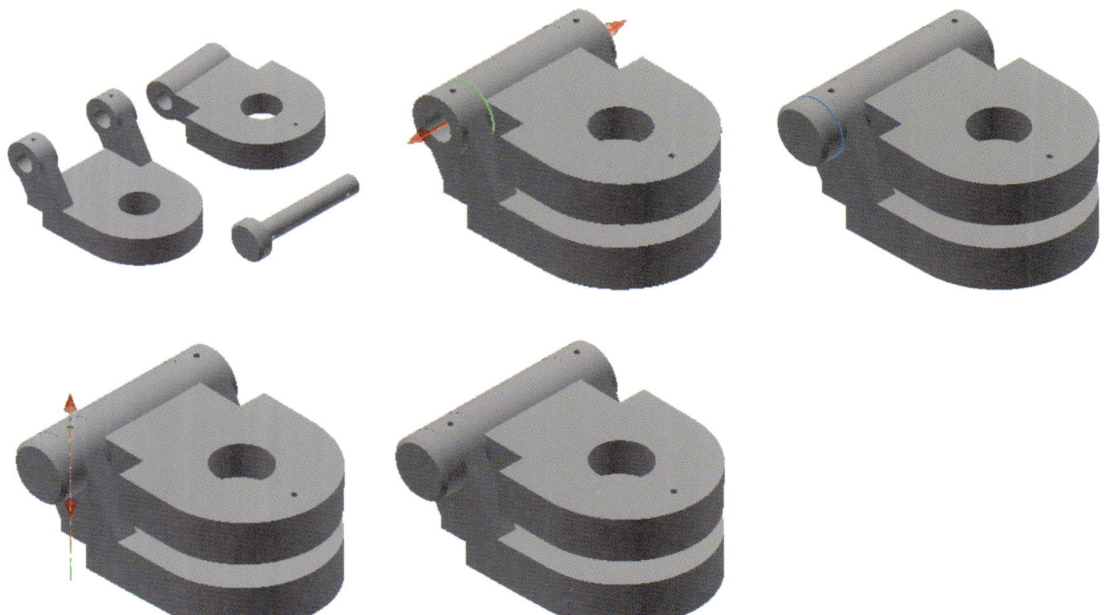

SECTION 15

공개문제-15 예상문제

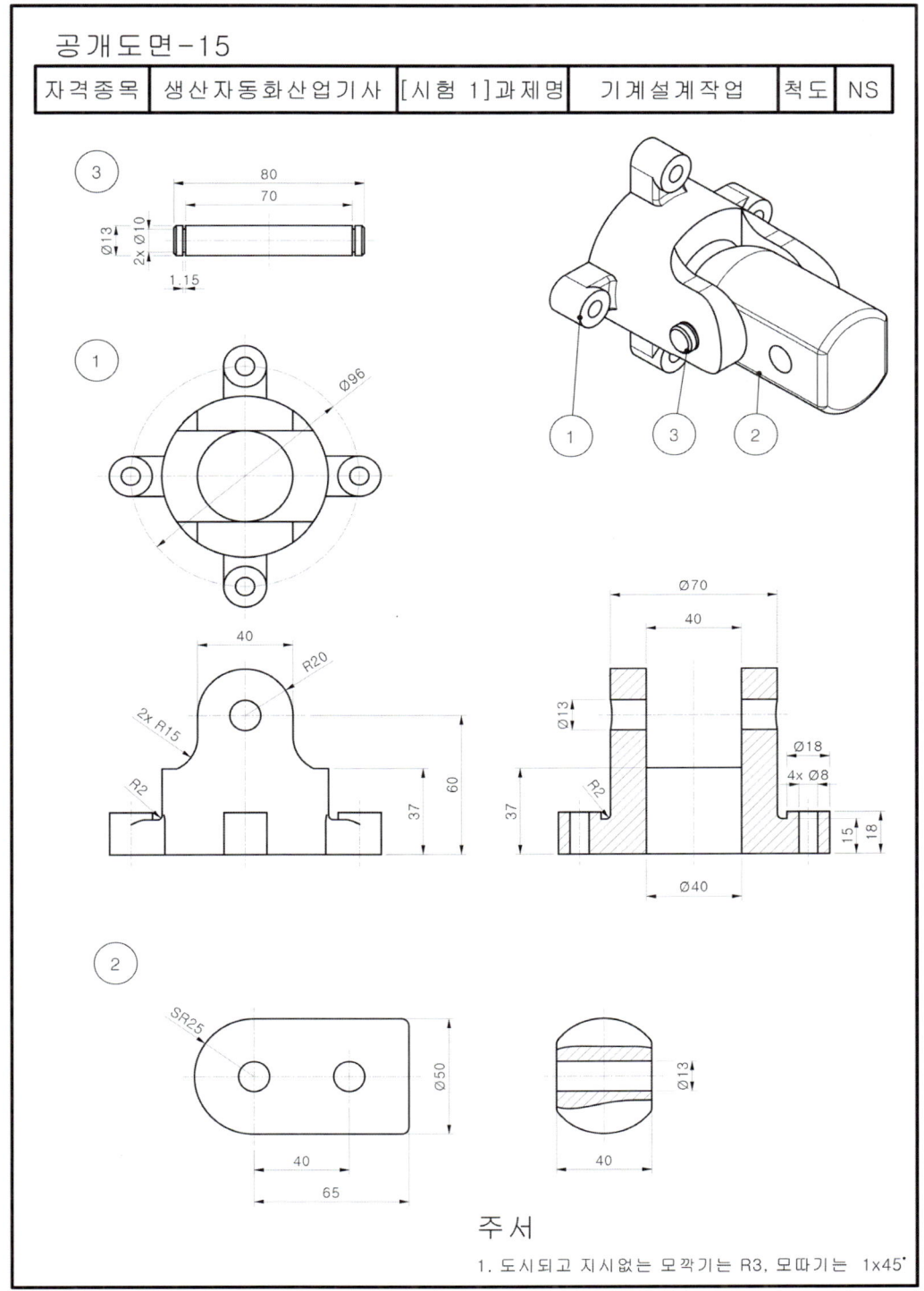

LESSON 01 1번 부품 모델링

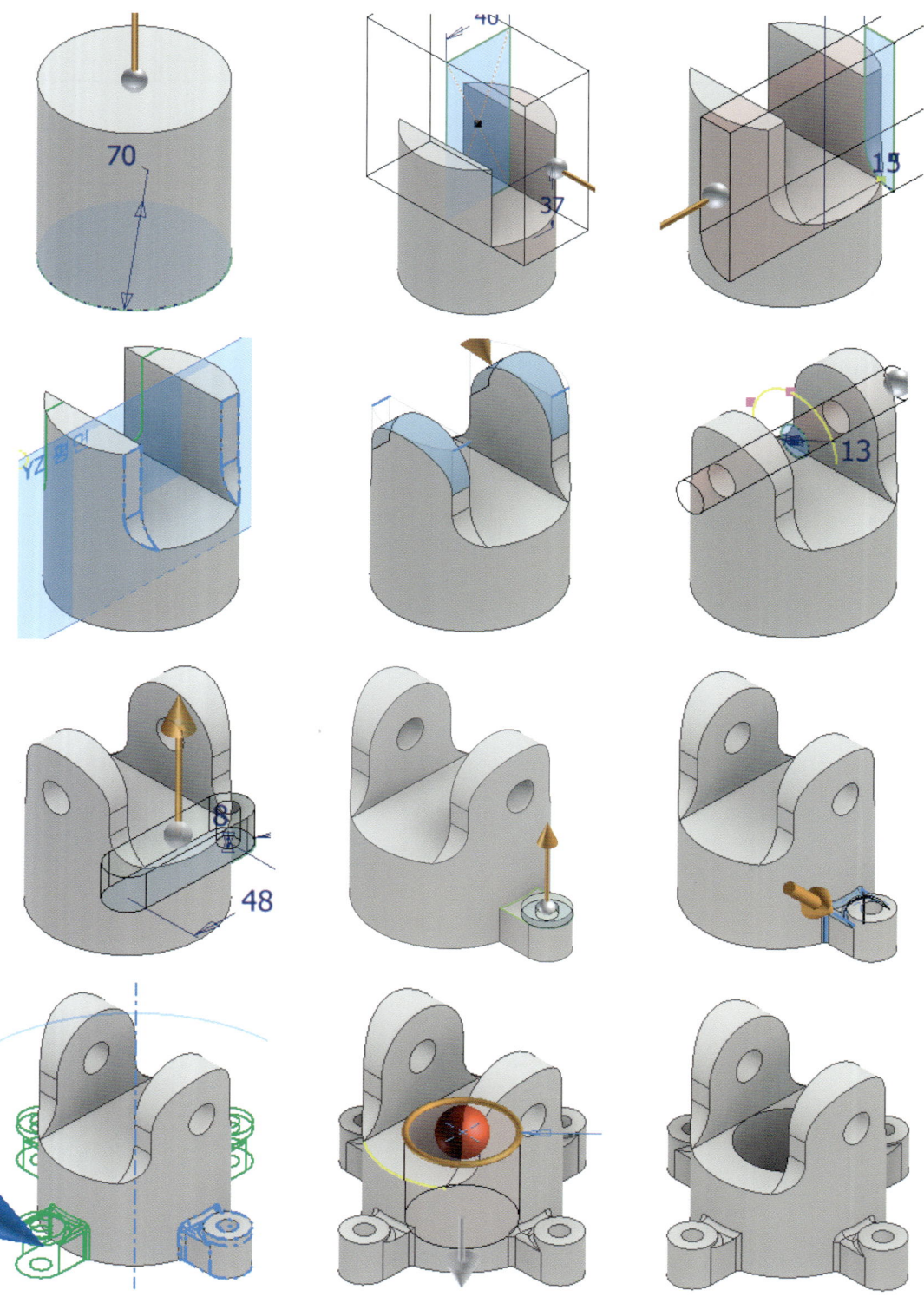

LESSON 02 | 2번 부품 모델링

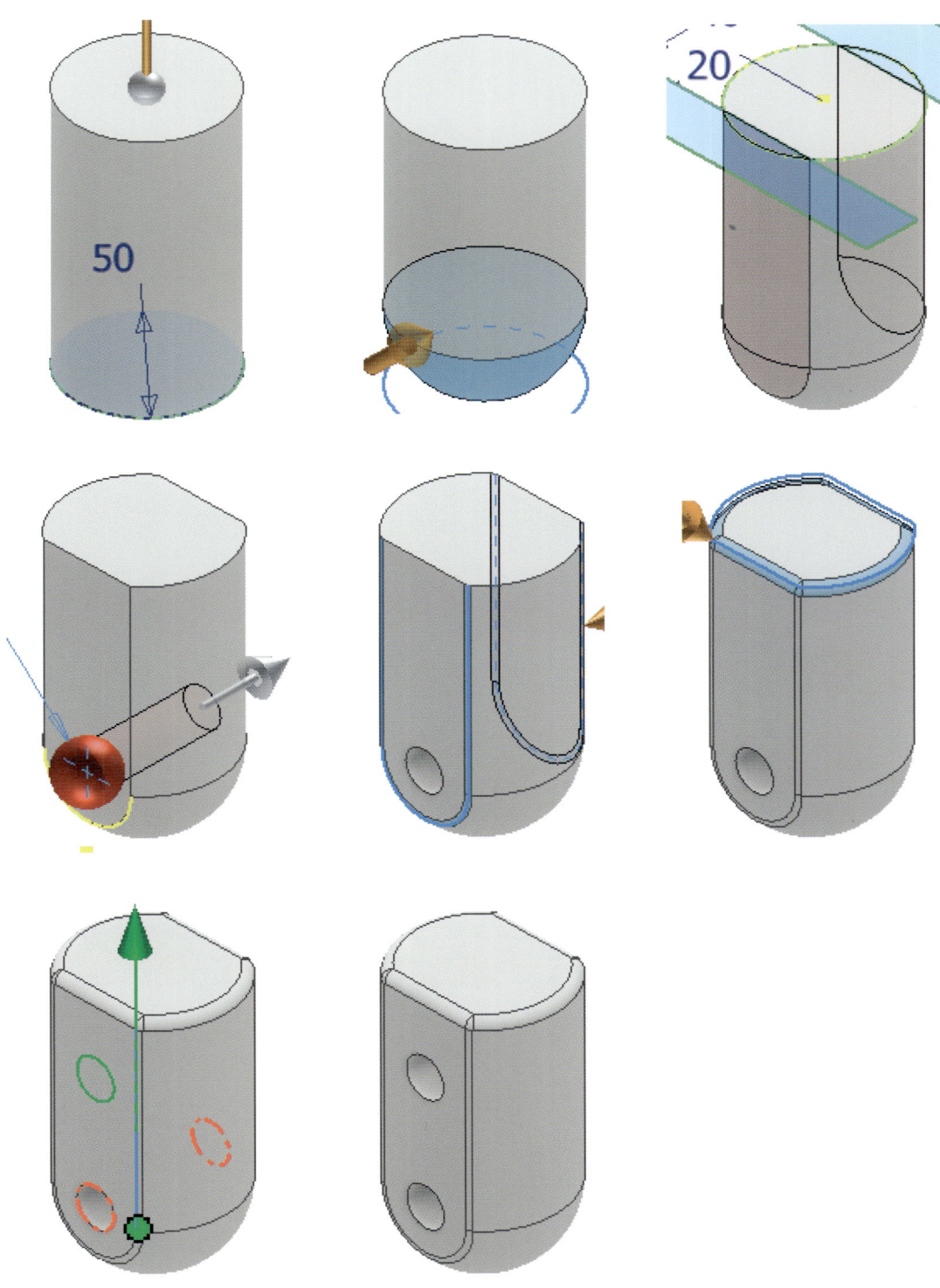

| LESSON 03 | 3번 부품 모델링

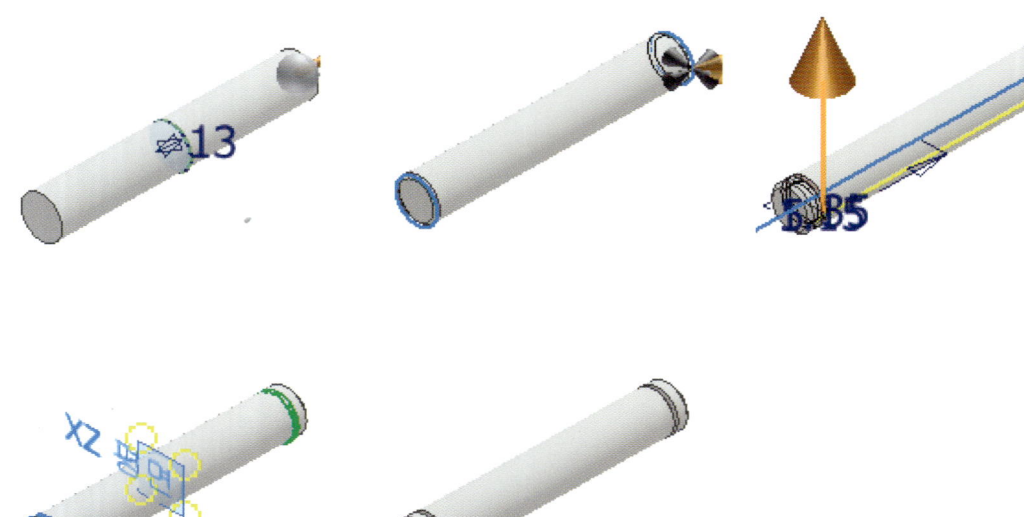

| LESSON 04 | 조립

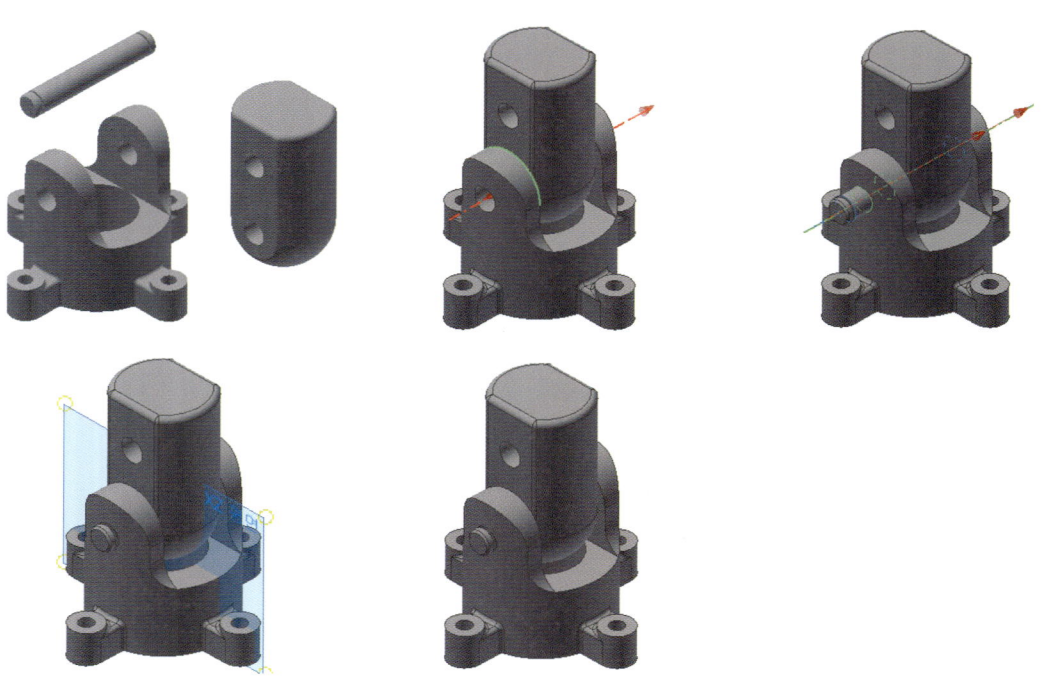

PART 04

도면 설정

SECTION 01 도면 환경 설정

01 ▶ 새파일 – Standard(mm).idw

02 ▶ 관리 – 스타일편집기 – 표준 – 기본표준 – 뷰기본설정
- 삼각법

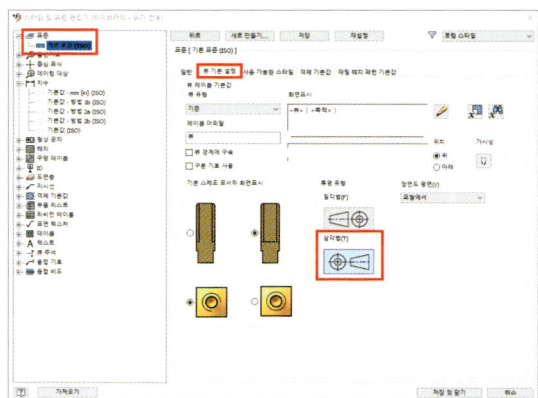

03 ▶ 관리 – 스타일편집기 – 텍스트
- 개별주서 – 굴림, 5
- 주텍스트 – 굴림, 3.5
- 일반공차, 굴림, 2.5
- 표면거칠기, 굴림, 2.5
- 치수, 굴림, 3.5

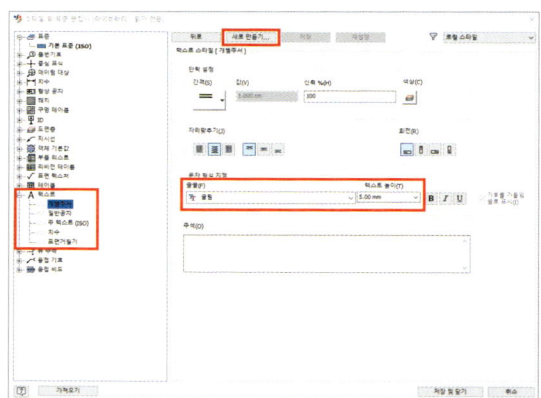

04 ▶ 관리–스타일편집기–품번기호
- 텍스트 스타일을 개별주서

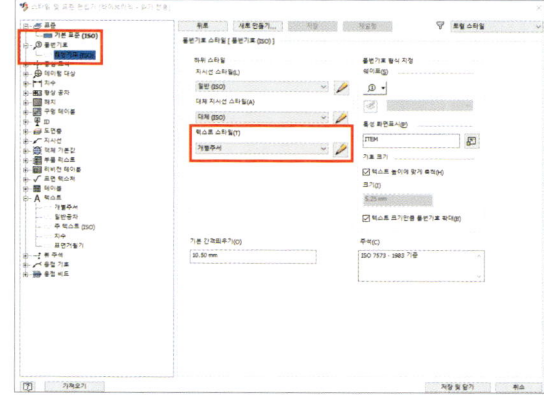

05 ▶ 관리 – 스타일편집기 – 치수
  – 기본값(ISO) – 단위

· 단위 : 십진 표식기 .마침표
· 화면표시 : 후행 체크 해제
· 각도 화면표시 : 후행 체크 해제

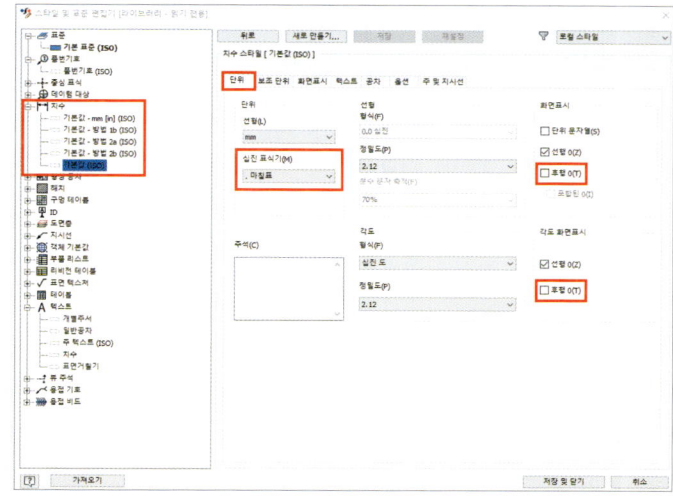

06 ▶ 관리 – 스타일편집기 – 치수
  – 기본값(ISO) – 화면표시

· A 연장 : 1mm
· B 원점 간격띄우기 : 1mm

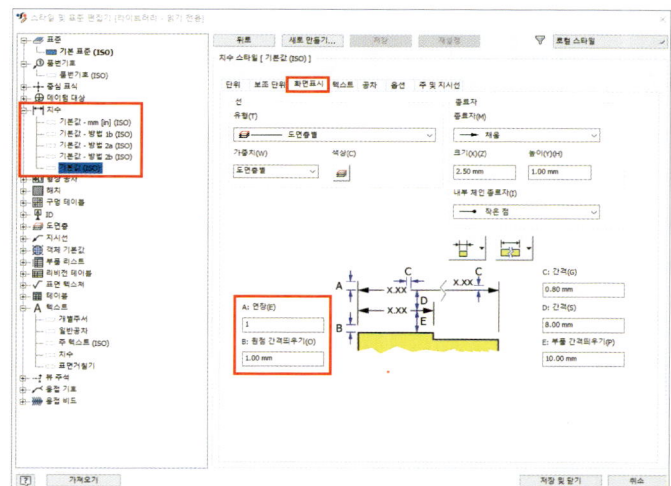

07 ▶ 관리 – 스타일편집기 – 치수
  – 기본값(ISO) – 텍스트

· 1차 텍스트 스타일 : 치수
· 공차 텍스트 스타일 : 일반공차
· 중간자리 맞추기

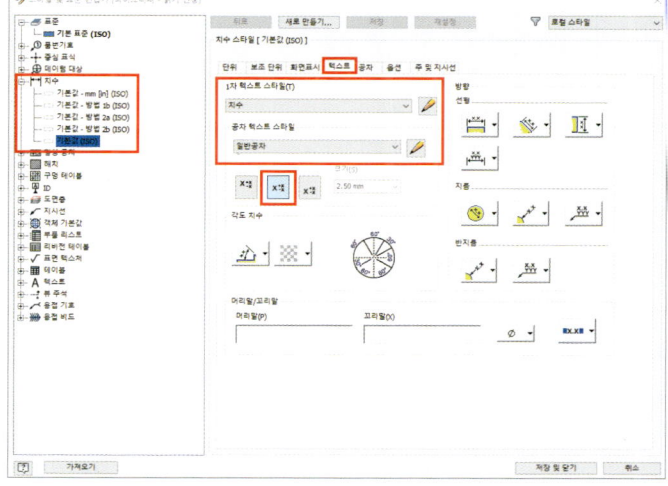

08 ▶ 관리 – 스타일편집기 – 치수
　　 –기본값(ISO) – 공차

　　　· 표시옵션 : 후행 0 없음, 기호 없음
　　　· 1차 단위 : 후행 해제

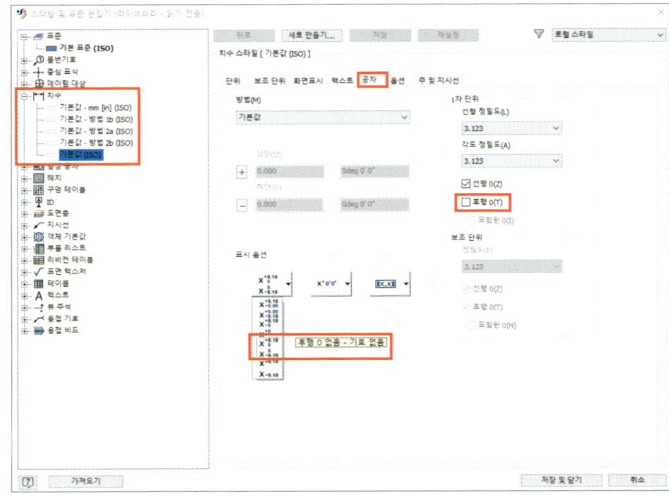

09 ▶ 관리 – 스타일편집기 – 형상공차

　　　· 텍스트 스타일 : 치수

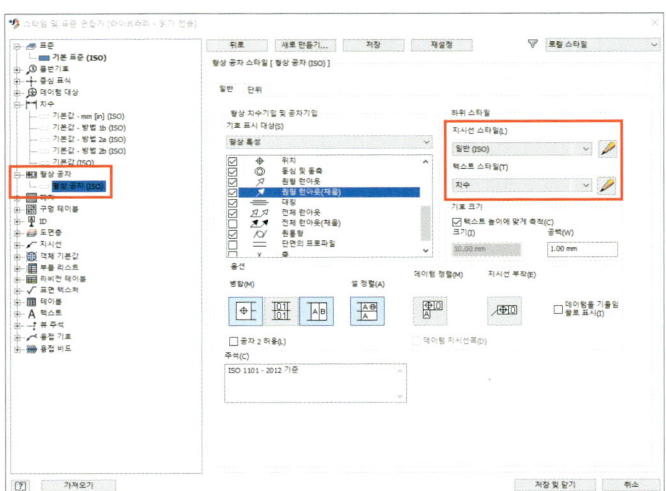

10 ▶ 관리 – 스타일편집기 – 도면층

　　　· 경계 : 연속, 0.7mm
　　　· 기호 : 연속, 0.25mm
　　　· 단면선 : 체인, 0.18mm
　　　· 외형선 : 연속, 0.35mm
　　　· 은선 : 대시, 0.25mm
　　　· 절단선 : 0.18mm
　　　· 중심 표식 : 체인, 0.18mm
　　　· 중심선 : 체인, 0.18mm
　　　· 치수 : 연속, 0.18mm
　　　· 해치 : 연속, 0.18mm

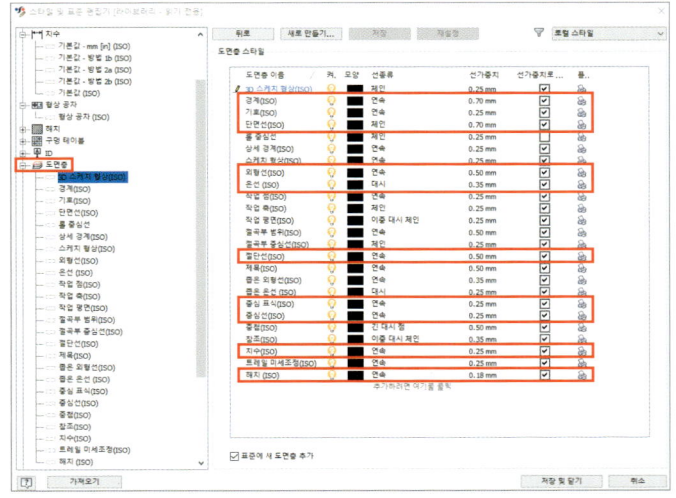

11 ▶ 관리 – 스타일편집기 – 객체
   기본값 – 객체기본값(ISO)

   · 브레이크 아웃선 : 해치로 변경
   · 사용자 기호 텍스트 : 치수로 변경

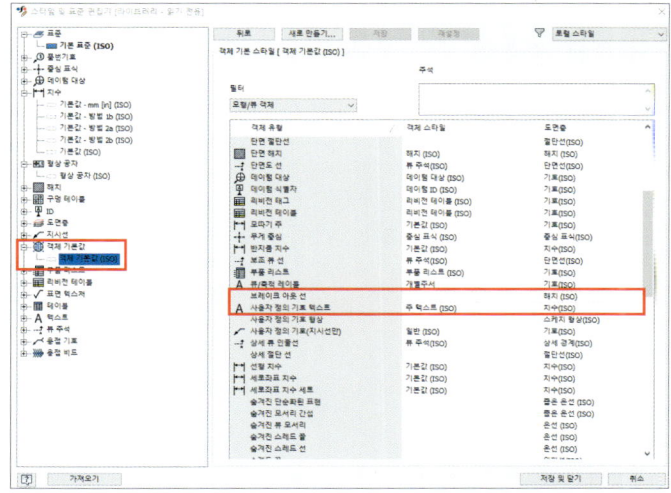

12 ▶ 관리 – 스타일편집기 – 표면
   텍스처

   · 텍스트 스타일 표면거칠기로 변경
   · 표준 참조 : ISO 1302-1978로 변경

> **참고** 기능사의 경우 표면거칠기 미기입

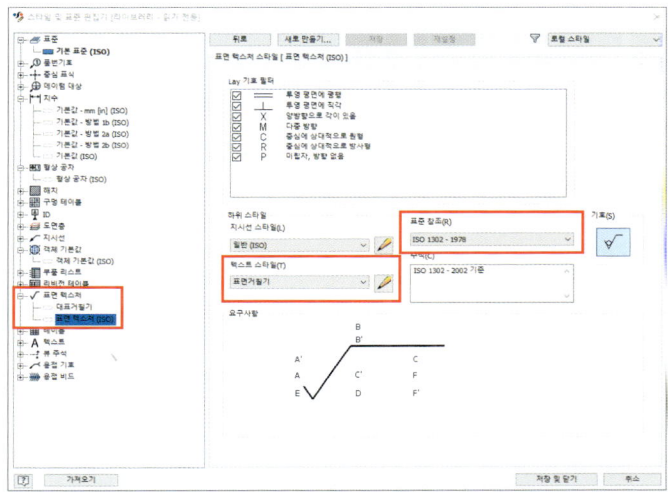

13 ▶ 관리 – 스타일편집기 – 표면
   텍스처

   · 새로만들기로 대표 표면거칠기 생성
   · 개별주서로 지정

> **참고** 기능사의 경우 표면거칠기 미기입

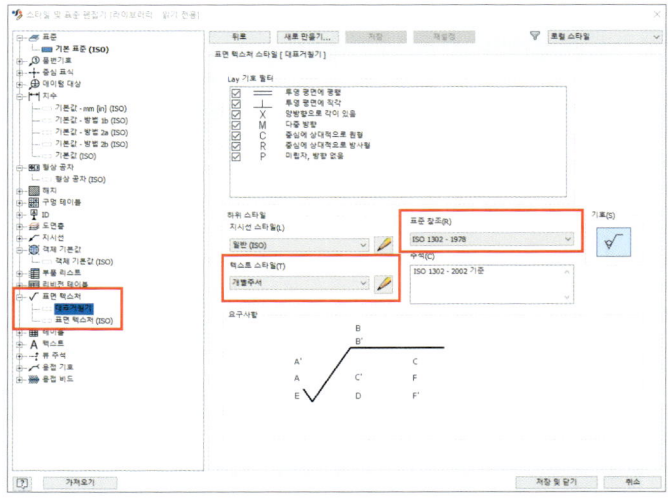

PART 04_ 도면 설정　　165

SECTION 02 · 도면 윤곽선

01 ▶ 시트 우클릭 시트편집 A3로 변경

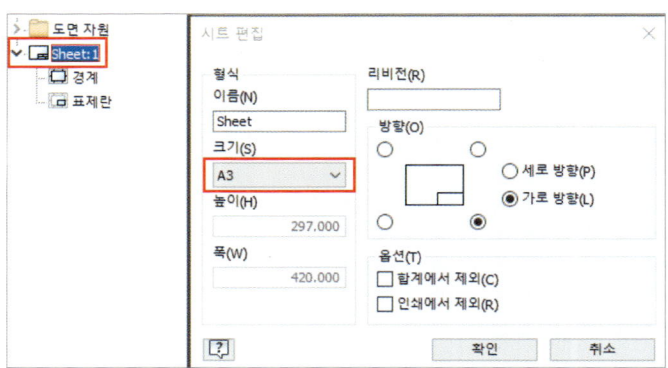

02 ▶ Default Boder 우클릭 삭제
　　▶ ISO 우클릭 삭제

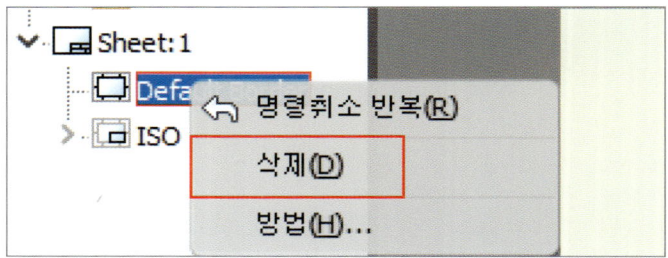

03 ▶ 도면자원 – 경계 우클릭 –
　　새경계정의

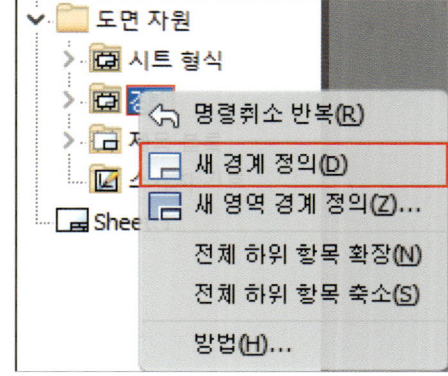

04 ▶ 대각선 끝점과 끝점으로 사각형 작도 후 안쪽으로 10mm 간격 띄우기
   ▶ 바깥 사각형은 선택하여 스케치만으로 변경

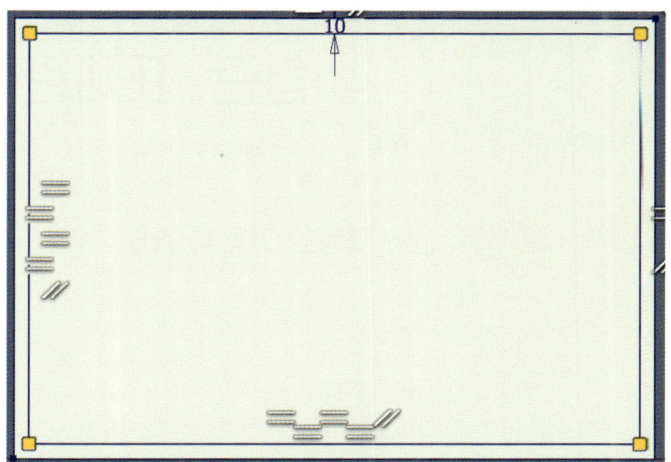

05 ▶ 중심마크 10mm 4군데 작성

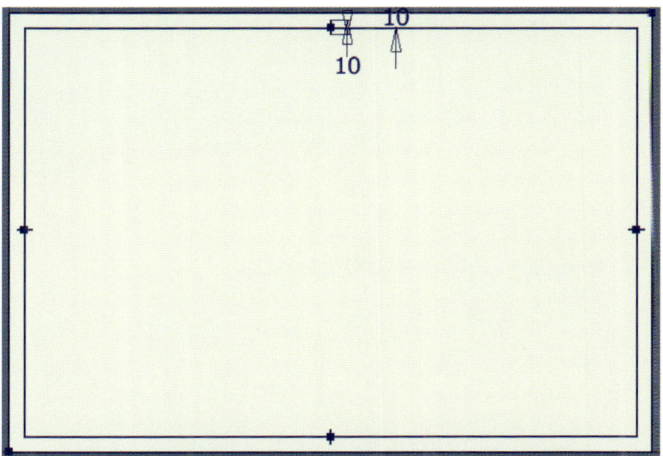

SECTION 03 : 수험란, 표제란 작성

LESSON 01 : 생산자동화 기능사 경우

01 ▶ 수험란 작성
　　▶ 선 굵기 조정
　　▶ 본인 비번호 맞게 작성

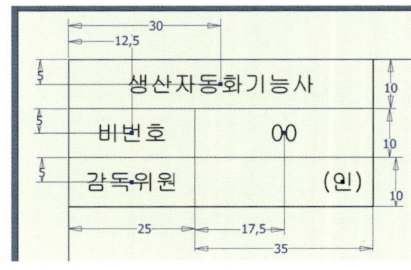

02 ▶ 스케치 마무리
　　▶ 윤곽선으로 저장

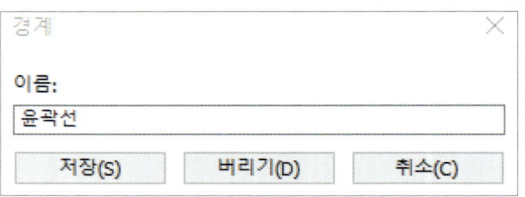

03 ▶ 경계 – 윤곽선 우클릭하여 삽입

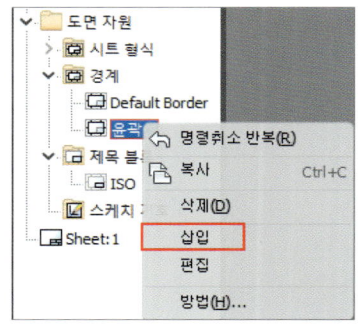

04 ▶ 수험란 작성 완료

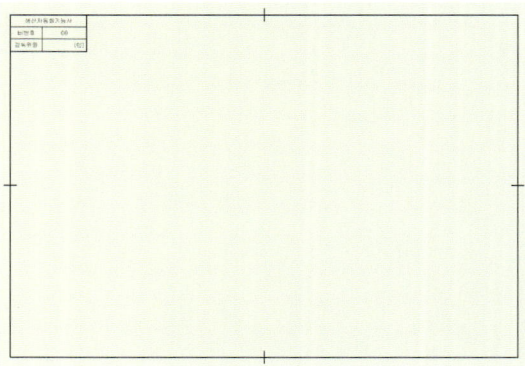

05 ▶ 표제란 작성
    ▶ 제목 블록 우클릭 – 새 제목 블록 정의

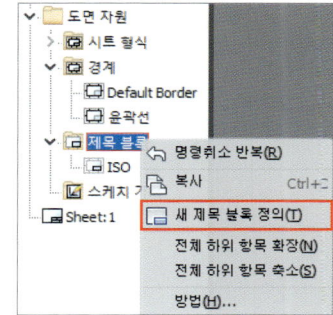

06 ▶ 선 굵기 조정

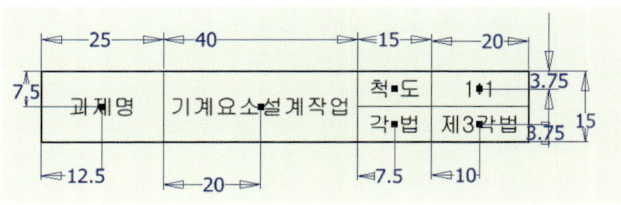

07 ▶ 스케치 마무리, 표제란 저장

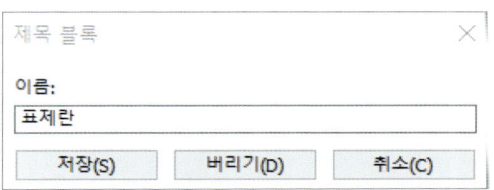

08 ▶ 표제란 우클릭 삽입

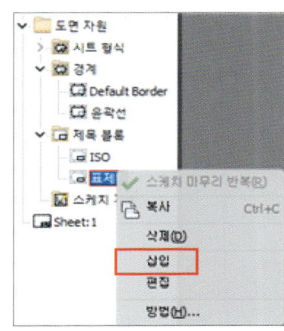

09 ▶ 표제란 작성 완료

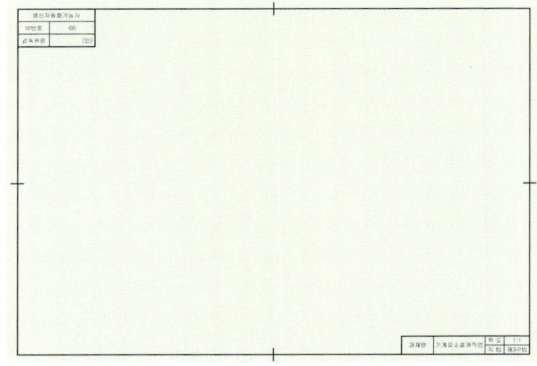

LESSON 02 생산자동화 산업기사 경우

01 ▶ 수험란 작성
    ▶ 선 굵기 조정
    ▶ 본인 수험번호, 성명 맞게 작성

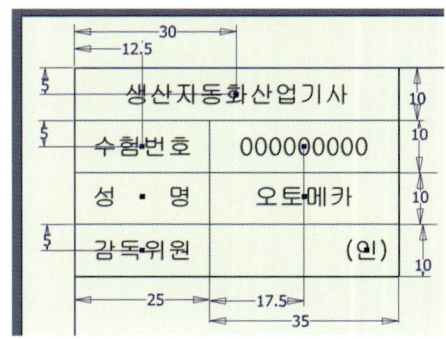

02 ▶ 스케치 마무리
    ▶ 윤곽선으로 저장

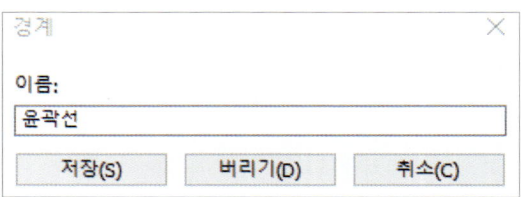

03 ▶ 경계 – 윤곽선 우클릭하여 삽입

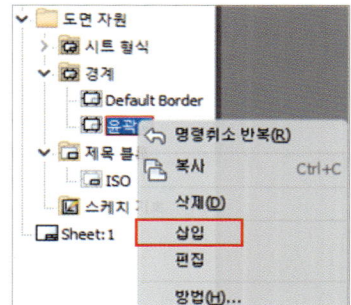

04 ▶ 수험란 작성 완료

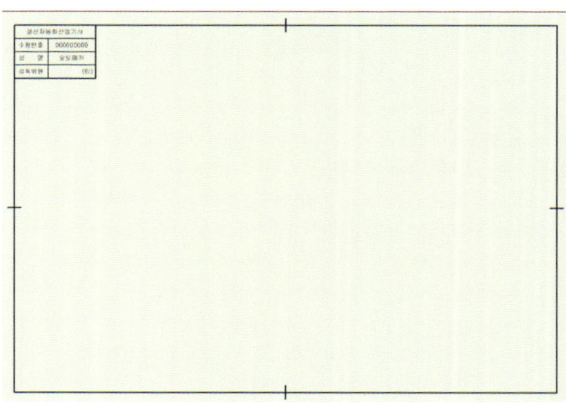

05 ▶ 표제란 작성
　　　▶ 제목 블록 우클릭 - 새 제목 블록 정의

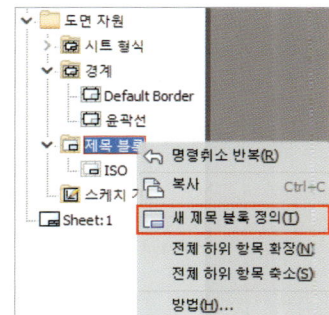

06 ▶ 선 굵기 조정

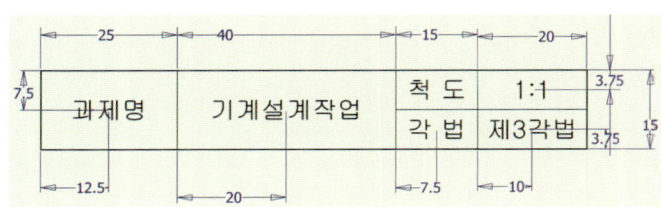

07 ▶ 스케치 마무리, 표제란 저장

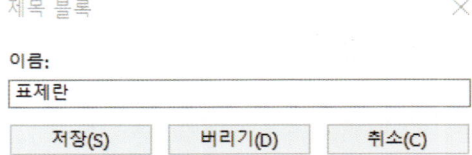

08 ▶ 표제란 우클릭 삽입

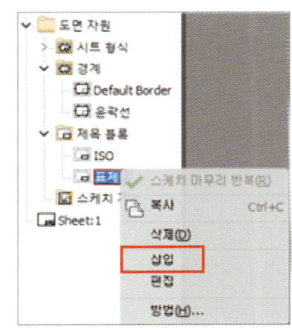

09 ▶ 표제란 작성 완료

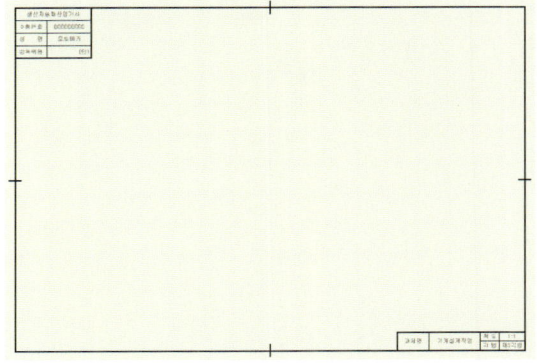

SECTION 04 주서 작성

LESSON 01 생산자동화 기능사 경우

주어진 도면과 동일하게 표제란 주서를 작성하시오.

01 ▶ 굴림. 크기 5정도로 기입

주 서

02 ▶ 굴림. 크기 3.5정도로 기입

1. 도시되고 지시없는 모따기는 1x45°, 모깎기는 R3

LESSON 02 생산자동화 산업기사 경우

KS 데이터를 참고로 작성하시오.

01 ▶ 굴림. 크기 5정도로 기입

주 서

02 ▶ 굴림. 크기 3.5정도로 기입

1. 일반공차-가)가공부:KS B ISO 2768-m
　　　　　나)주조부:KS B 0250-CT11
　　　　　다)주강부:KS B 0418-B급
2. 도시되고 지시없는 모떼기는 1x45°, 모깎기는 R3
3. 일반모떼기는 0.2x45°
4. 표면거칠기

03 ▶ 표면거칠기 작성

$\triangledown = \triangledown$

$\overset{w}{\triangledown} = \overset{12.5}{\triangledown}$, N10

$\overset{x}{\triangledown} = \overset{0.8}{\triangledown}$, N8

$\overset{y}{\triangledown} = \overset{0.2}{\triangledown}$, N6

생산자동화 기능사 도면 작업

LESSON 01 공개문제-01 예상답안

01 ▶ 2D와 3D 도면을 배치

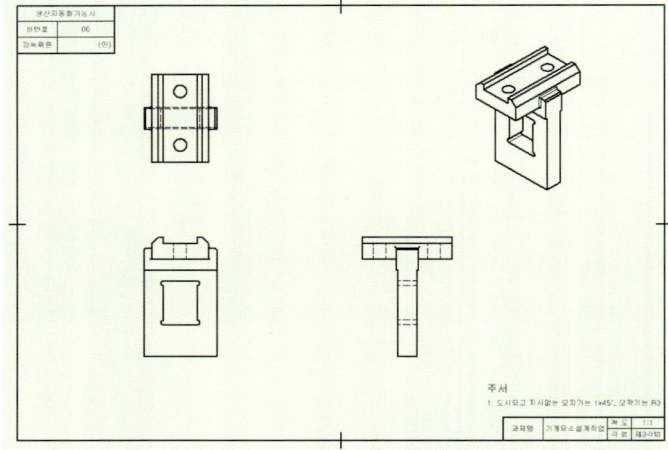

02 ▶ 도면 정리

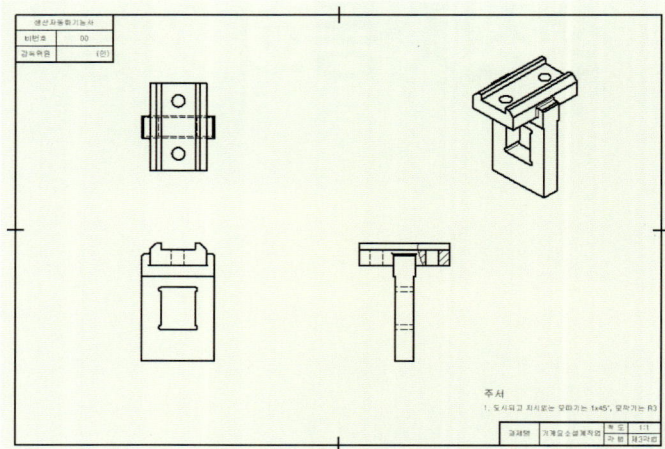

03 ▶ 중심선 작업

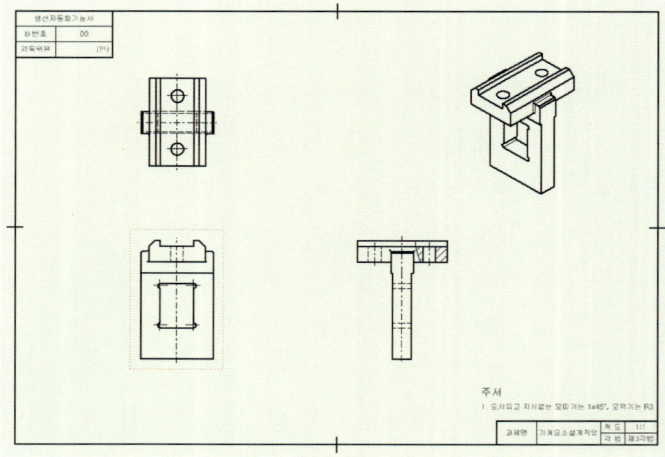

04 ▶ 치수 기입

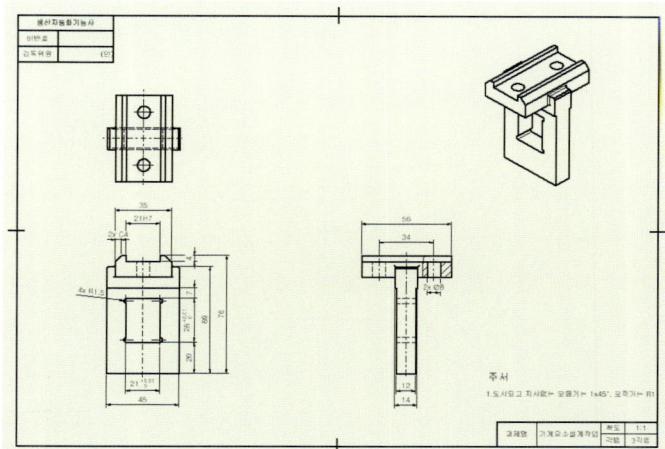

05 ▶ 출력

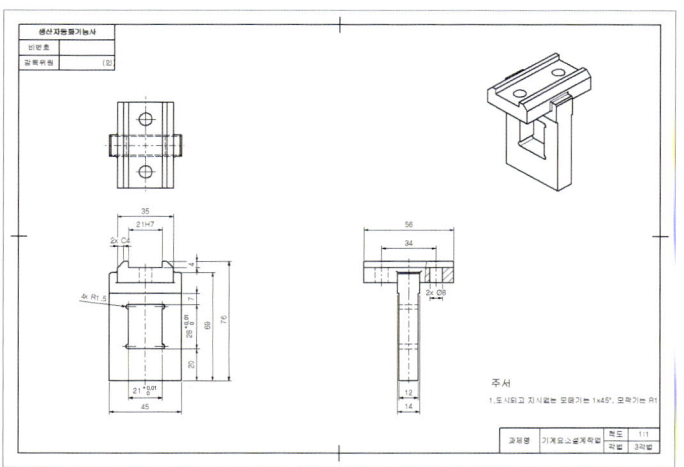

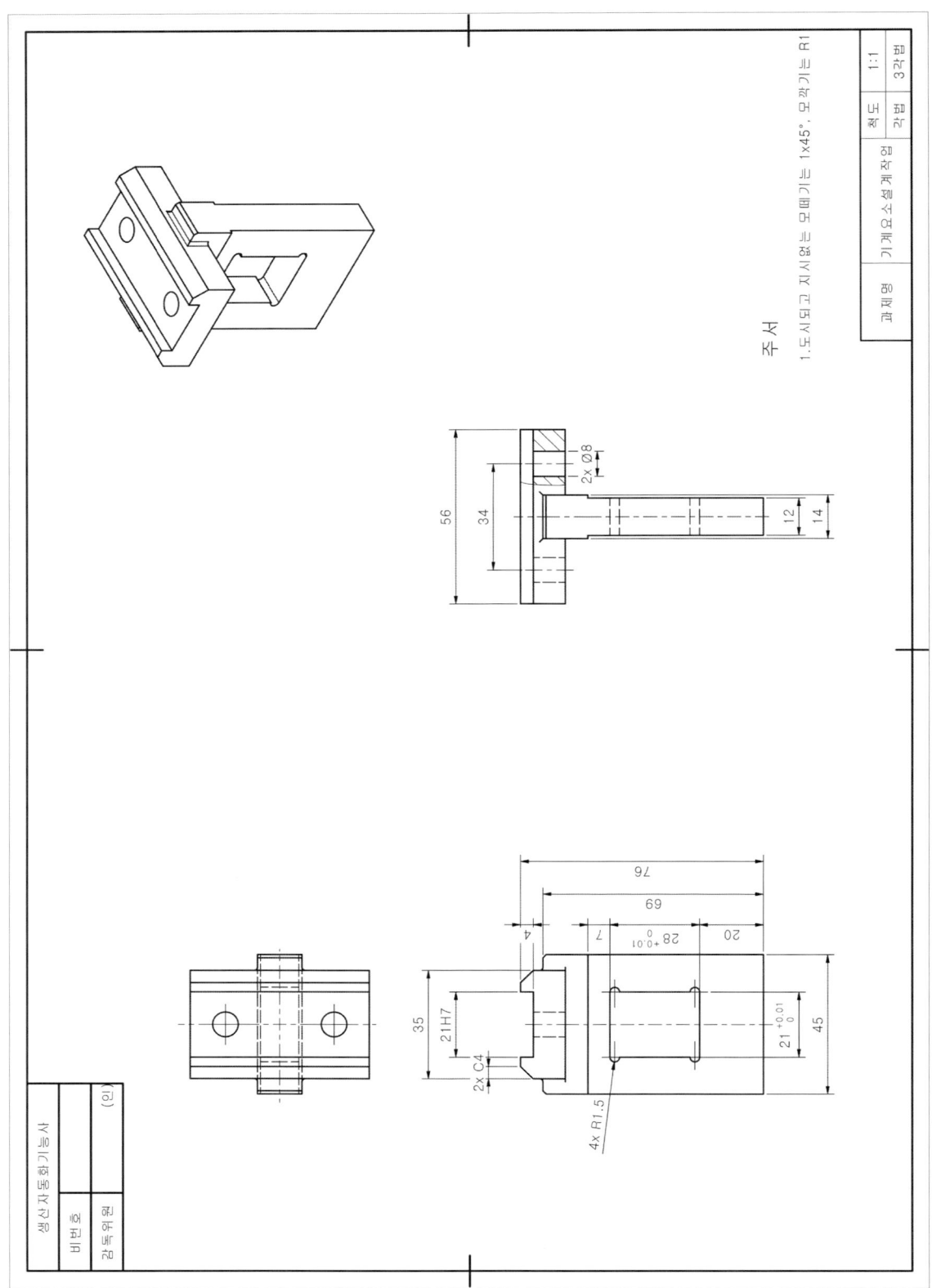

LESSON 02 공개문제-02 예상답안

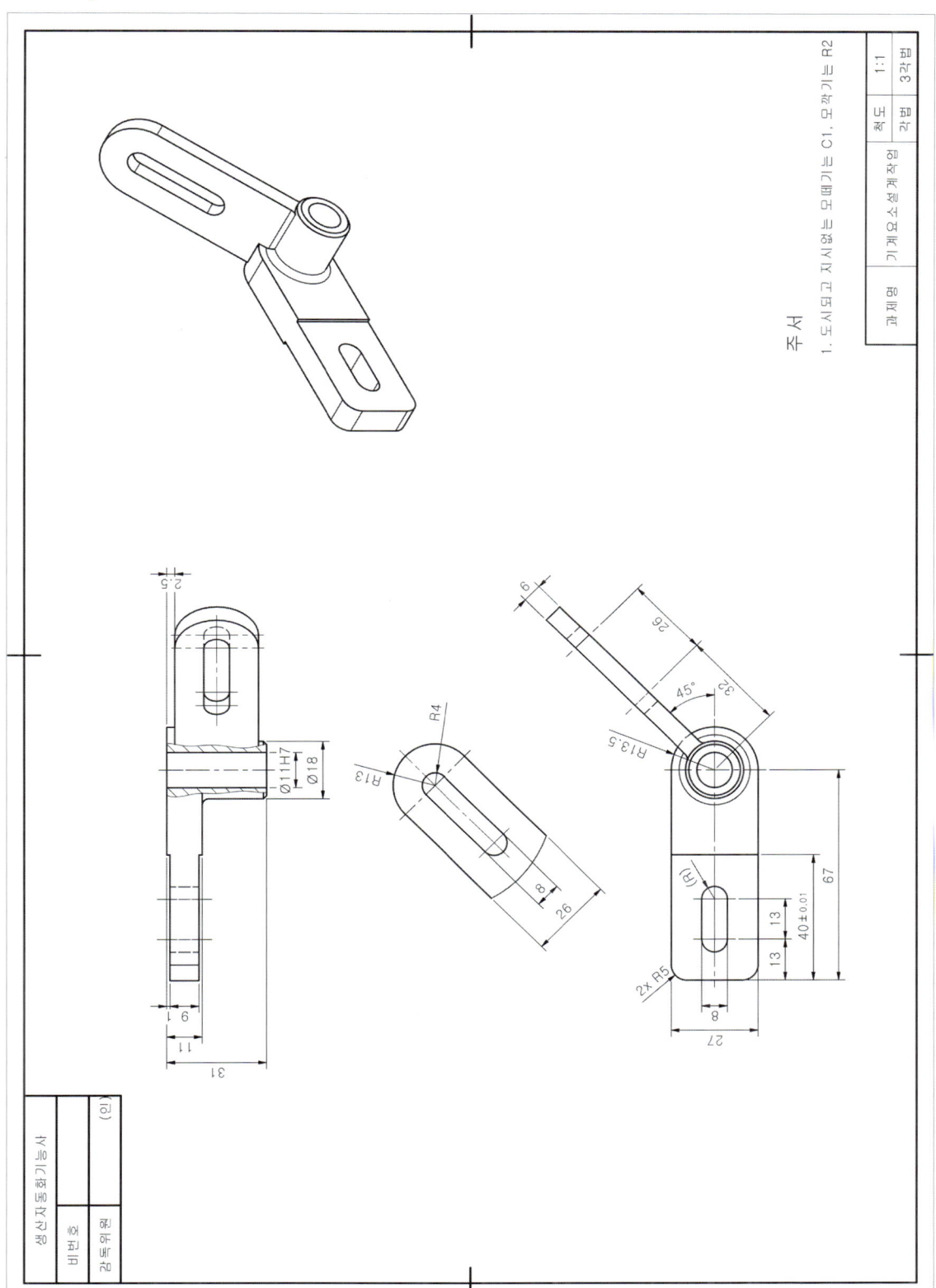

LESSON 03 공개문제-03 예상답안

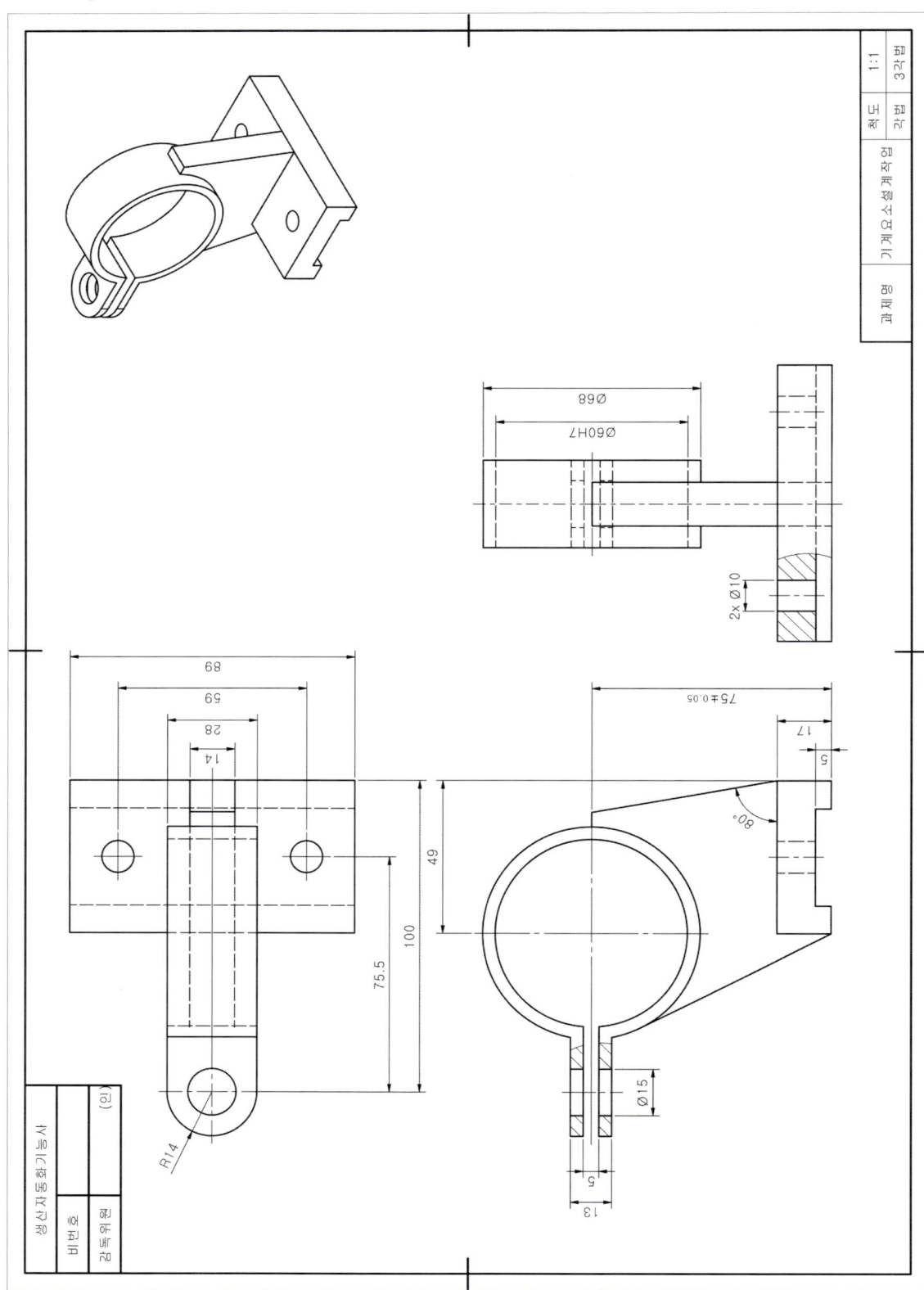

LESSON 04 공개문제-04 예상답안

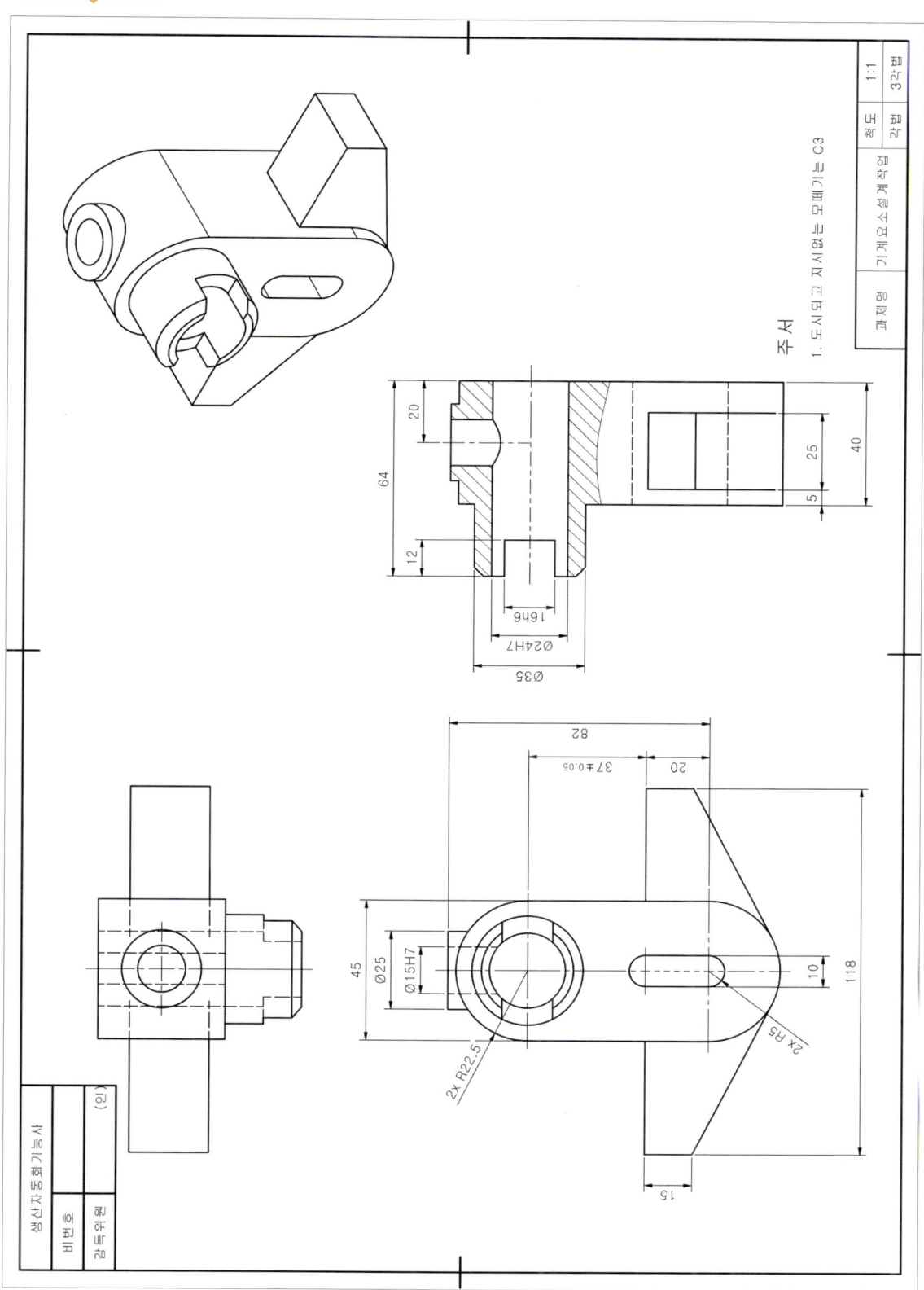

LESSON 05 공개문제-05 예상답안

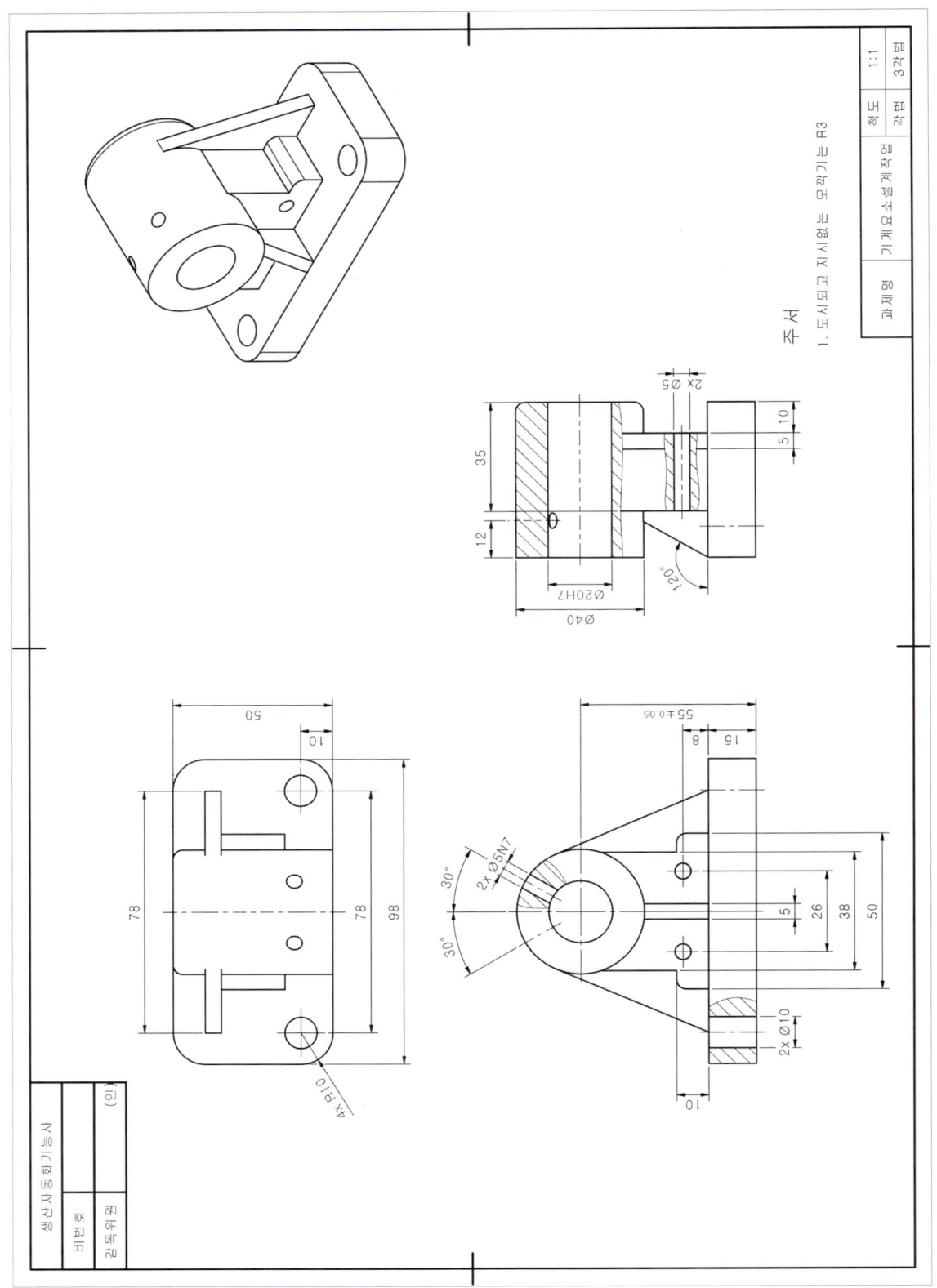

LESSON 06 공개문제-06 예상답안

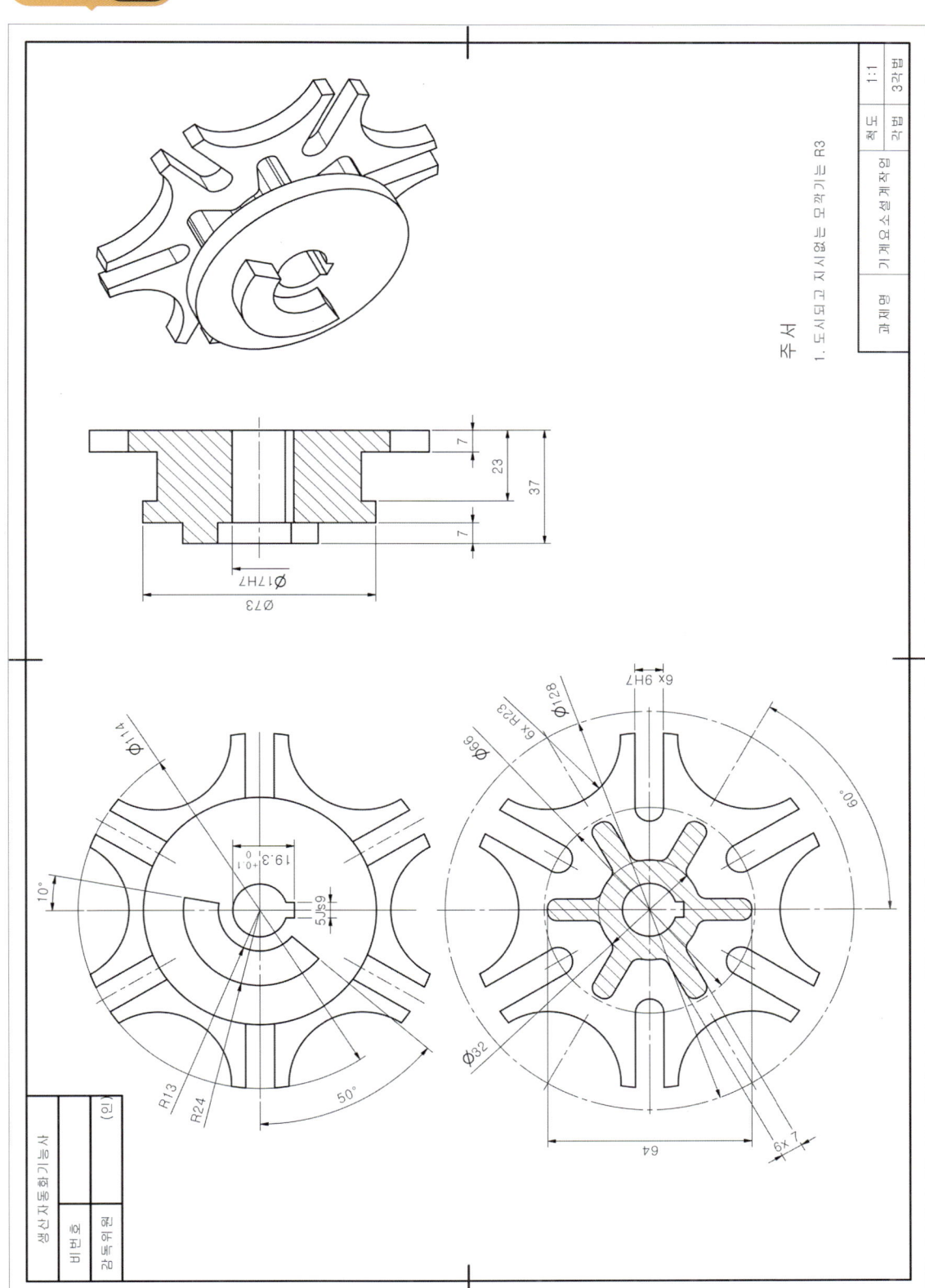

LESSON 07 공개문제-07 예상답안

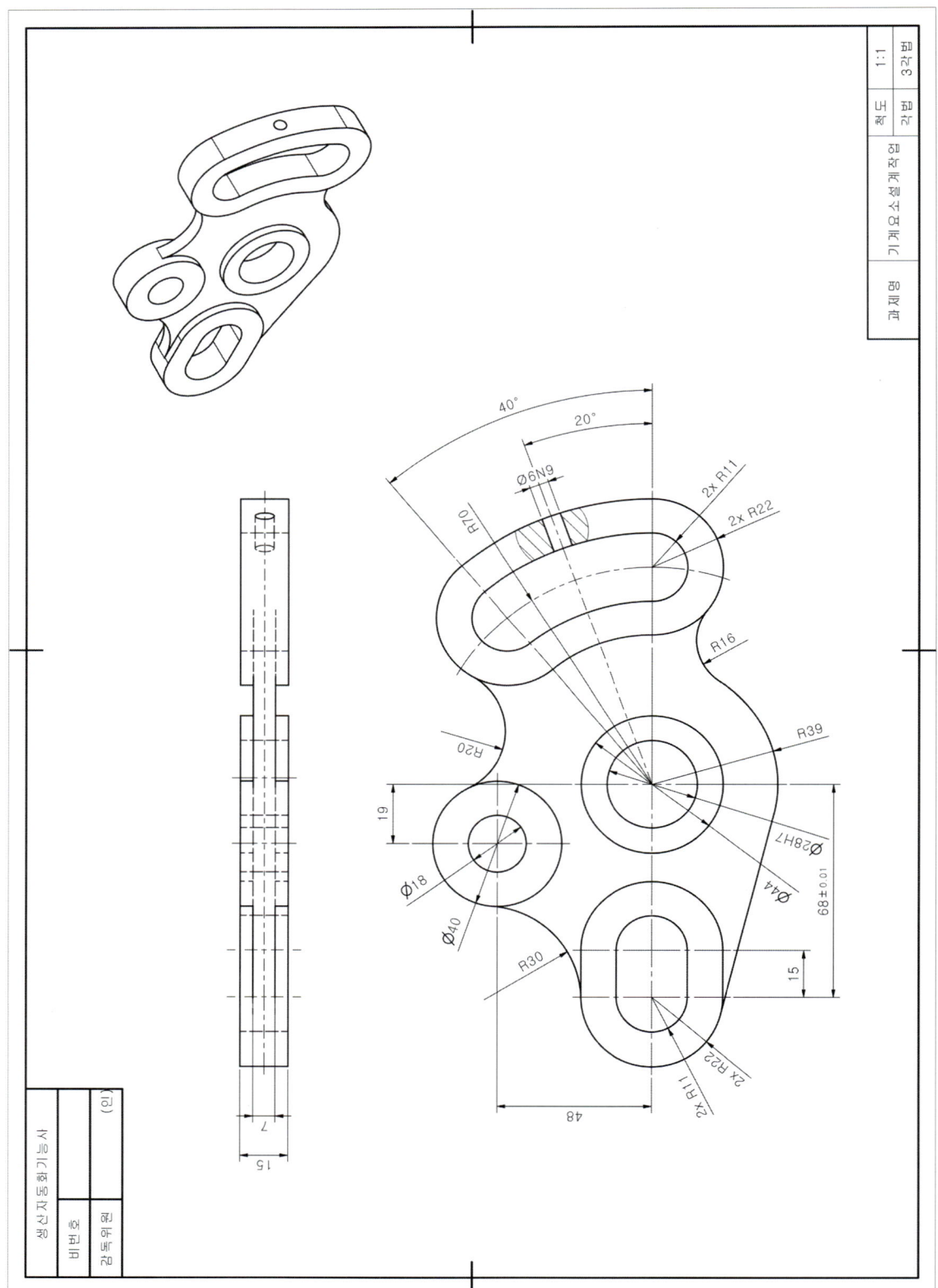

LESSON 08 공개문제-08 예상답안

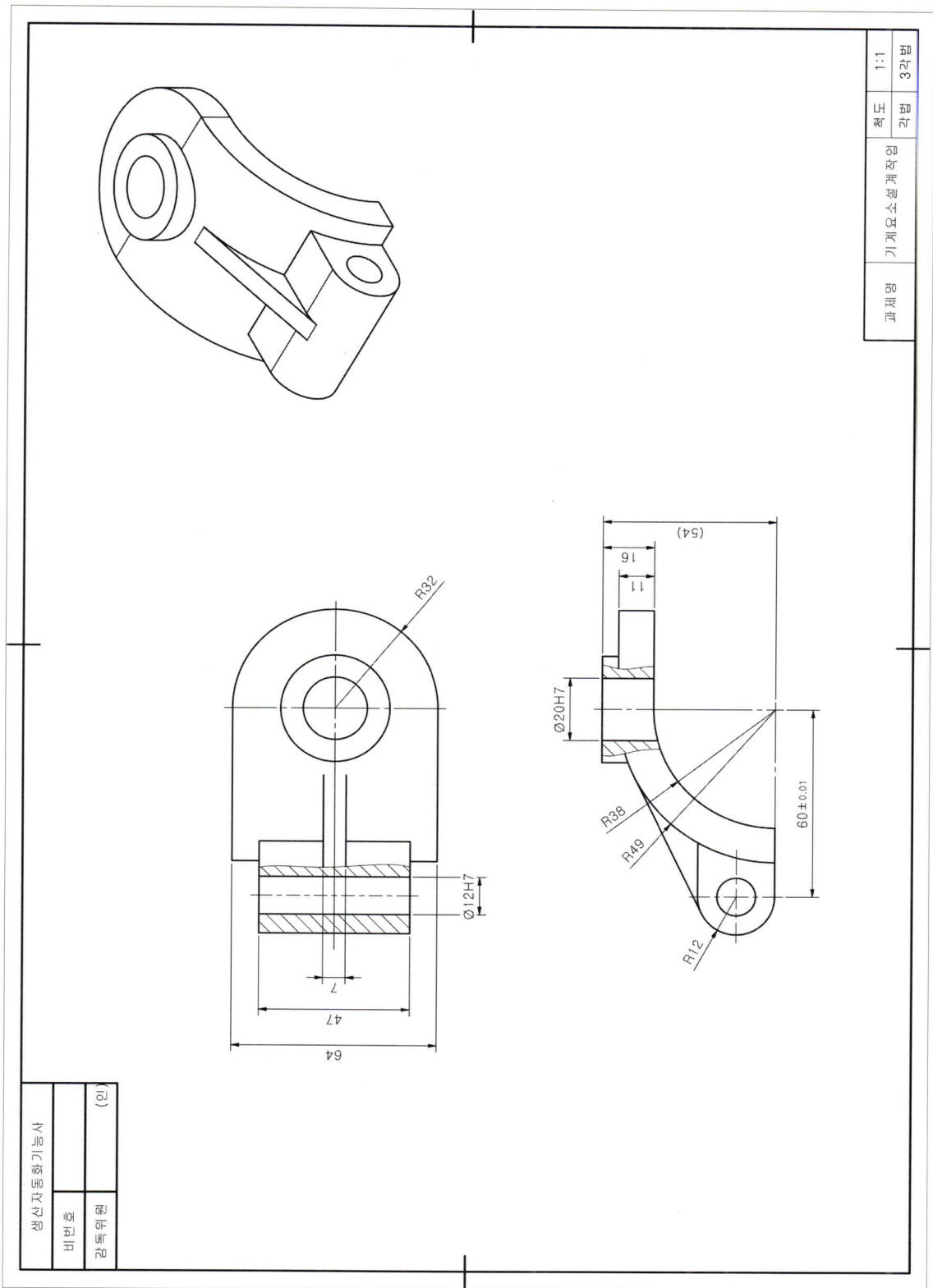

LESSON 09 공개문제-09 예상답안

LESSON 10 공개문제-10 예상답안

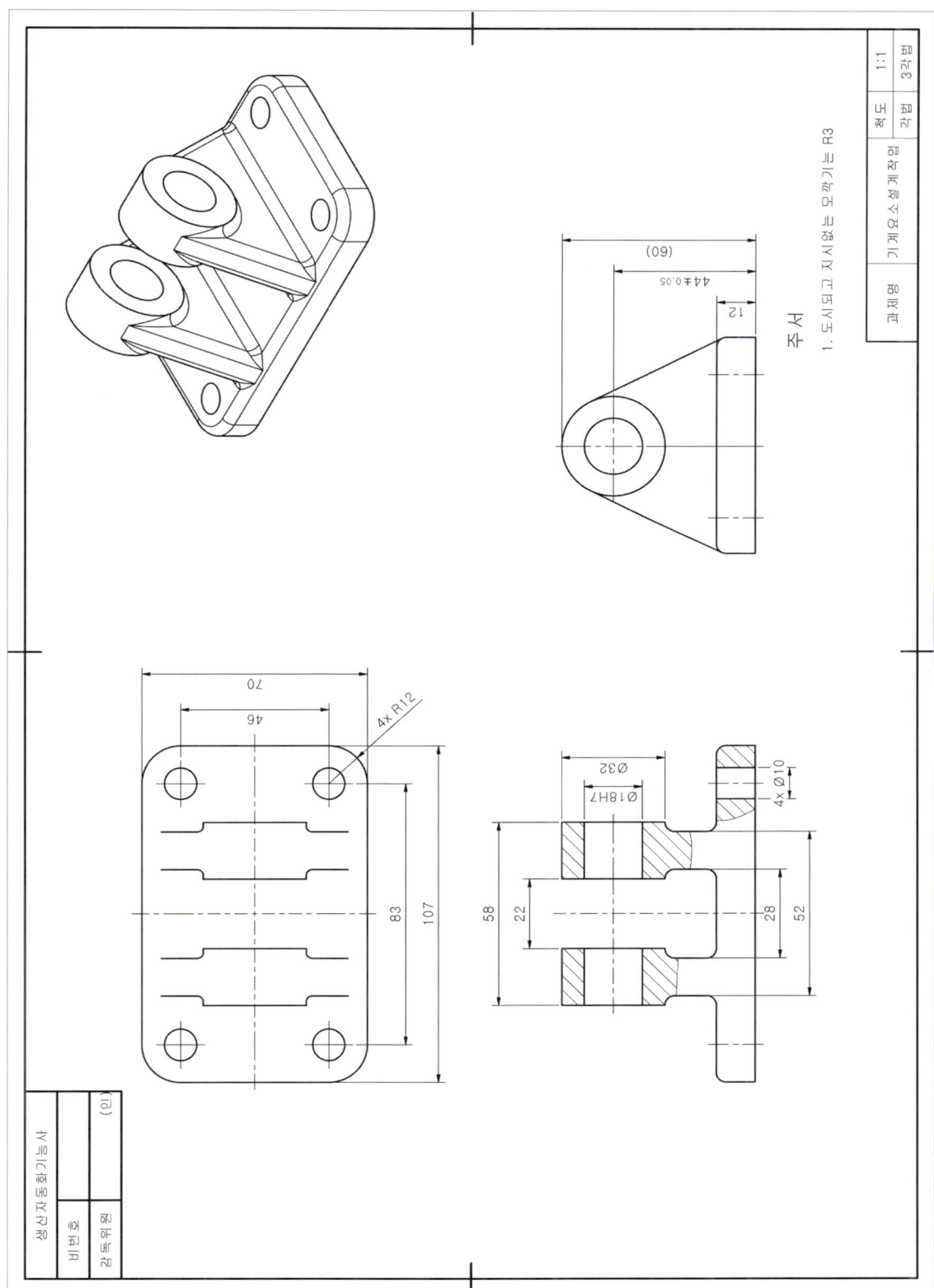

LESSON 11 공개문제-11 예상답안

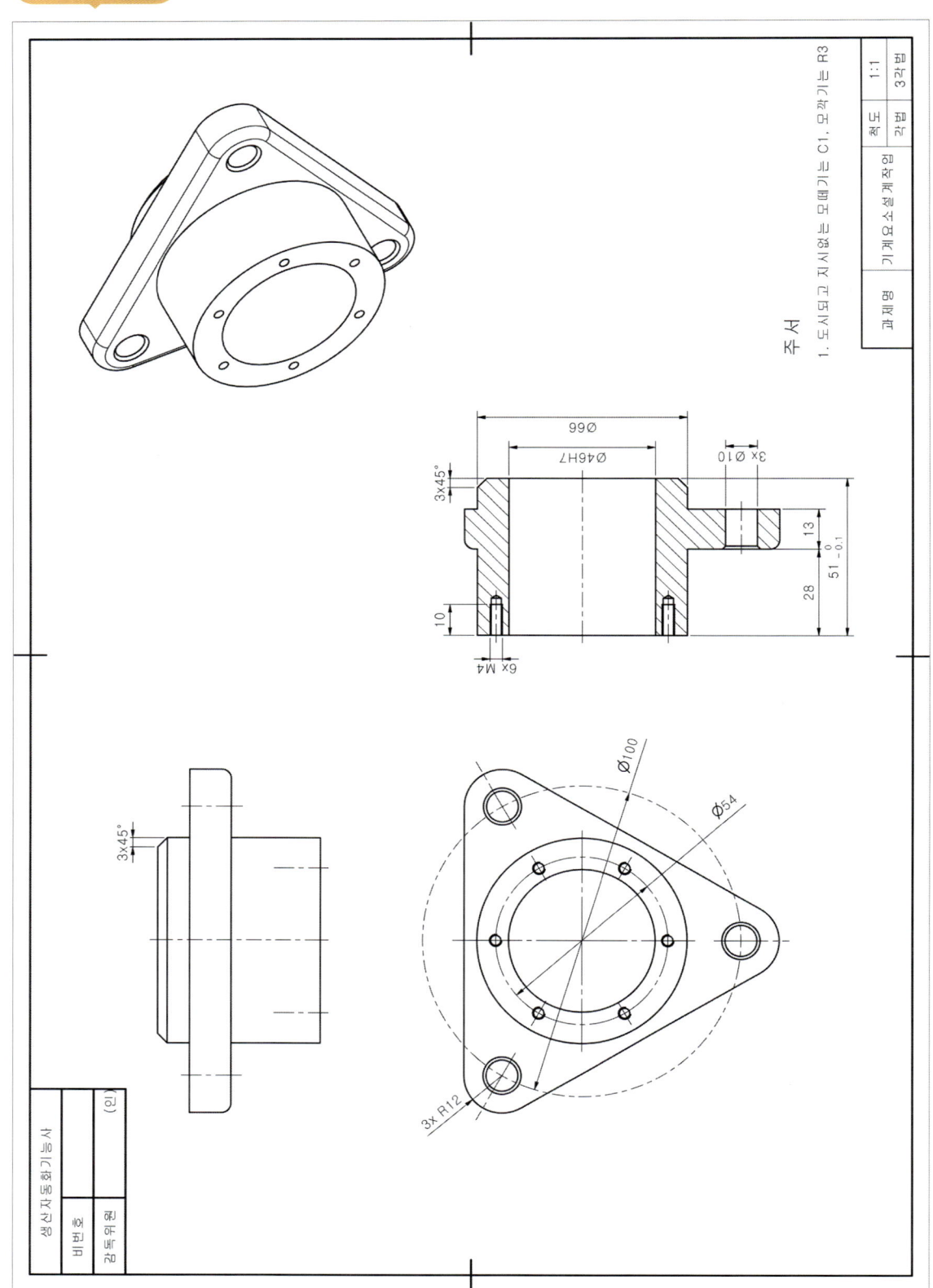

LESSON 12 공개문제-12 예상답안

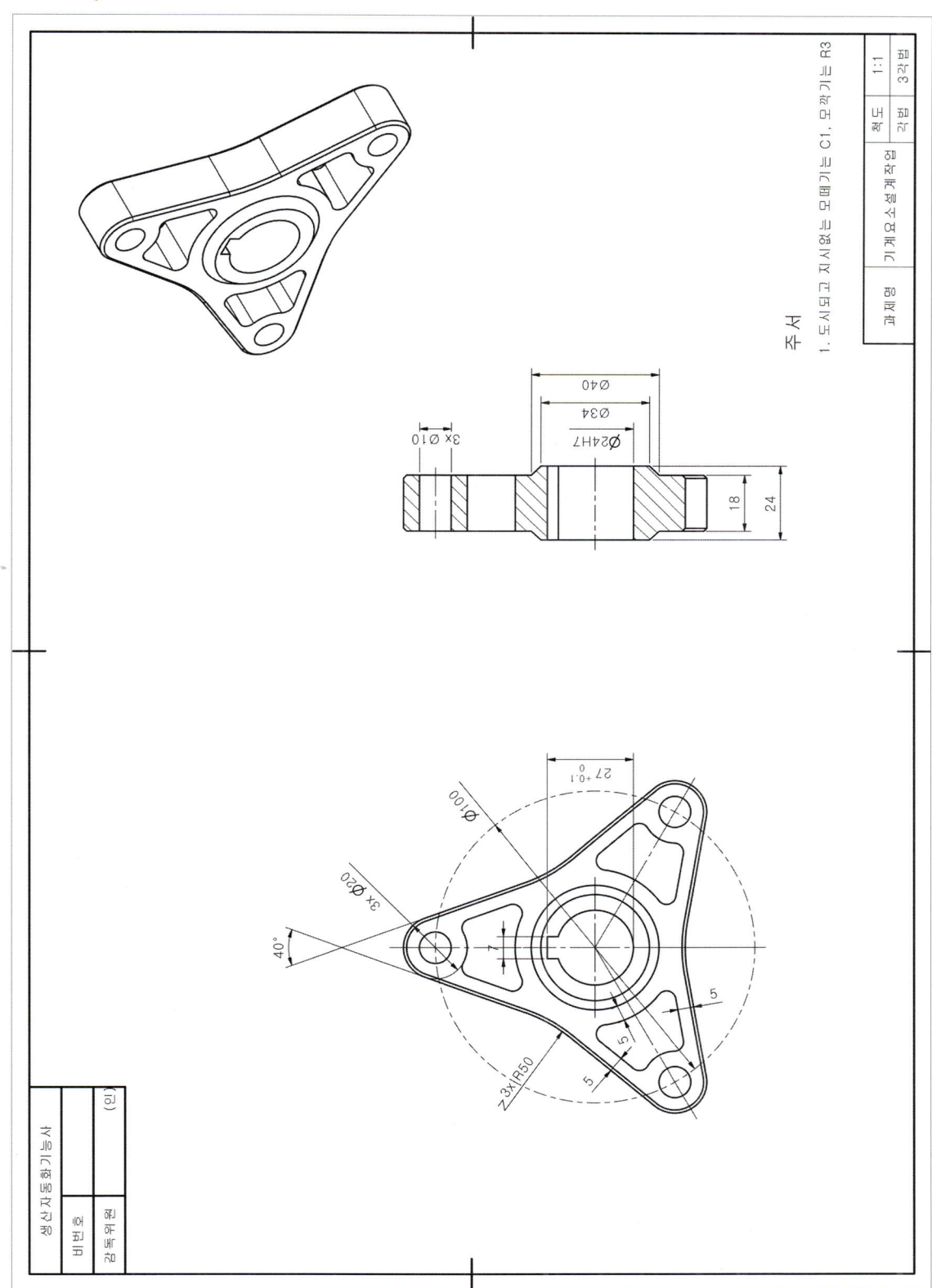

LESSON 13 공개문제-13 예상답안

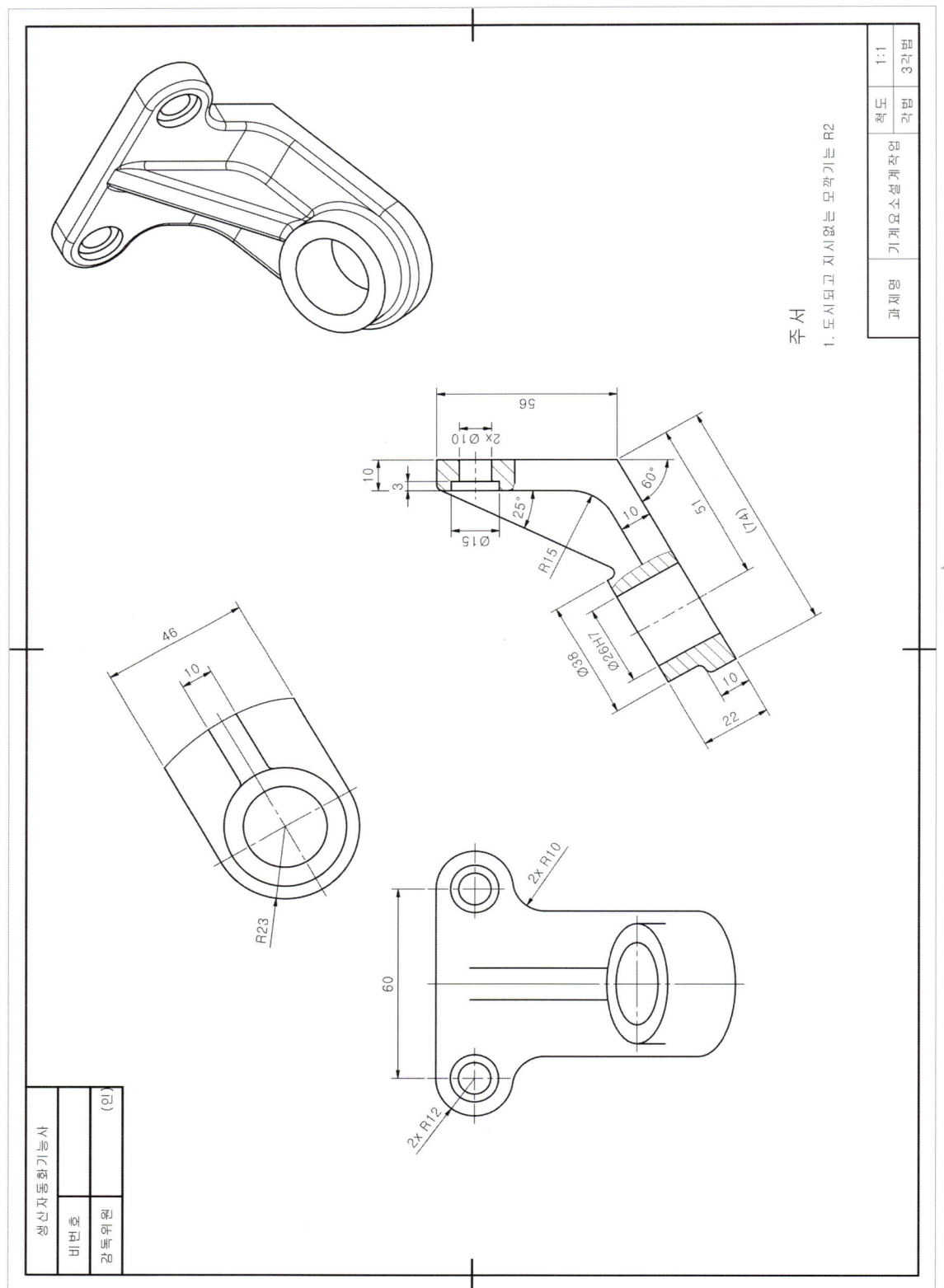

LESSON 14 공개문제-14 예상답안

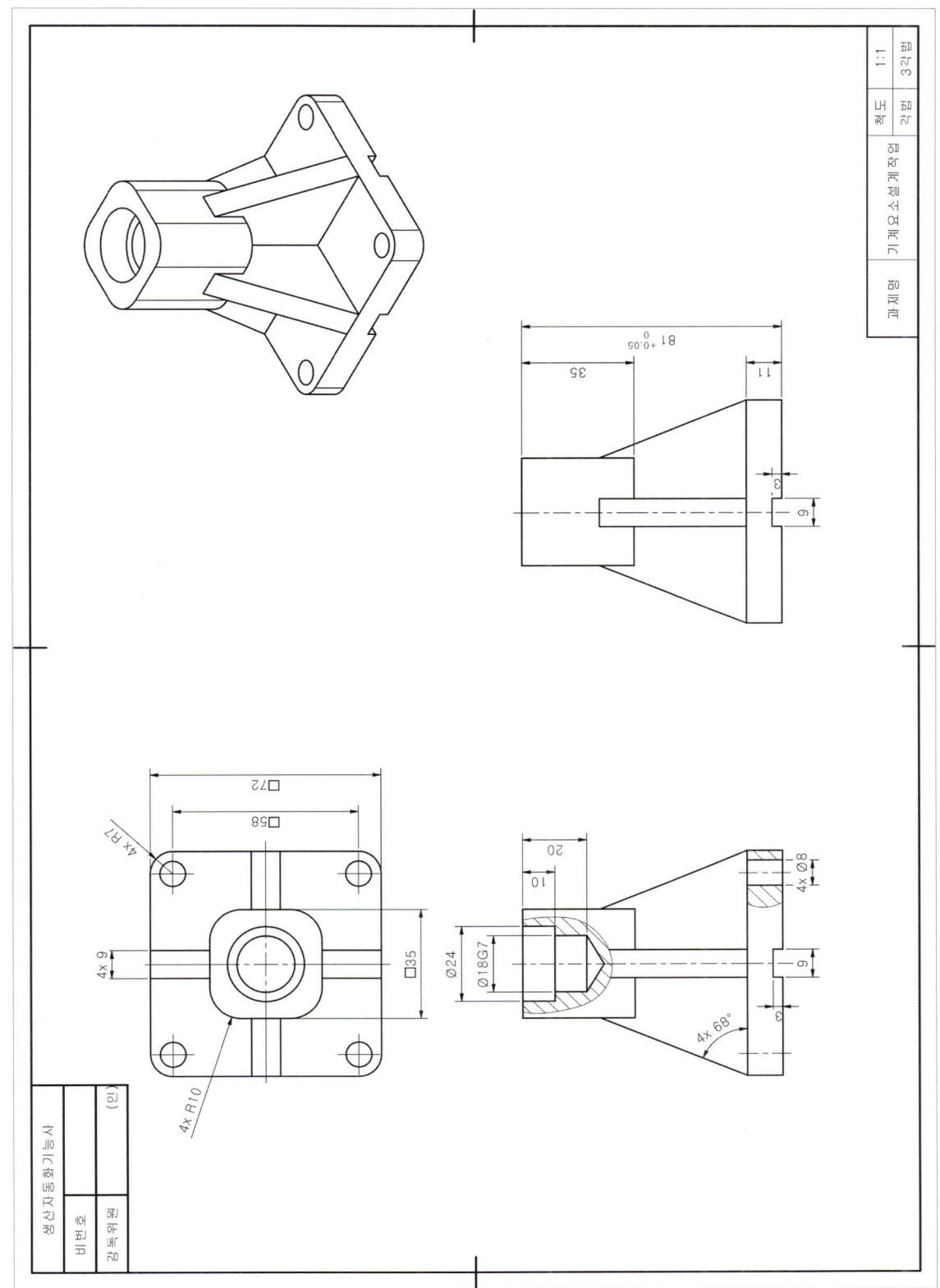

LESSON 15 공개문제-15 예상답안

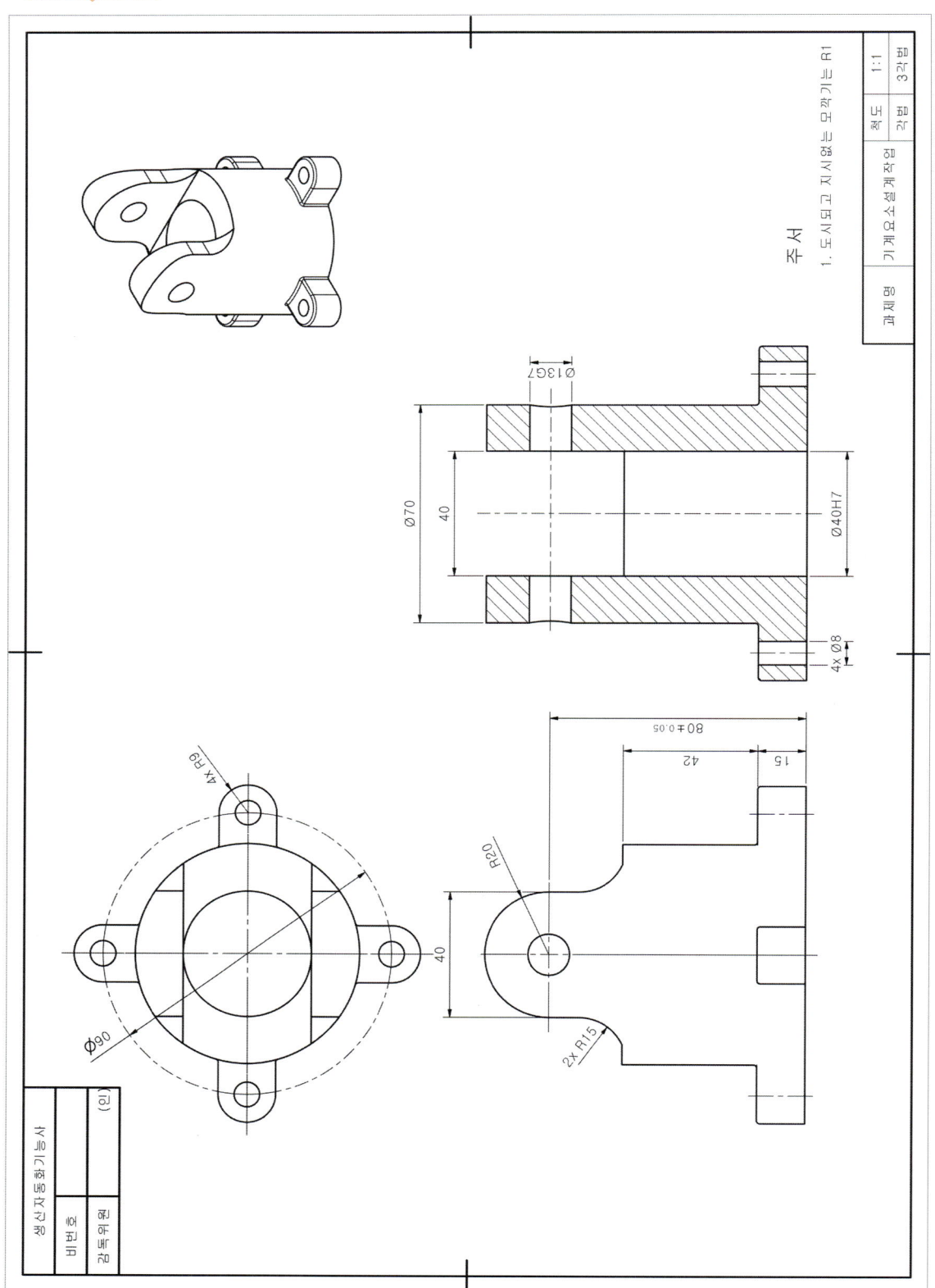

LESSON 16 공개문제-16 예상답안

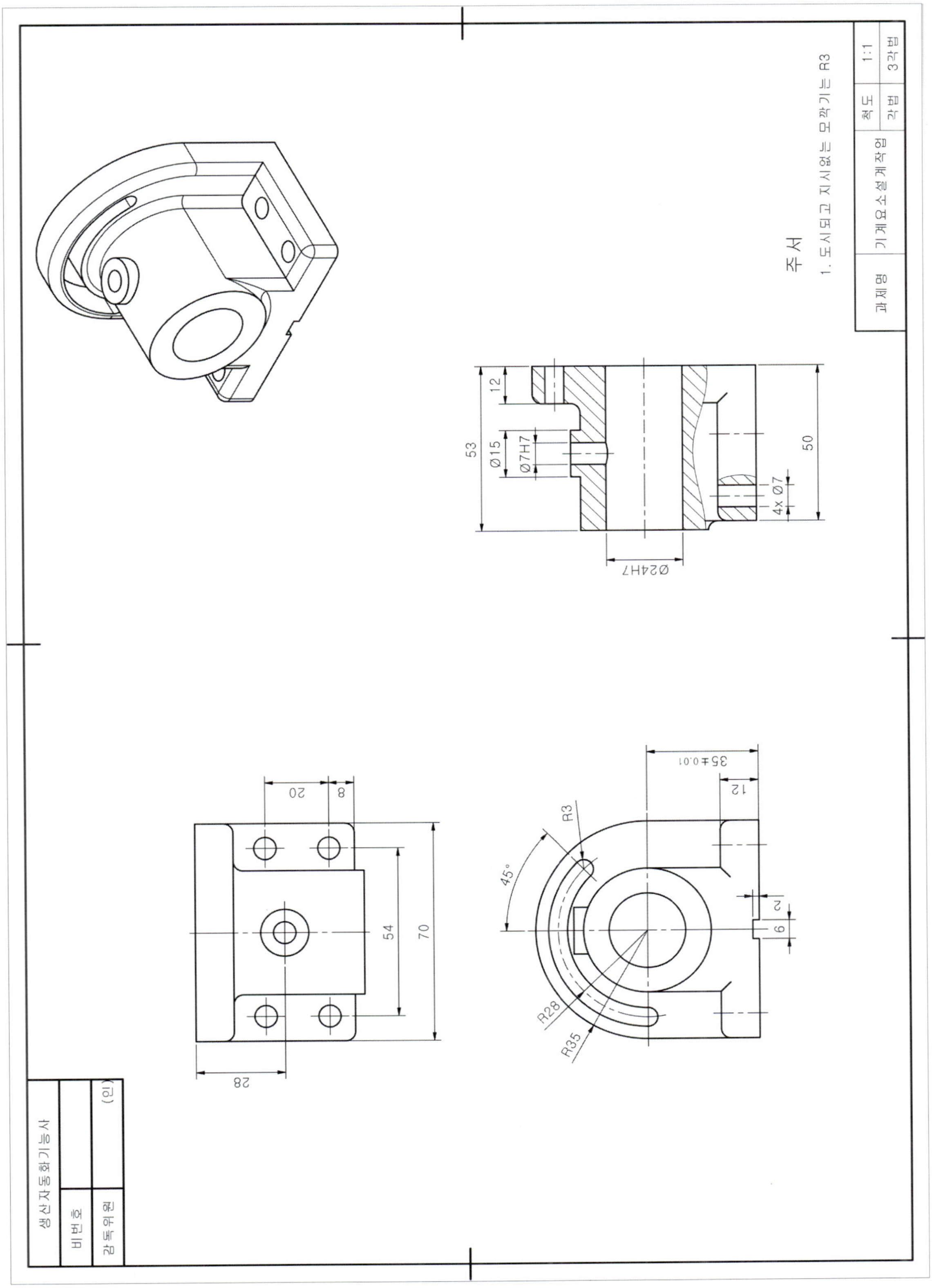

주서
1. 도시되고 지시없는 모떼기는 R3

척도 1:1
각법 3각법
과제명 기계요소설계작업

LESSON 17 공개문제-17 예상답안

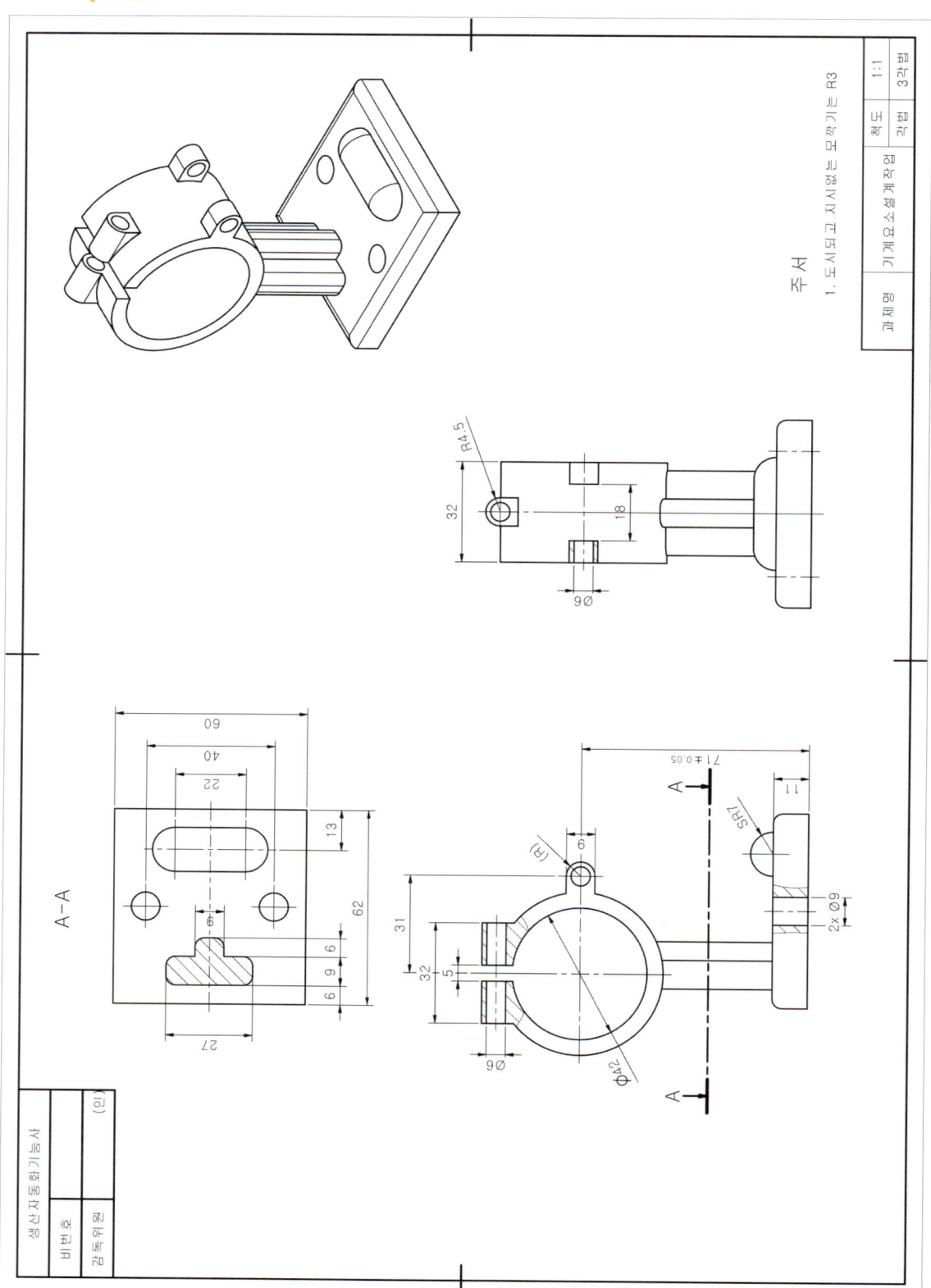

LESSON 18 공개문제-18 예상답안

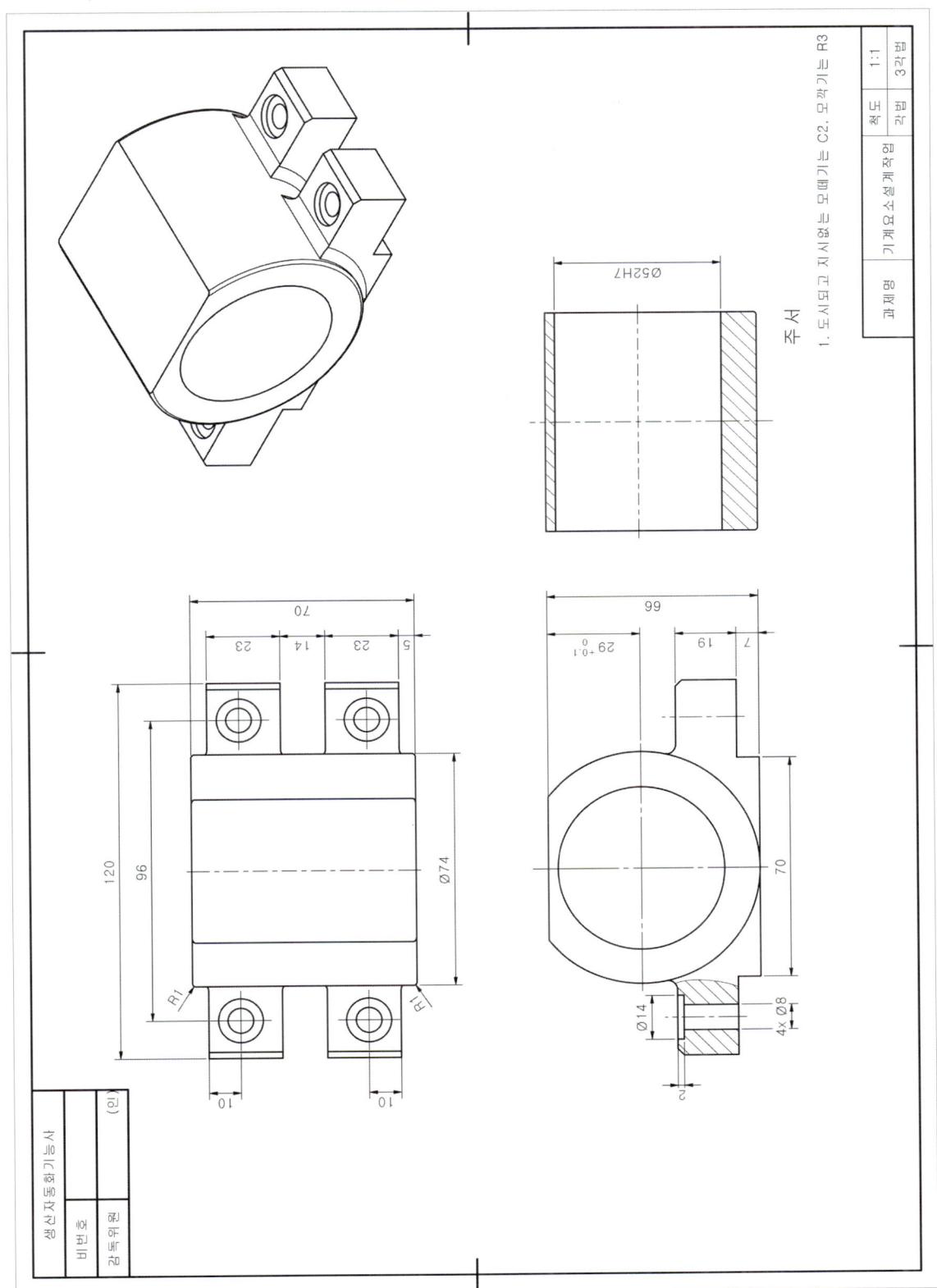

PART 05_ 생산자동화 기능사 도면 작업

LESSON 19 공개문제-19 예상답안

LESSON 20 공개문제-20 예상답안

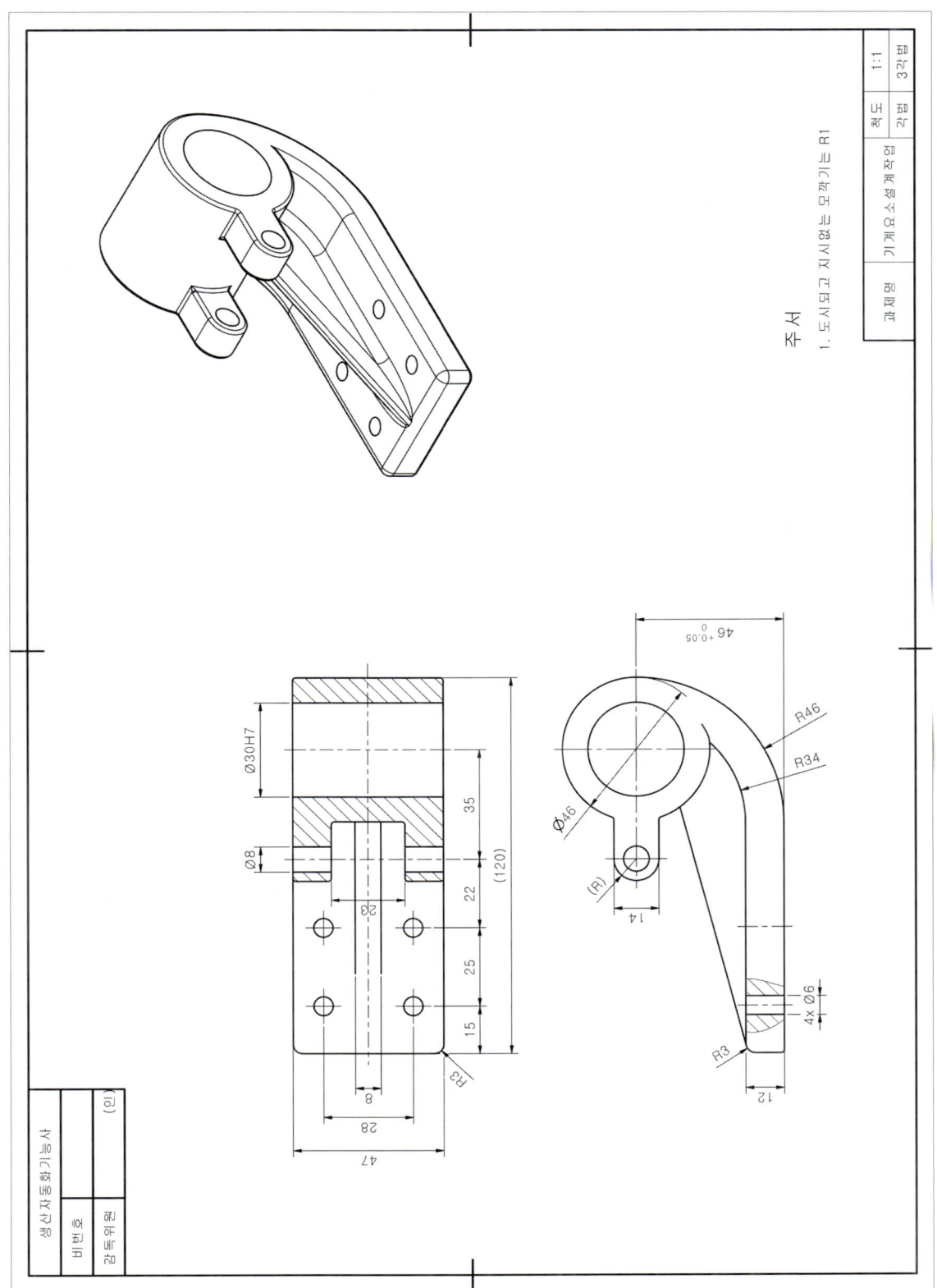

PART 05_ 생산자동화 기능사 도면 작업

PART 06

생산자동화 산업기사 도면 작업

LESSON 01 공개문제-01 예상답안

01 ▶ 2D와 3D 도면을 배치

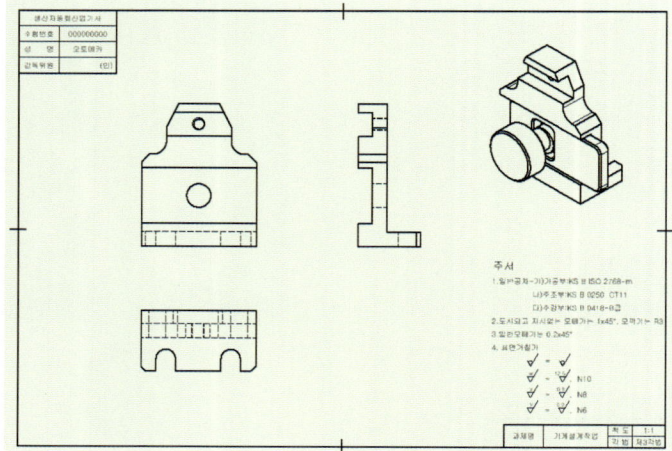

02 ▶ 도면 정리

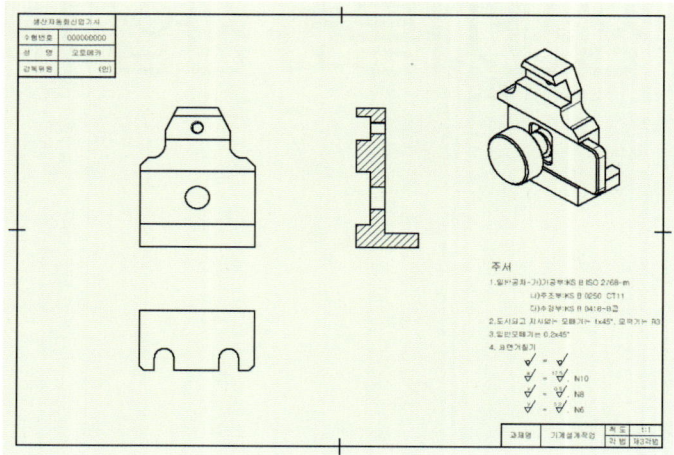

03 ▶ 중심선 작업

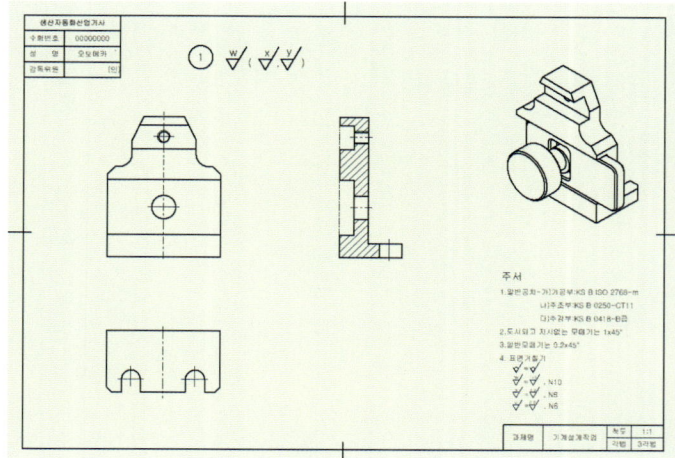

04 ▶ 치수 기입
　▶ 기하공차 기입
　▶ 표면거칠기 기입

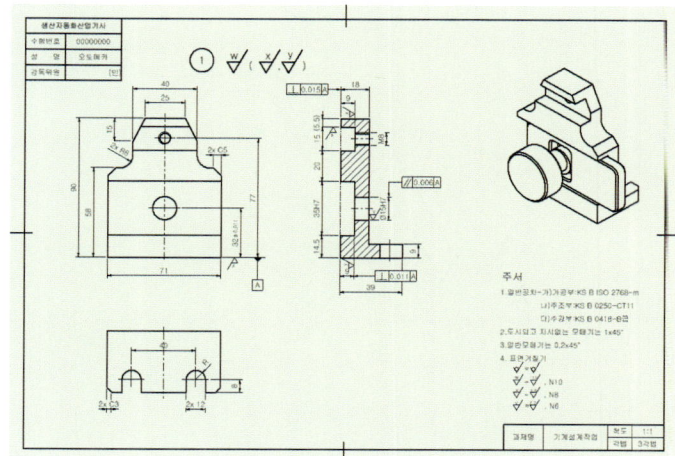

05 ▶ 출력

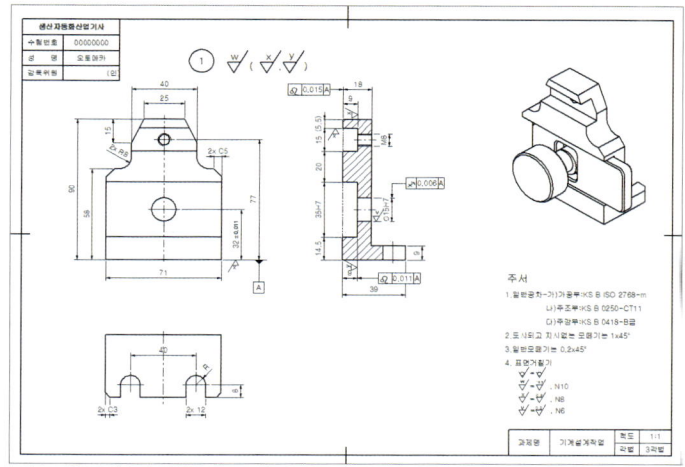

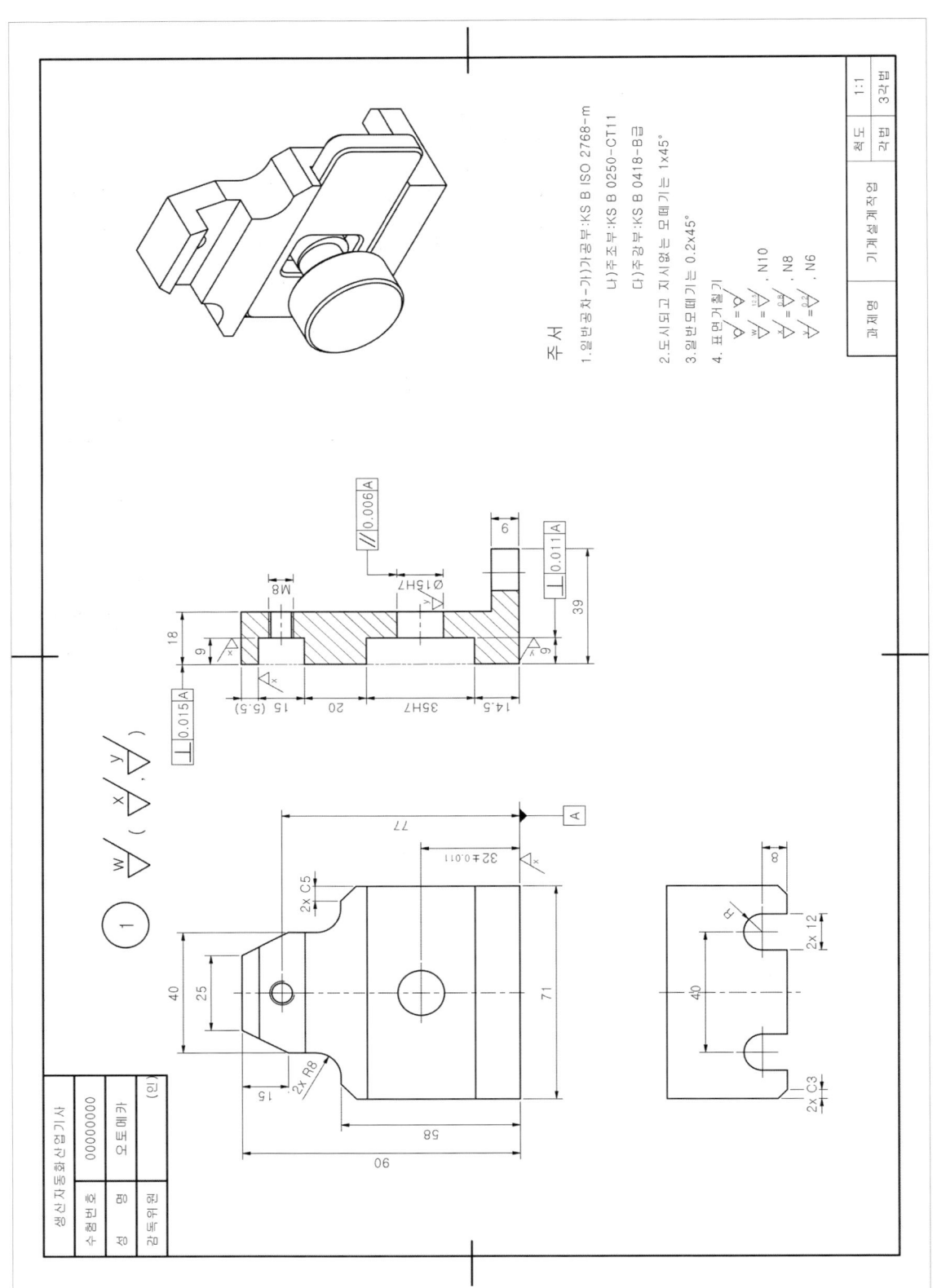

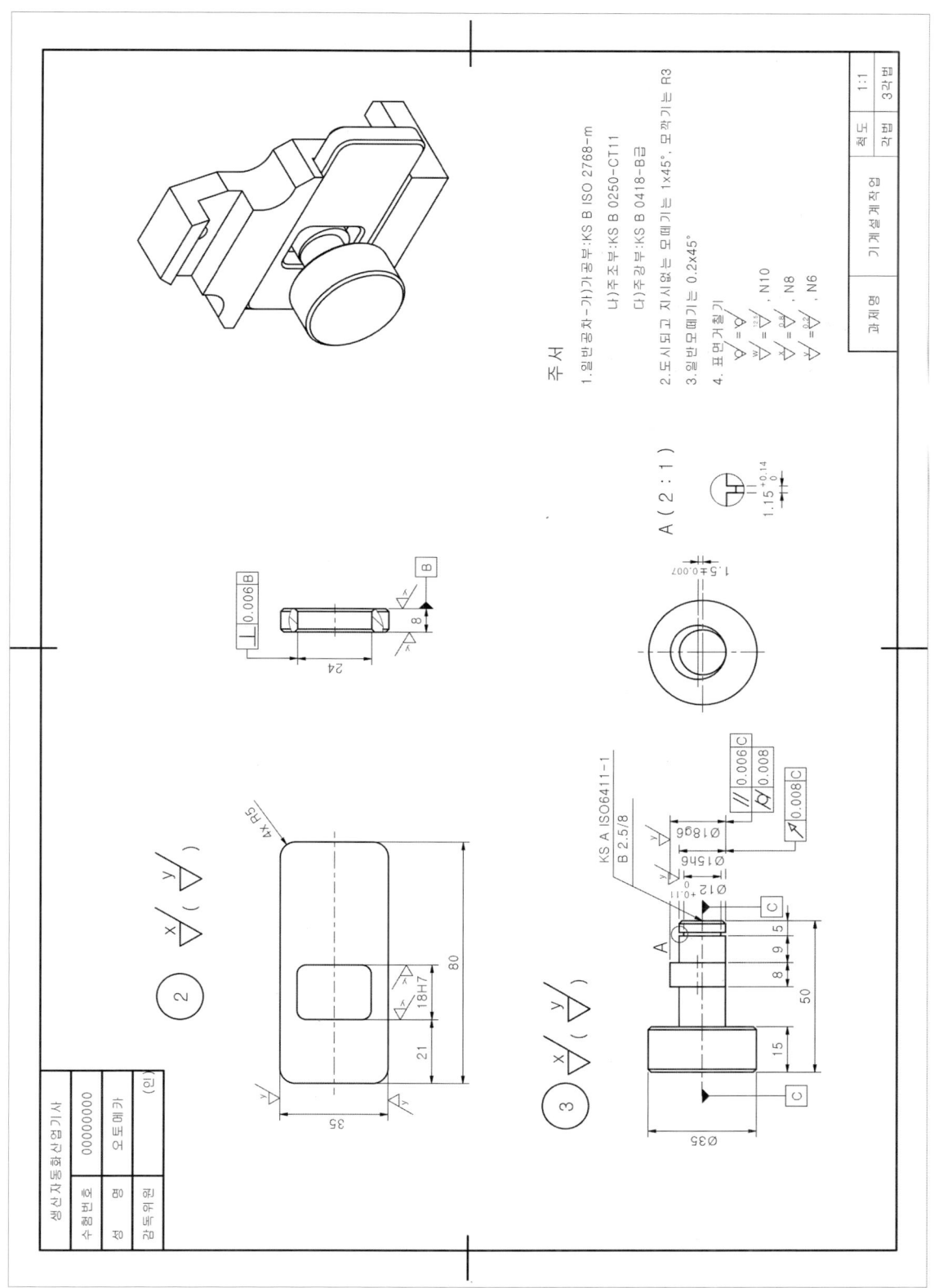

LESSON 02 공개문제-02 예상답안

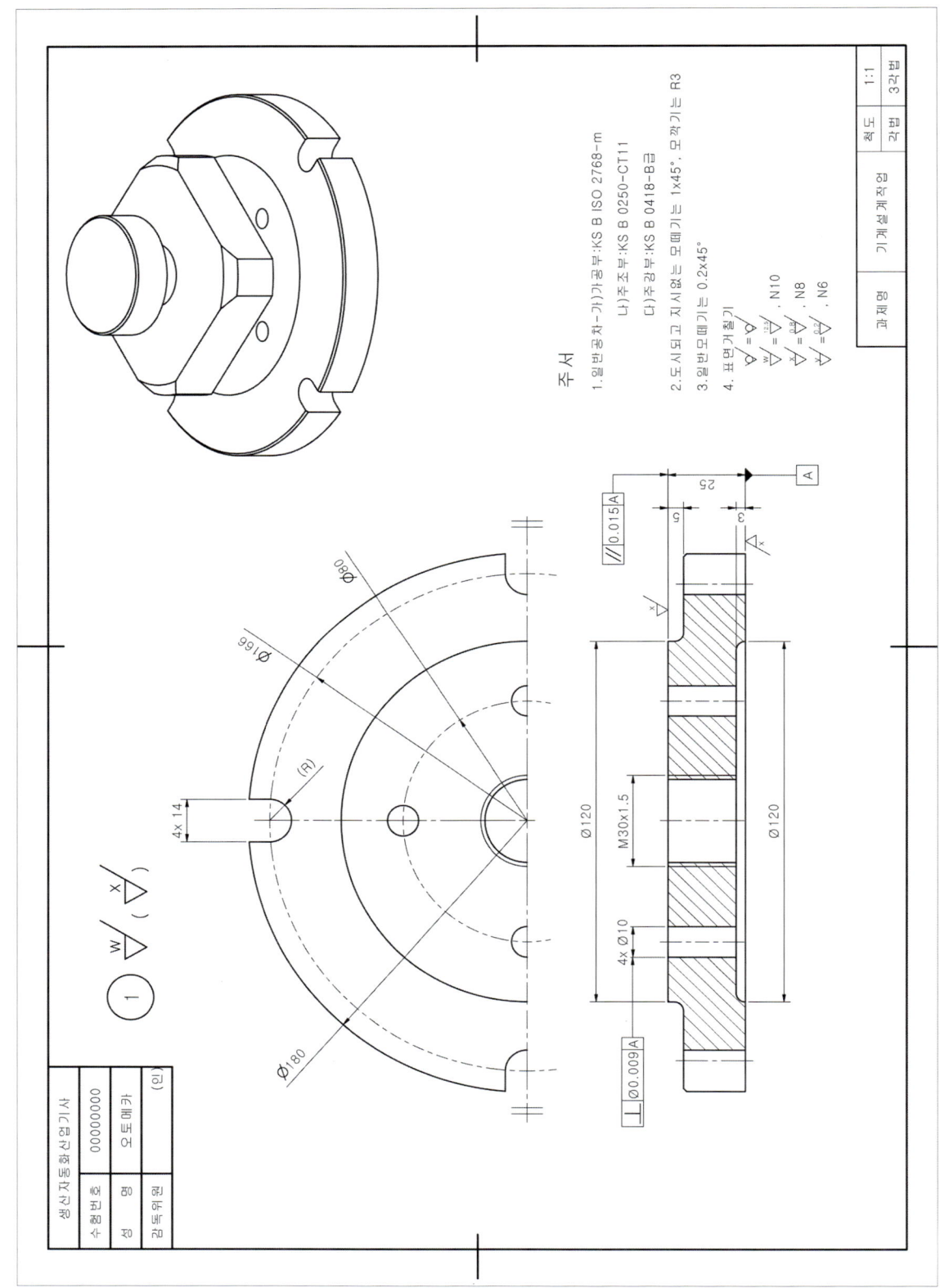

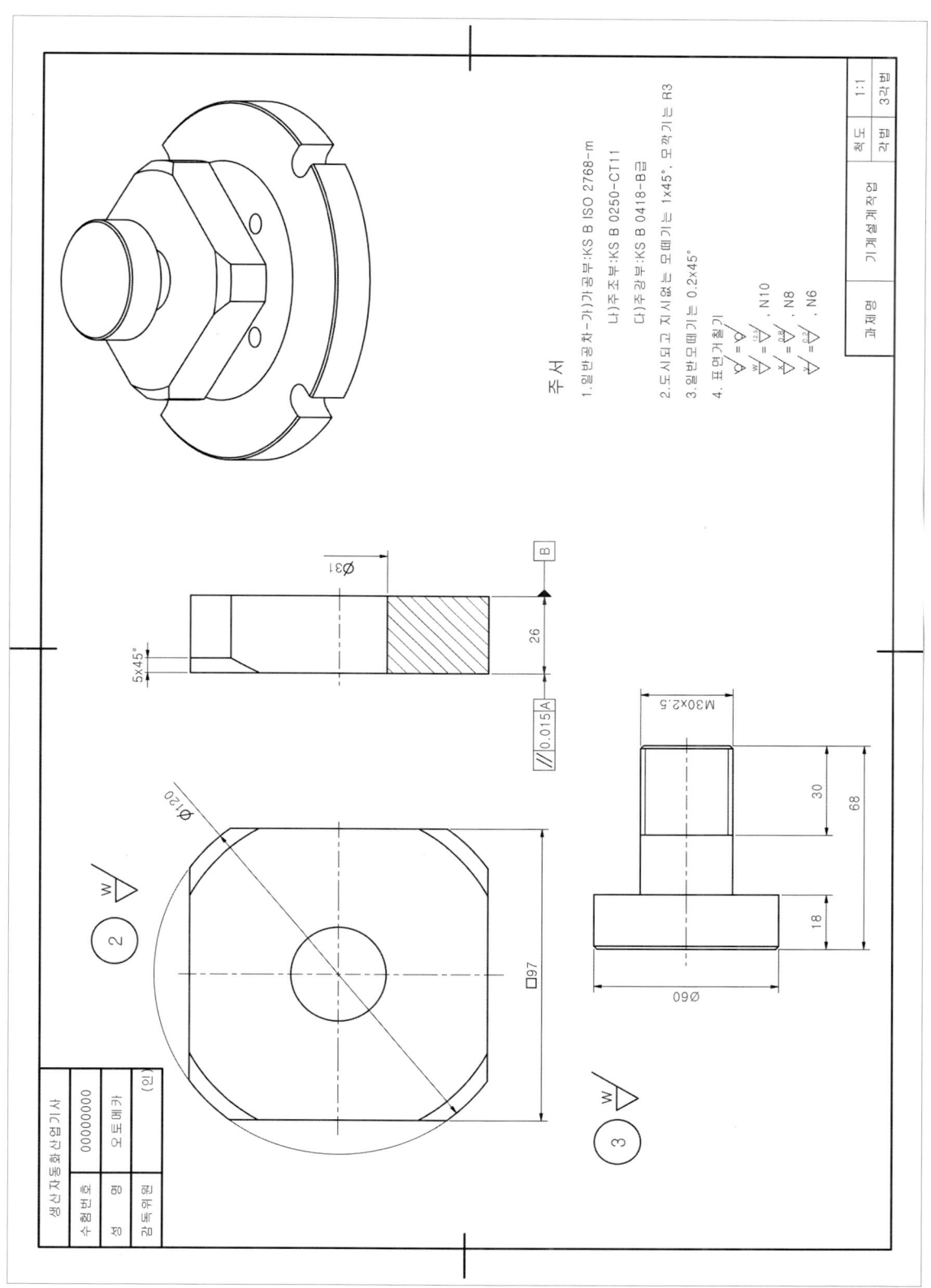

LESSON 03 공개문제-03 예상답안

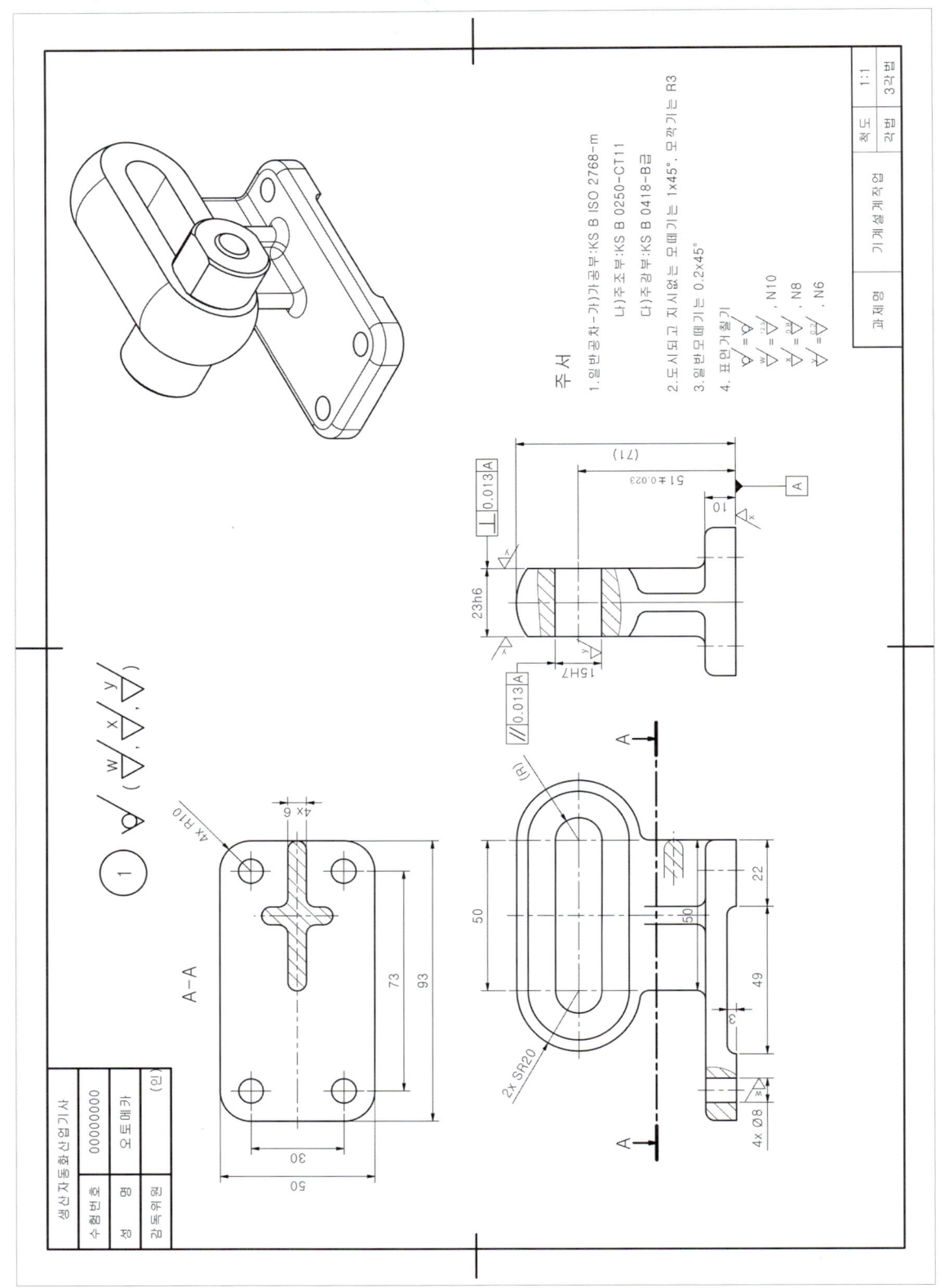

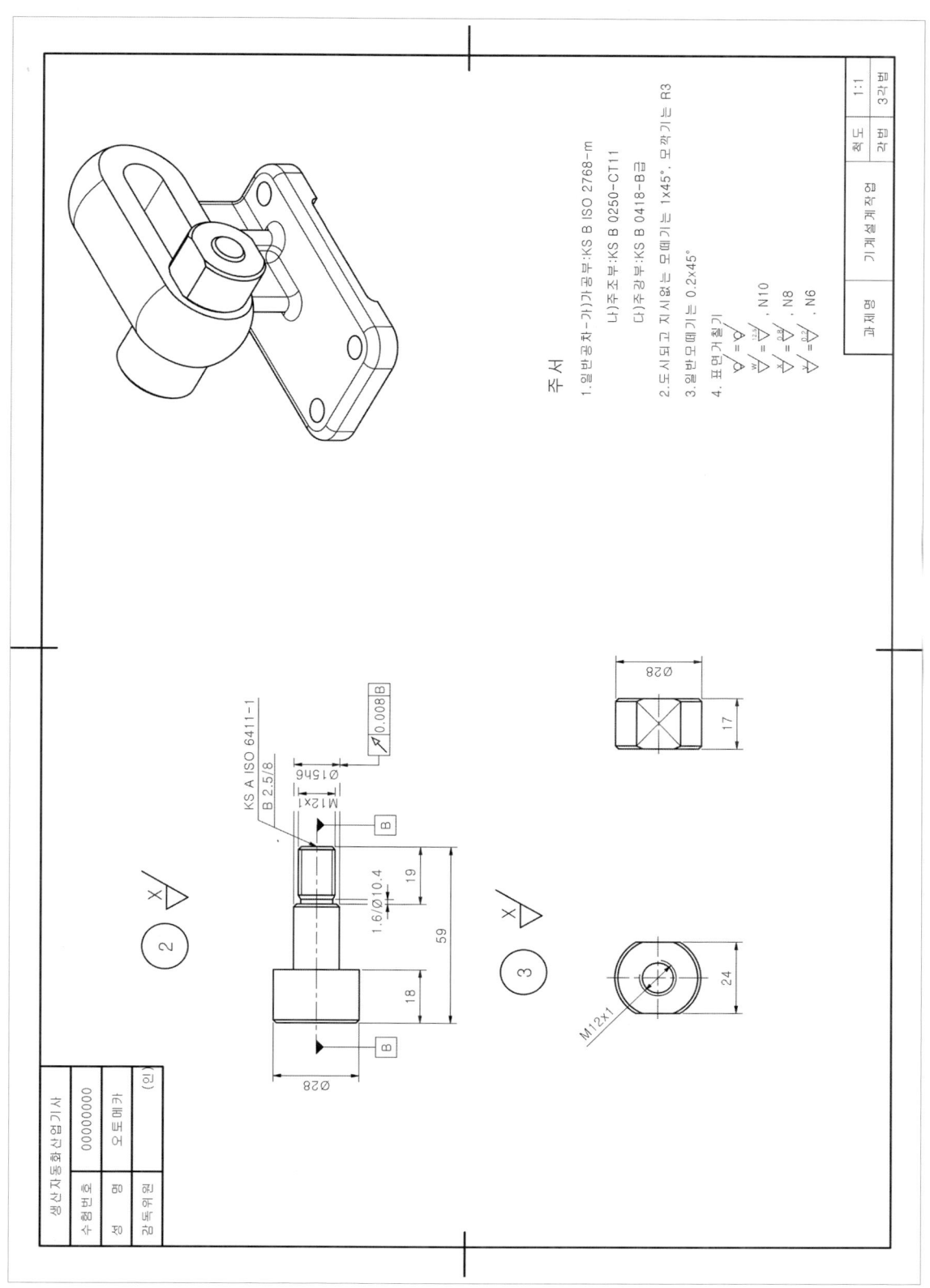

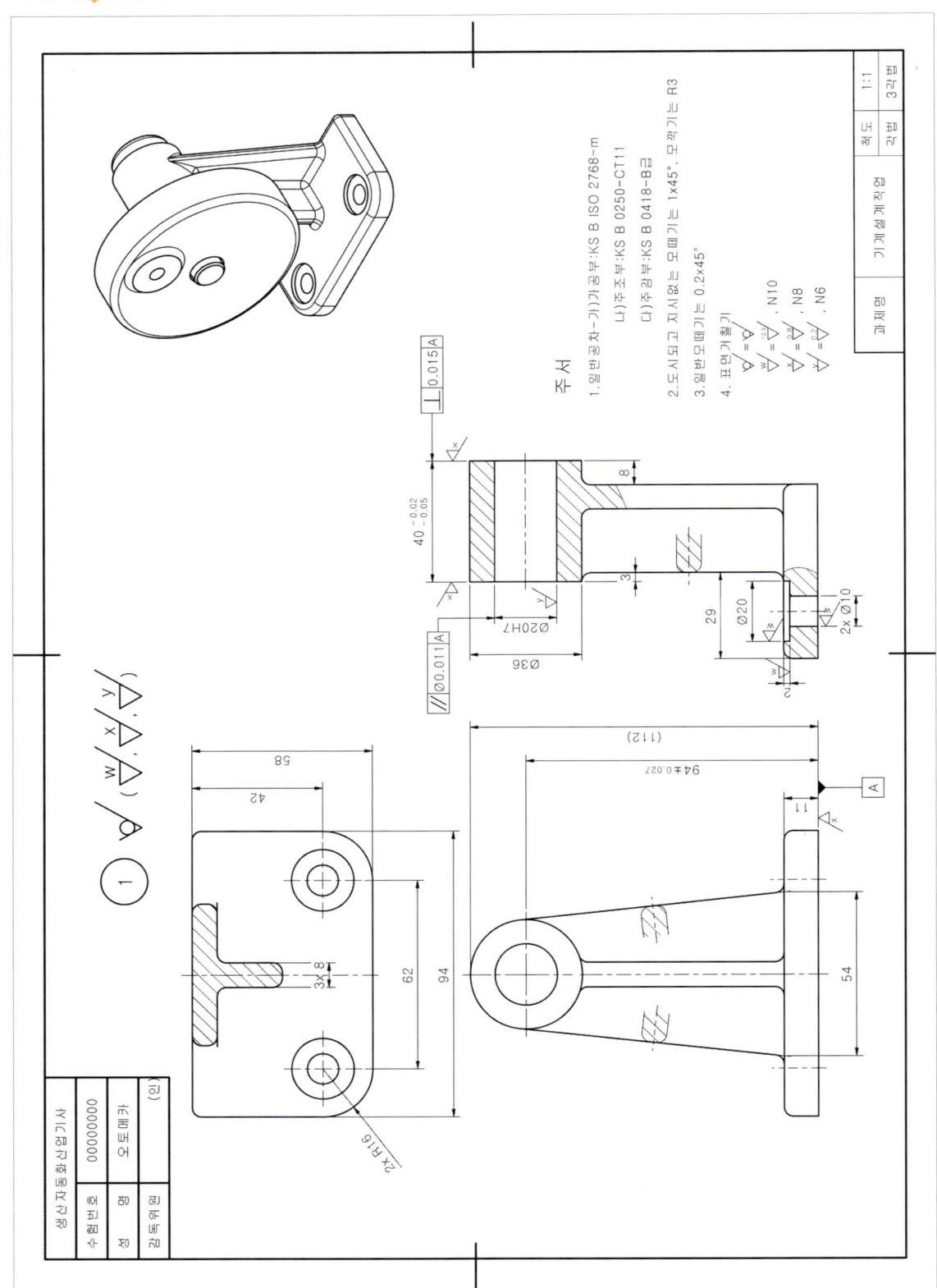

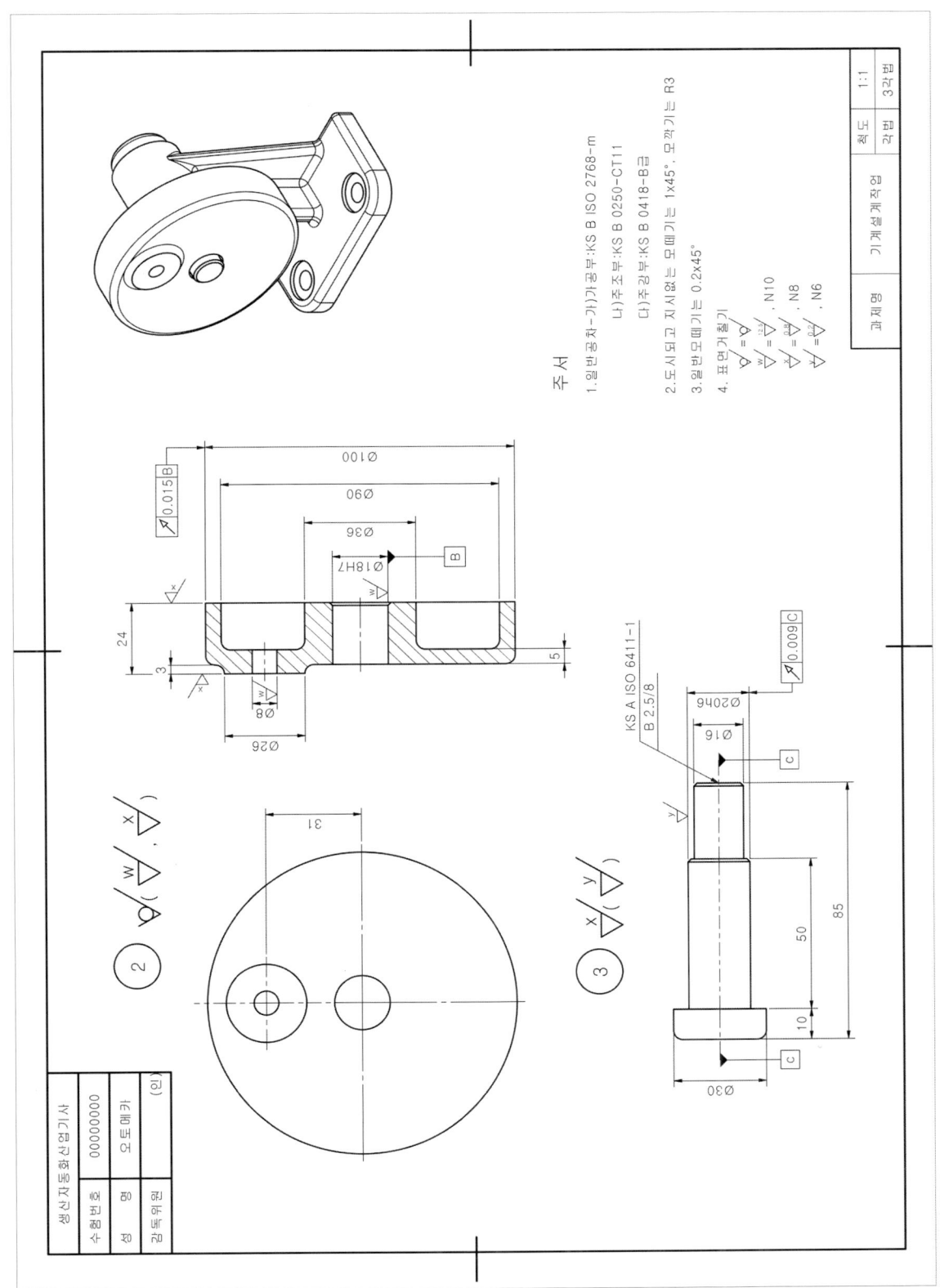

LESSON 05 공개문제-05 예상답안

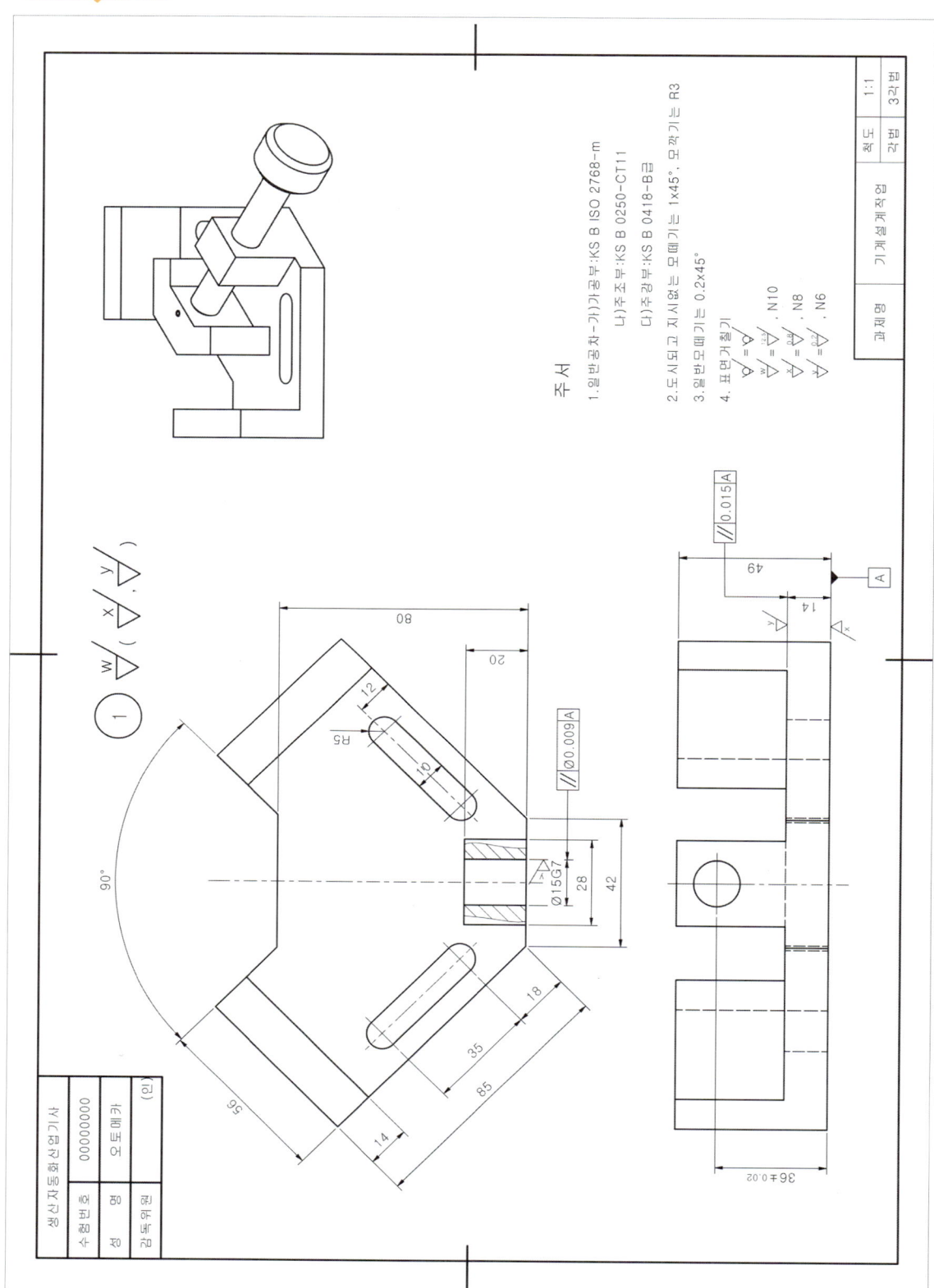

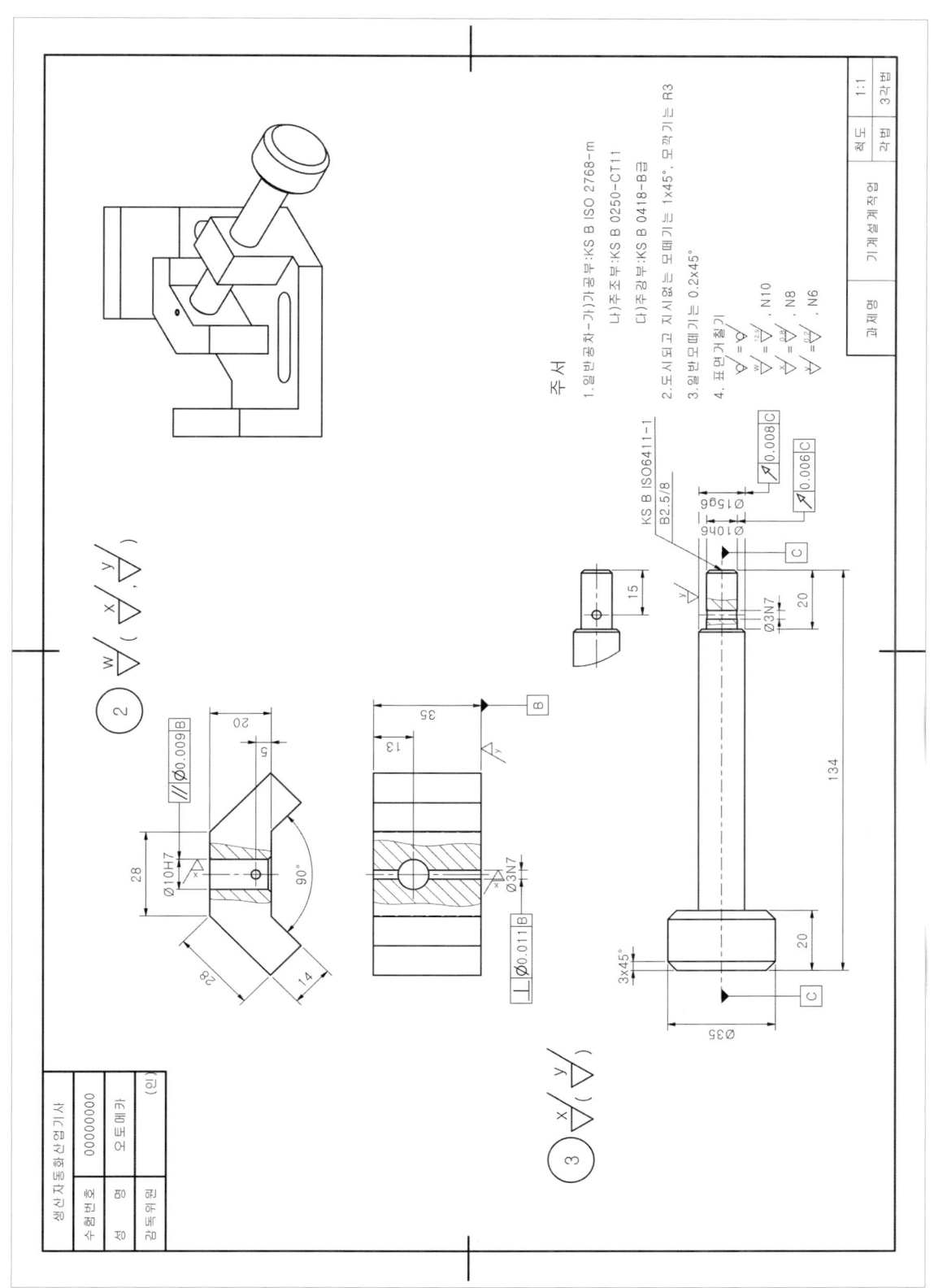

LESSON 06 공개문제-06 예상답안

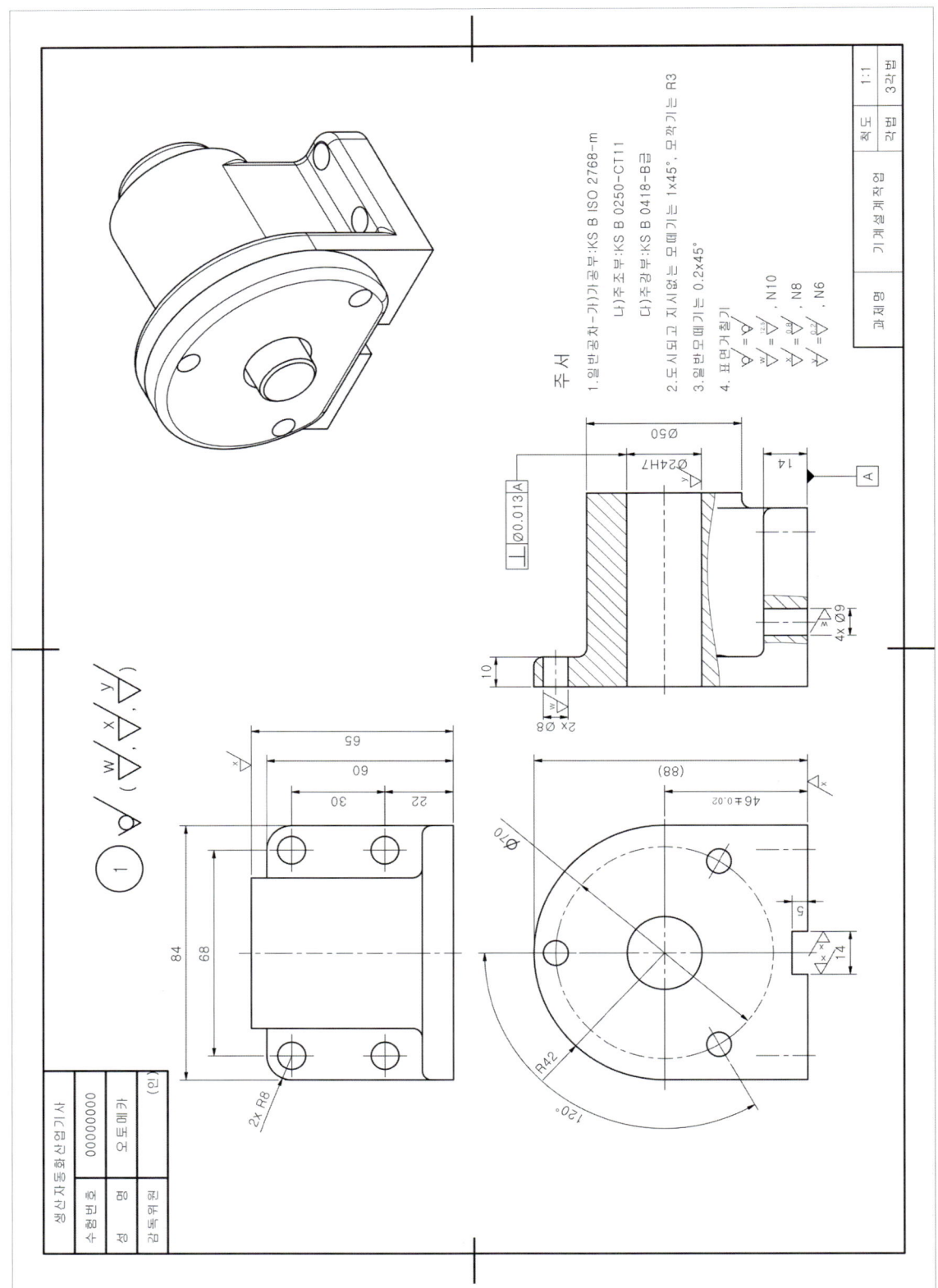

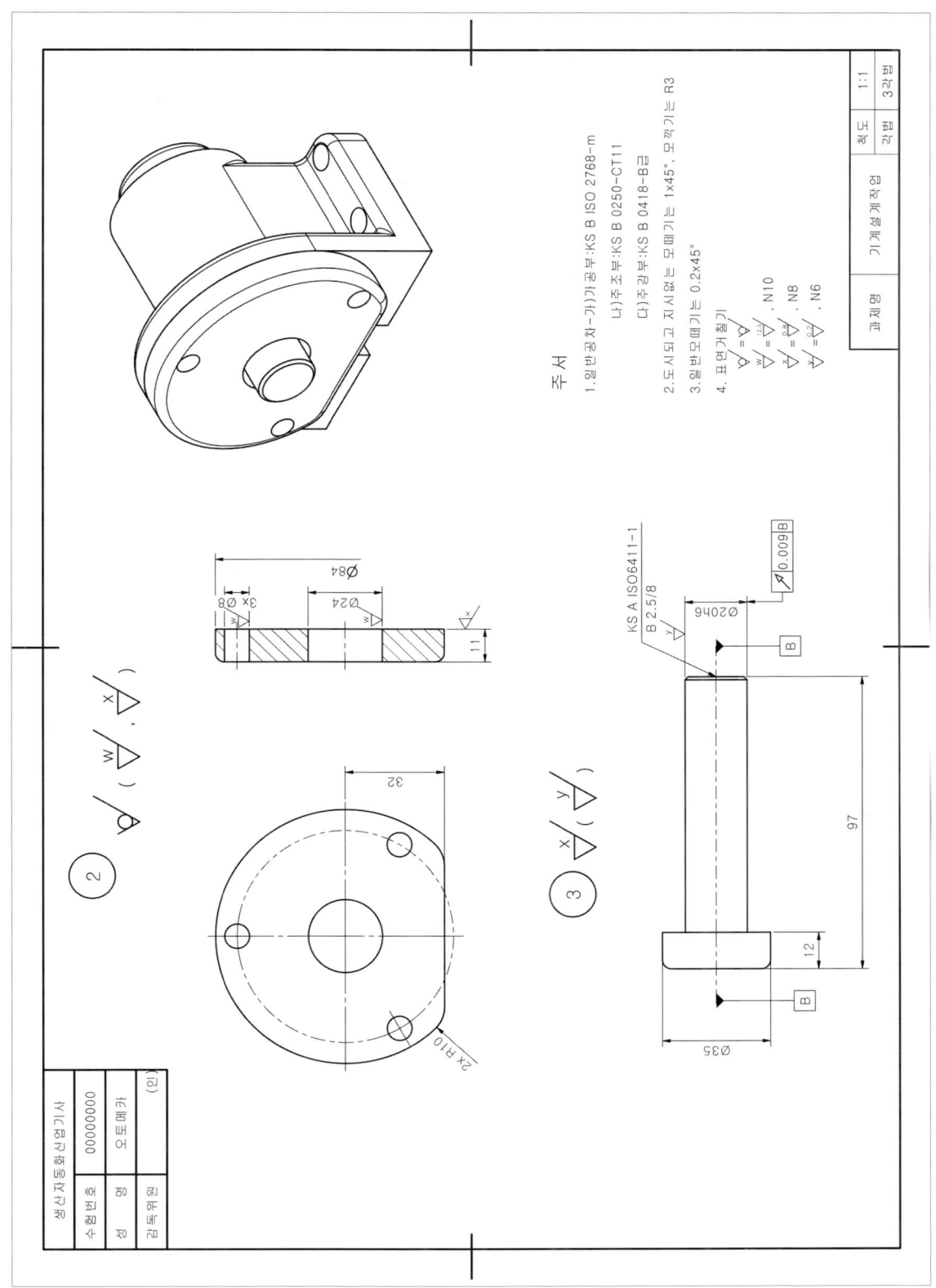

LESSON 07 공개문제-07 예상답안

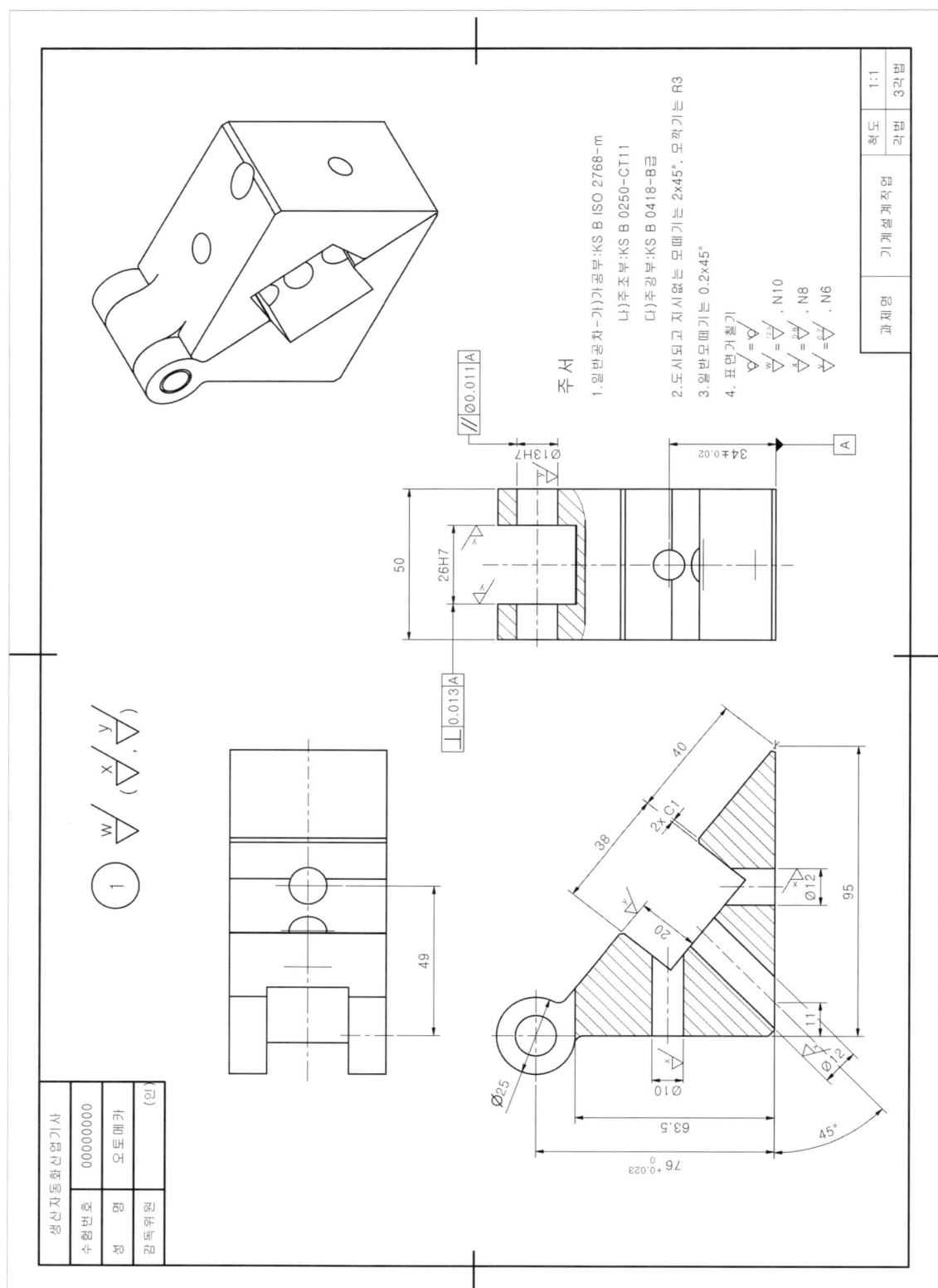

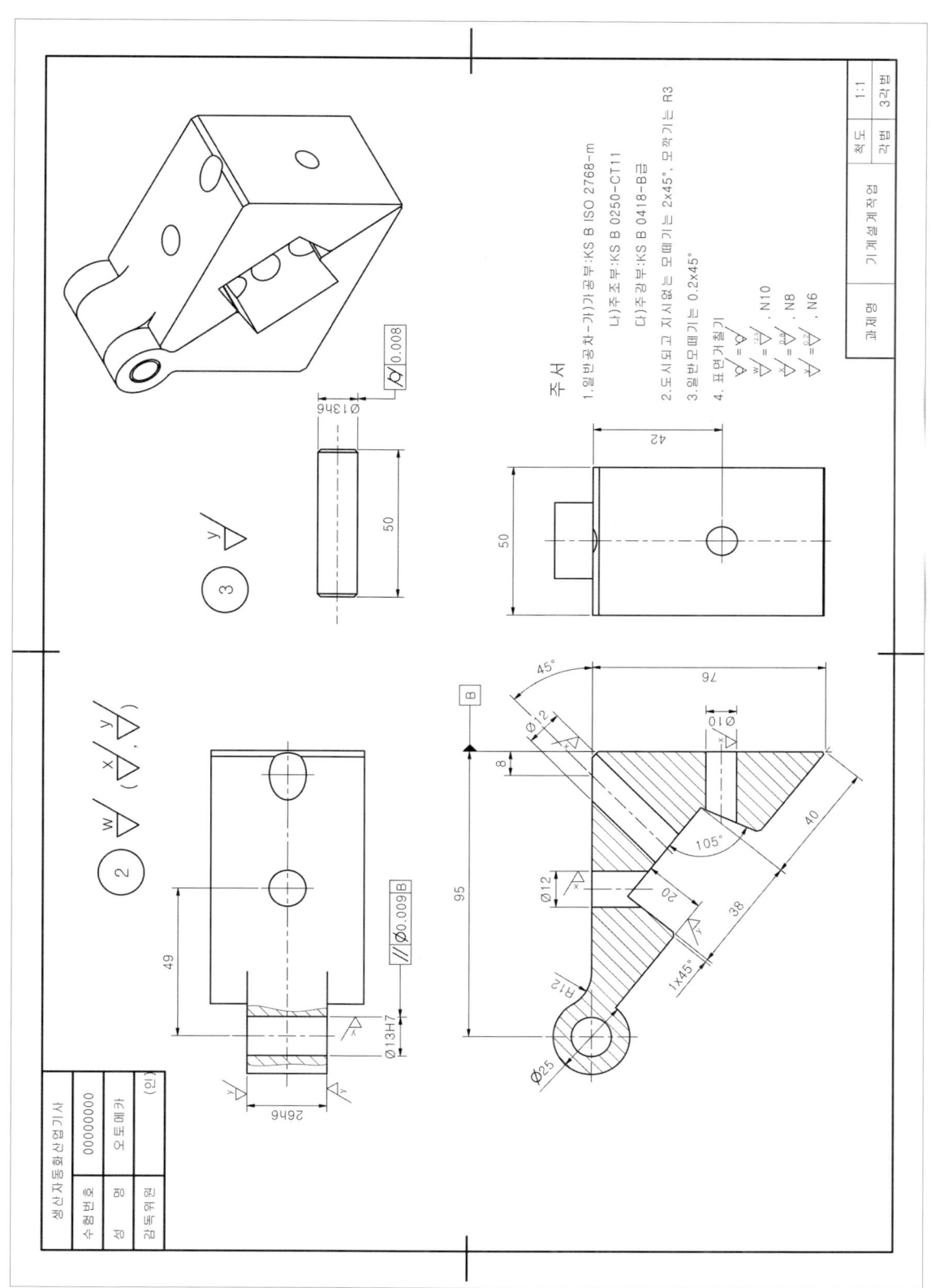

LESSON 08 공개문제-08 예상답안

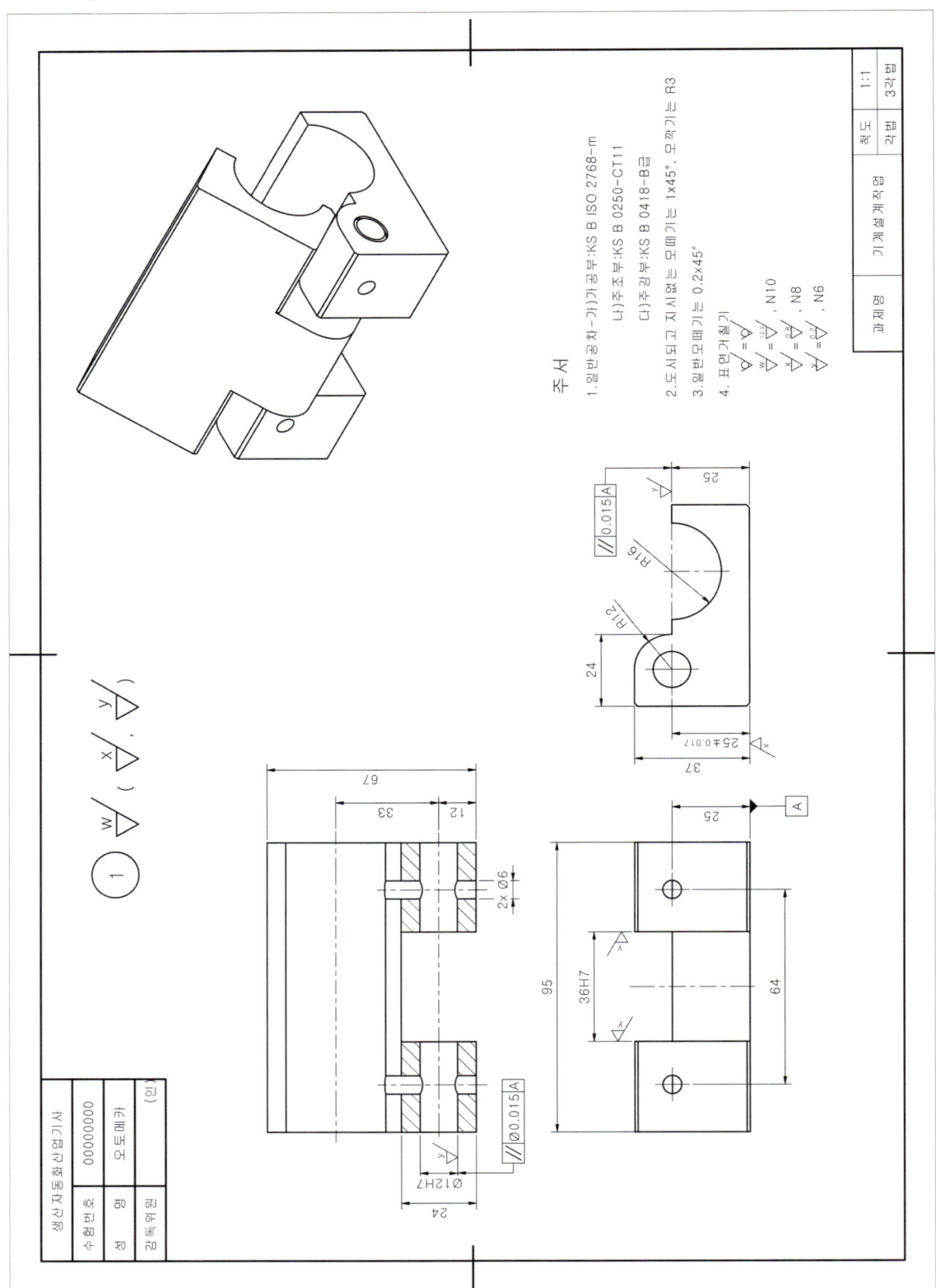

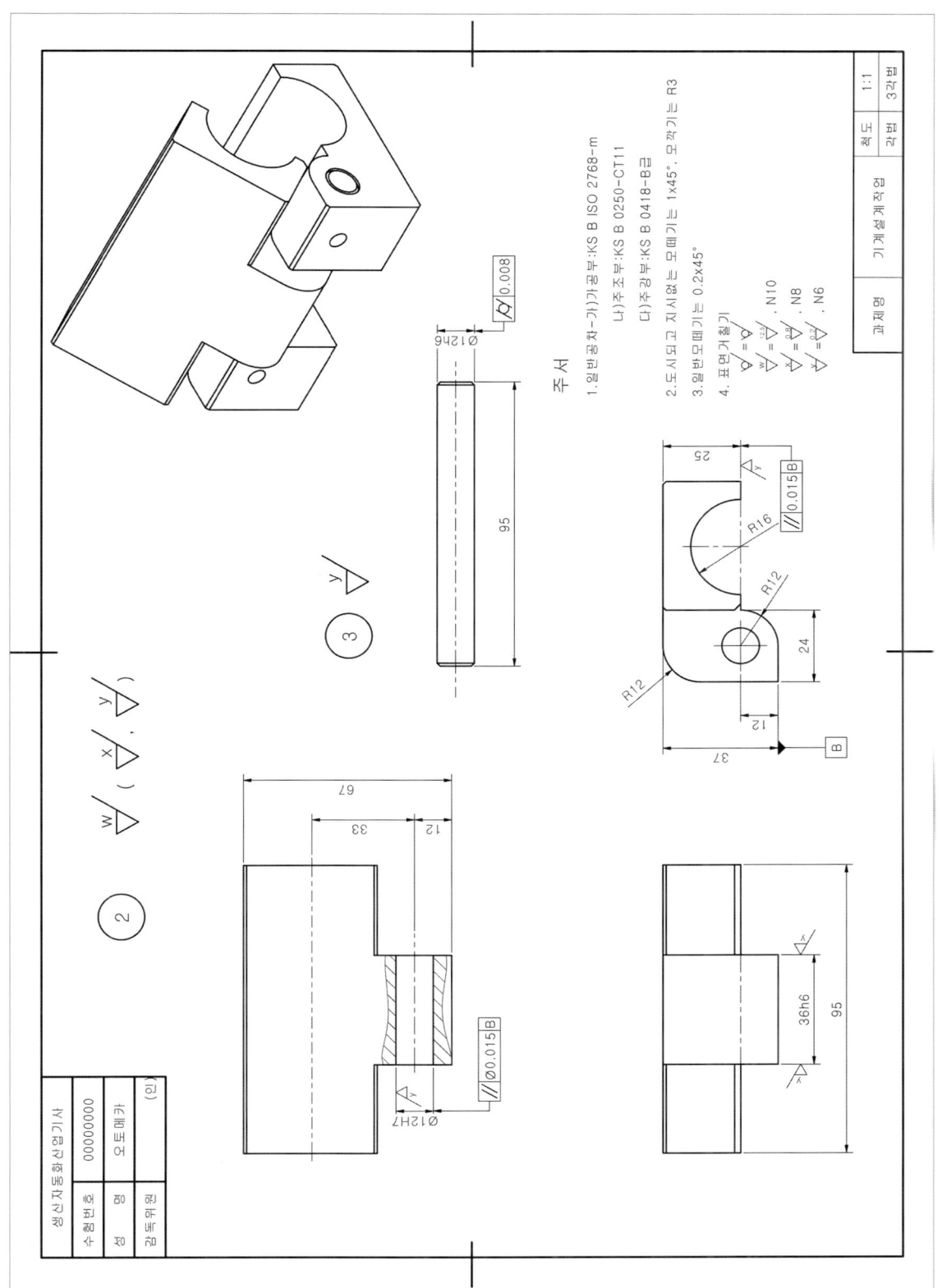

LESSON 09 공개문제-09 예상답안

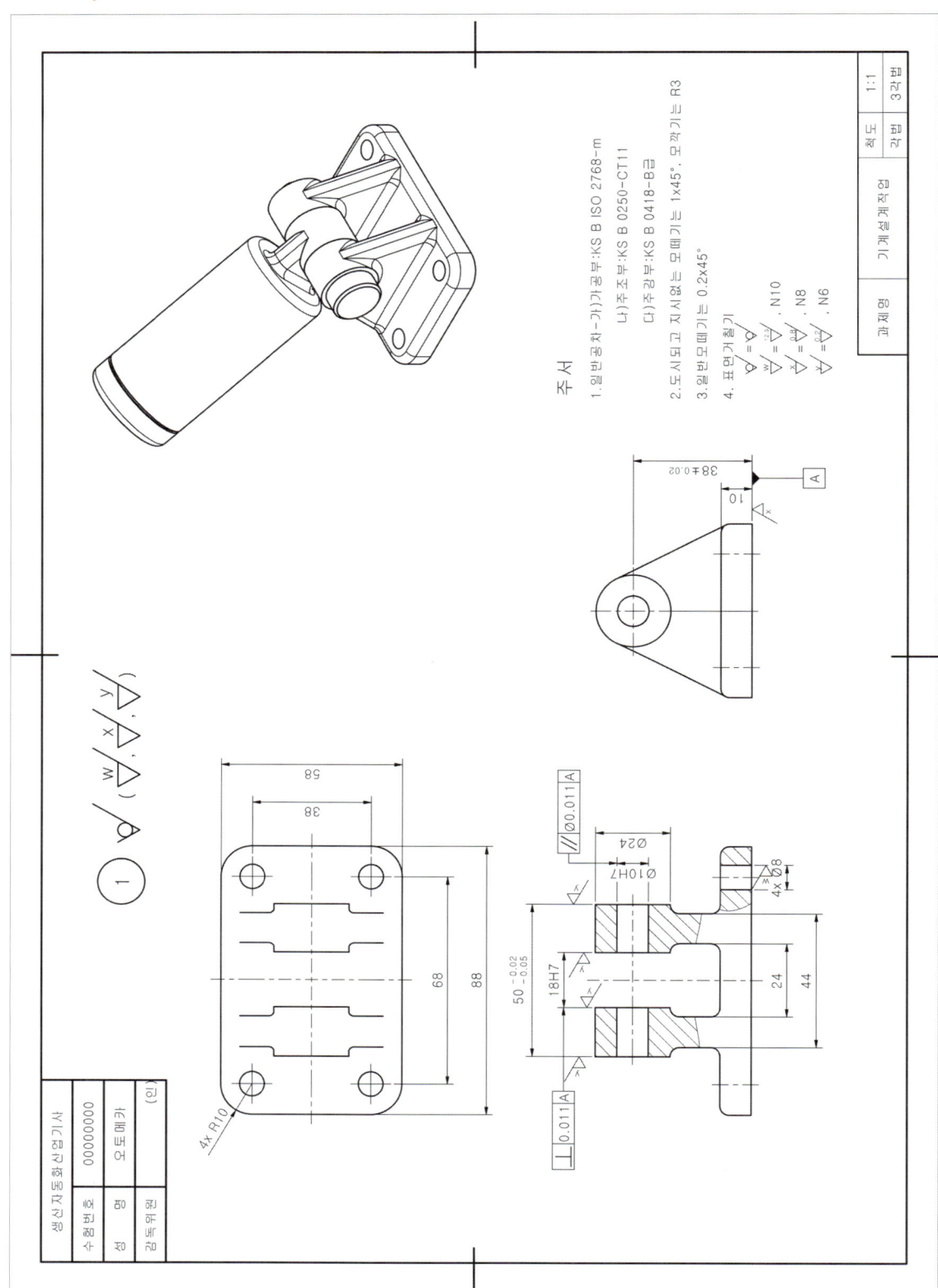

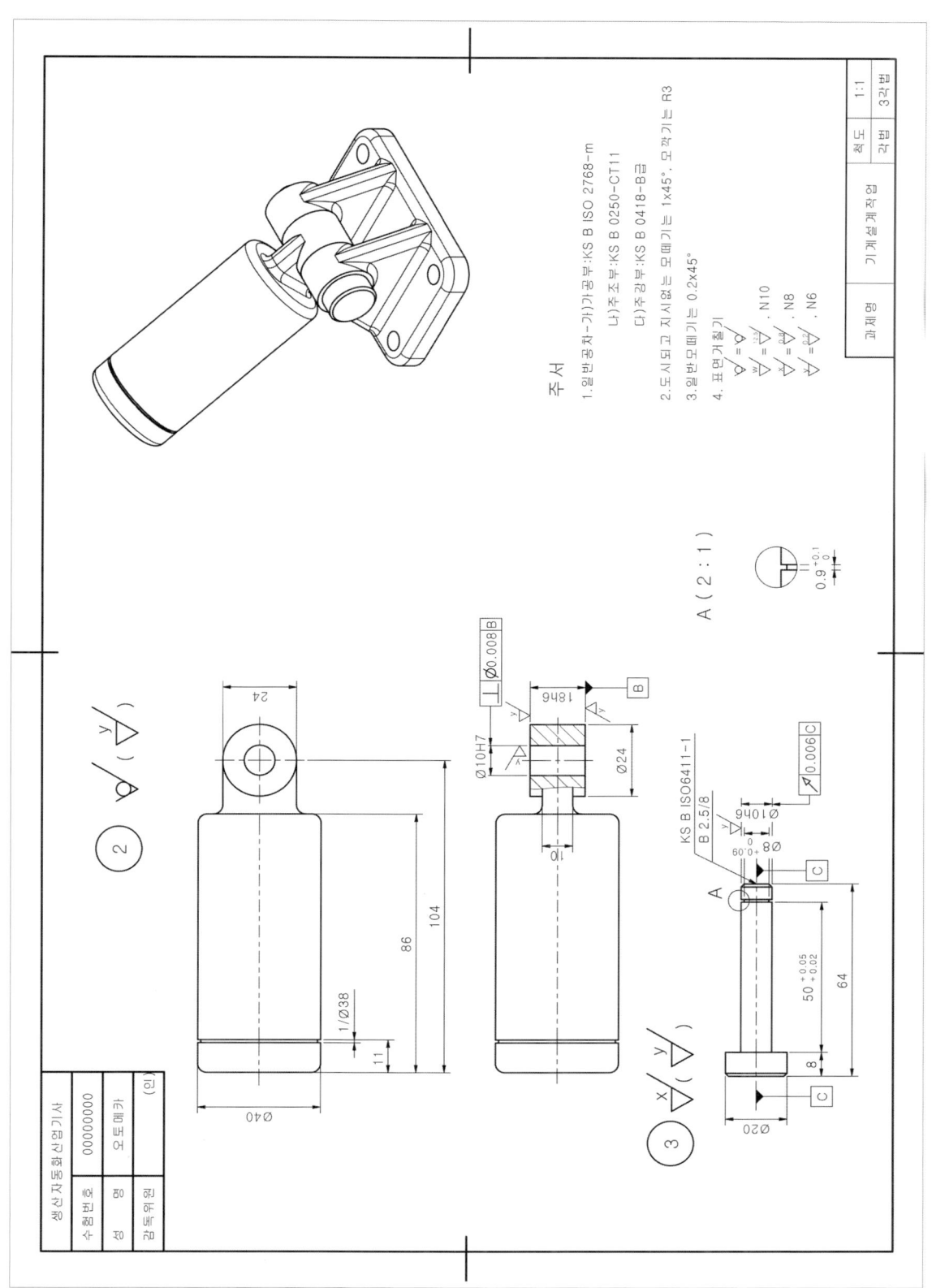

LESSON 10 공개문제-10 예상답안

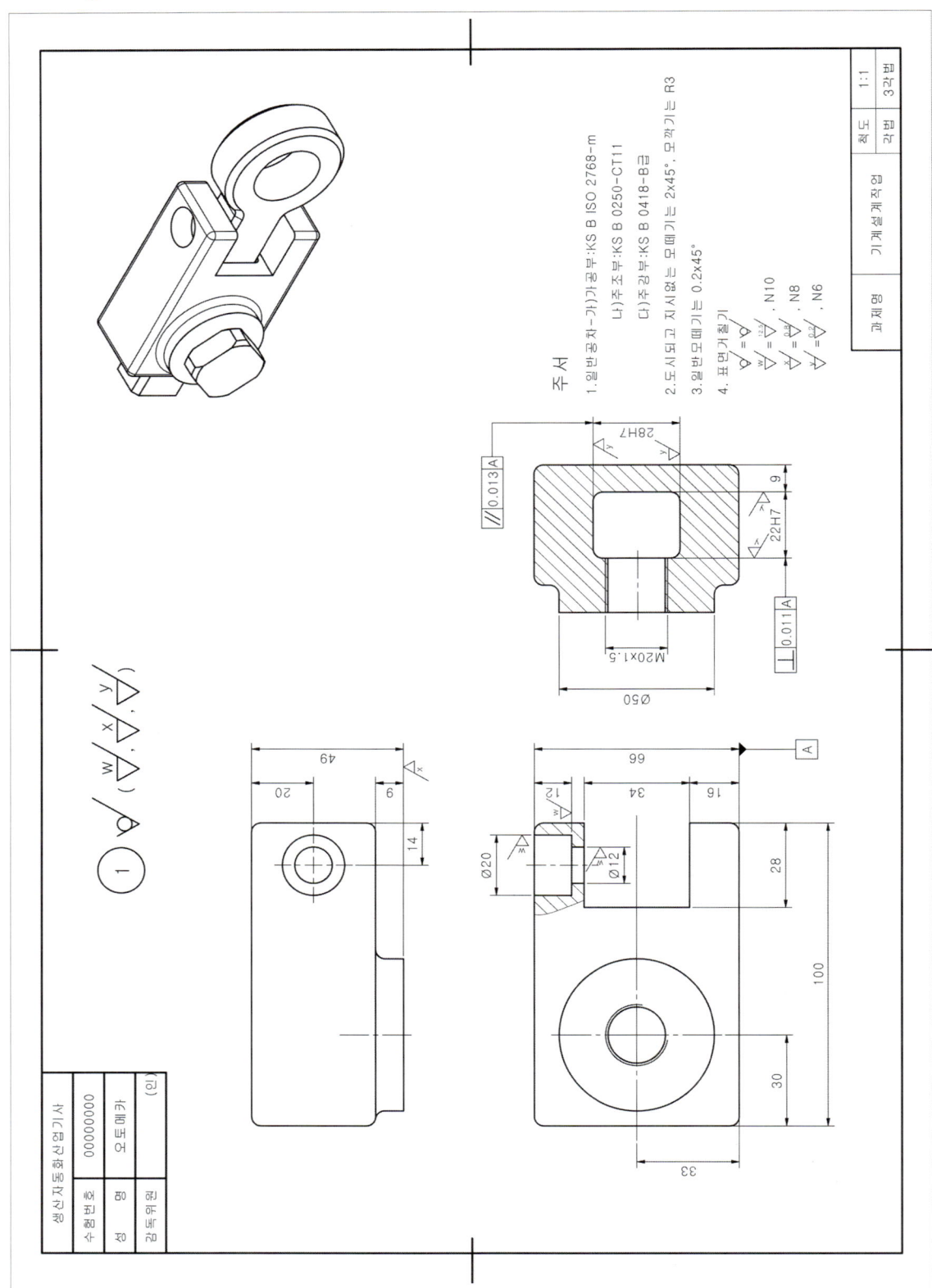

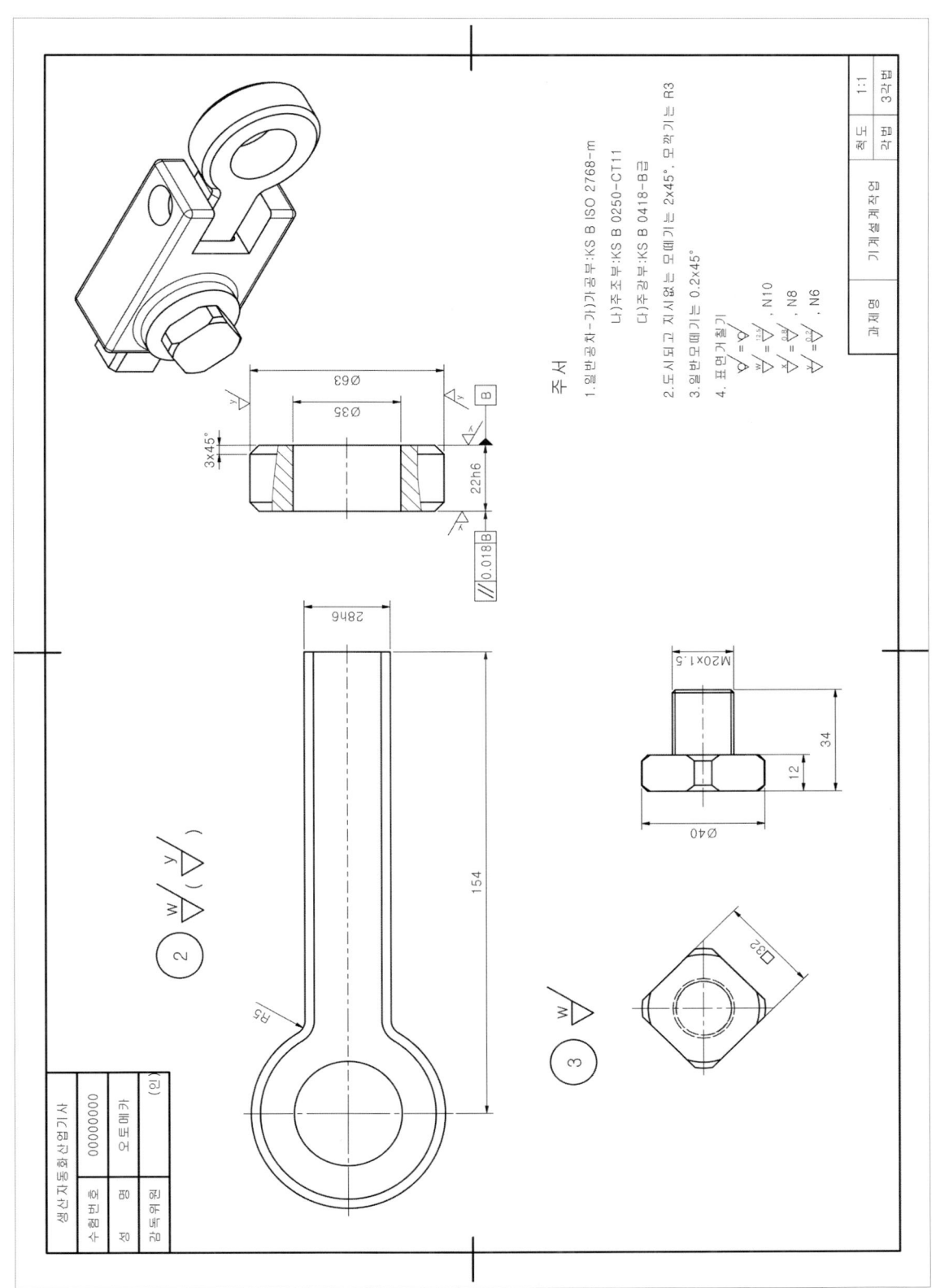

LESSON 11 공개문제-11 예상답안

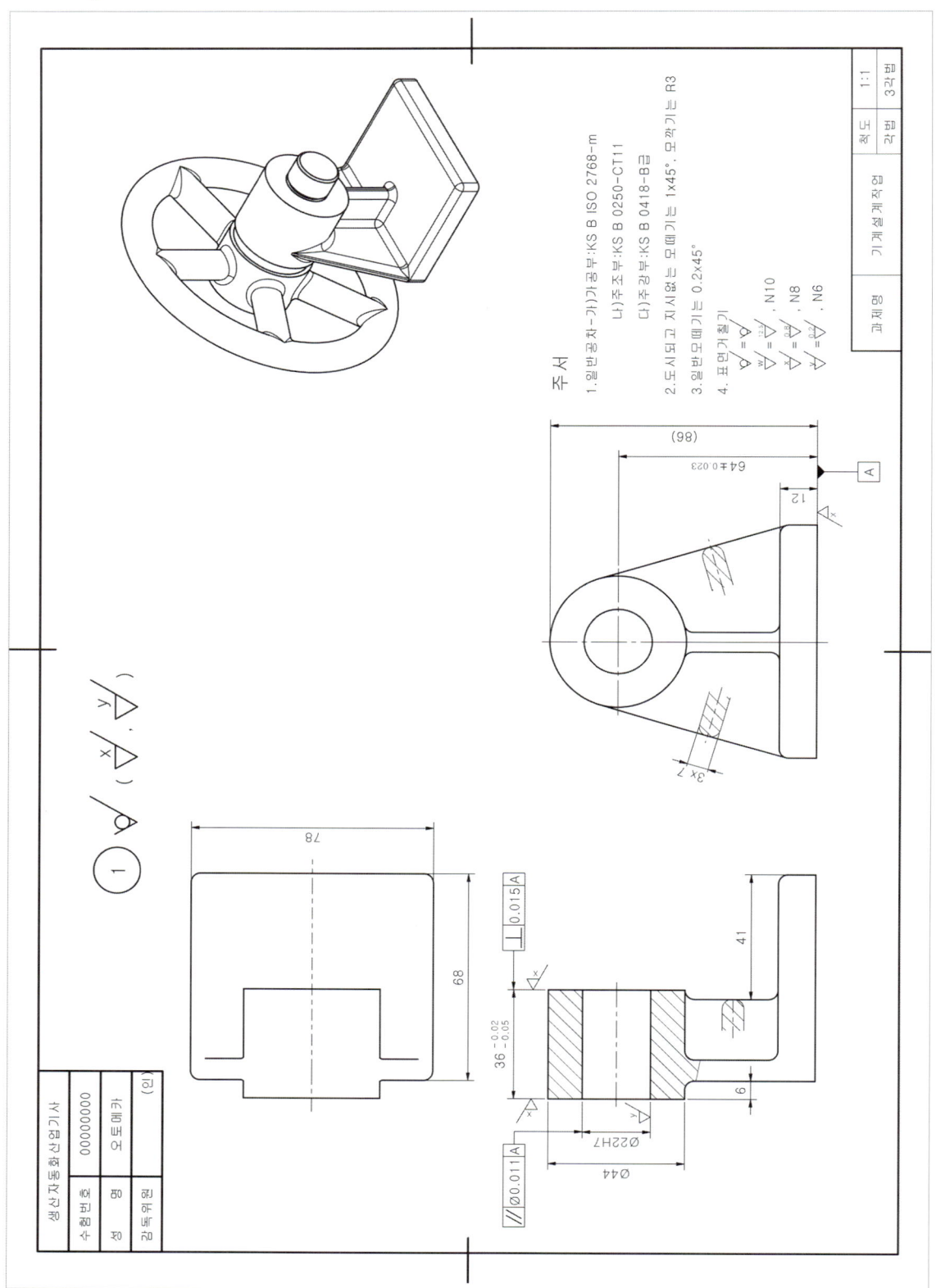

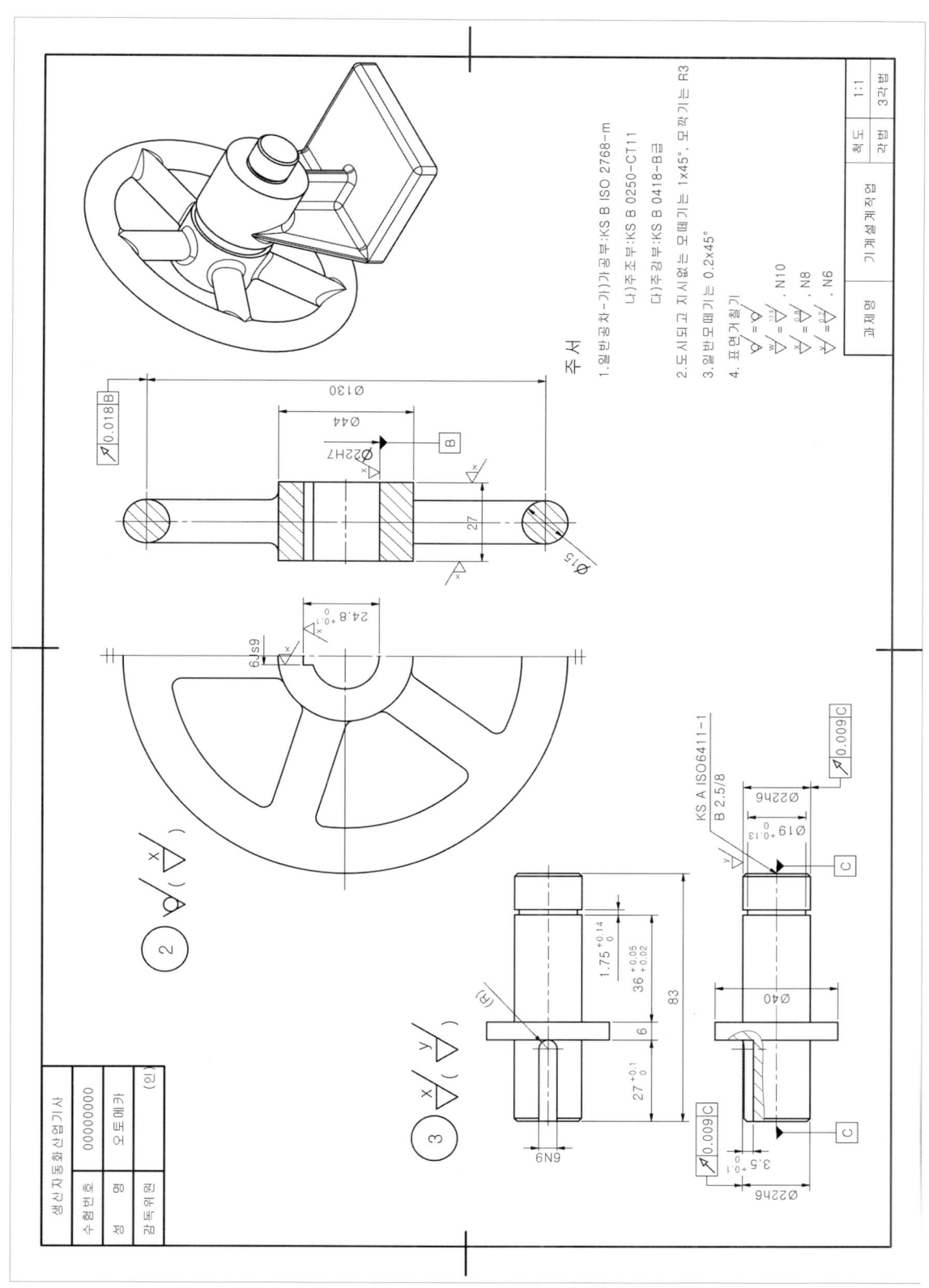

LESSON 12 공개문제-12 예상답안

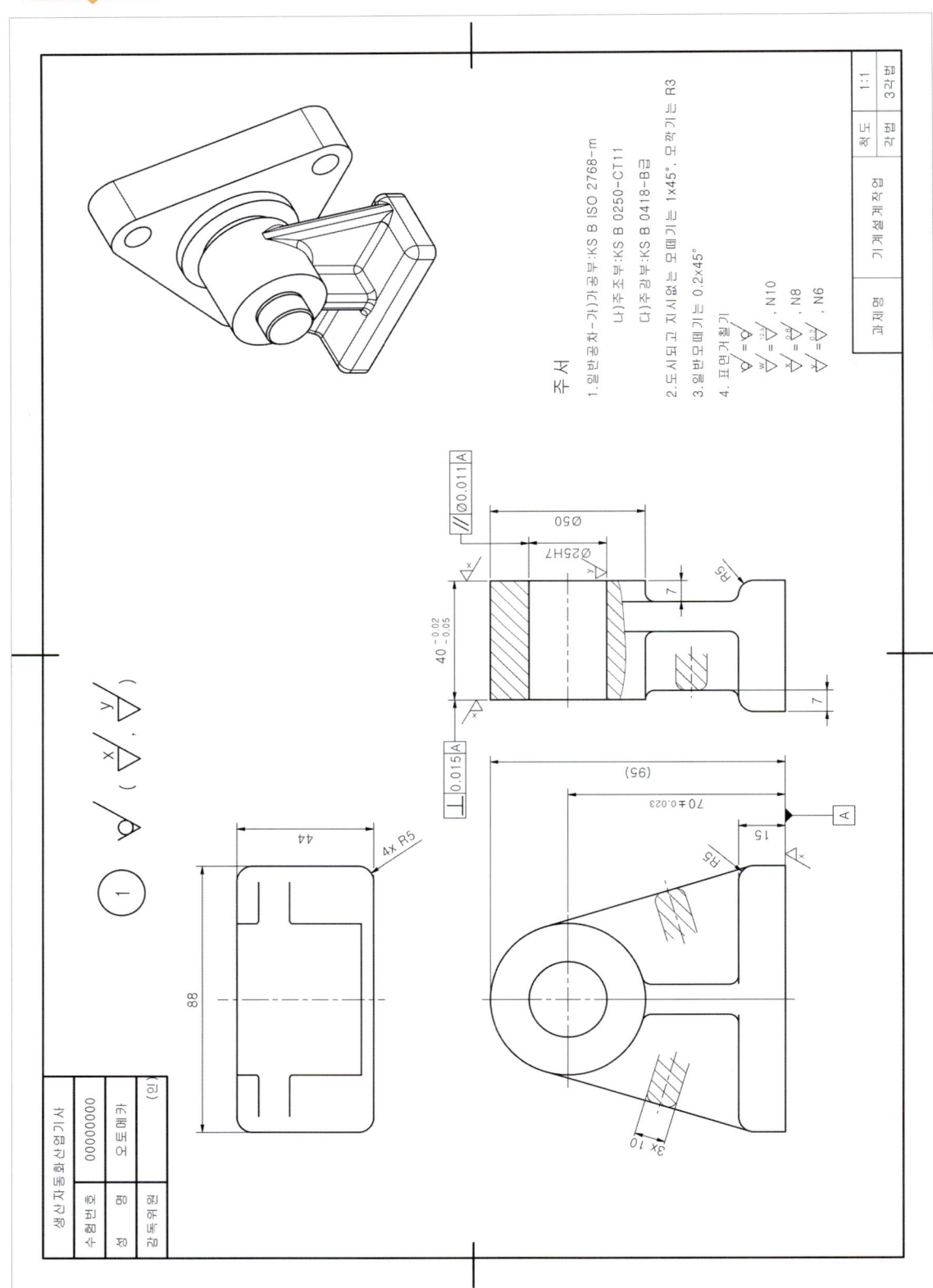

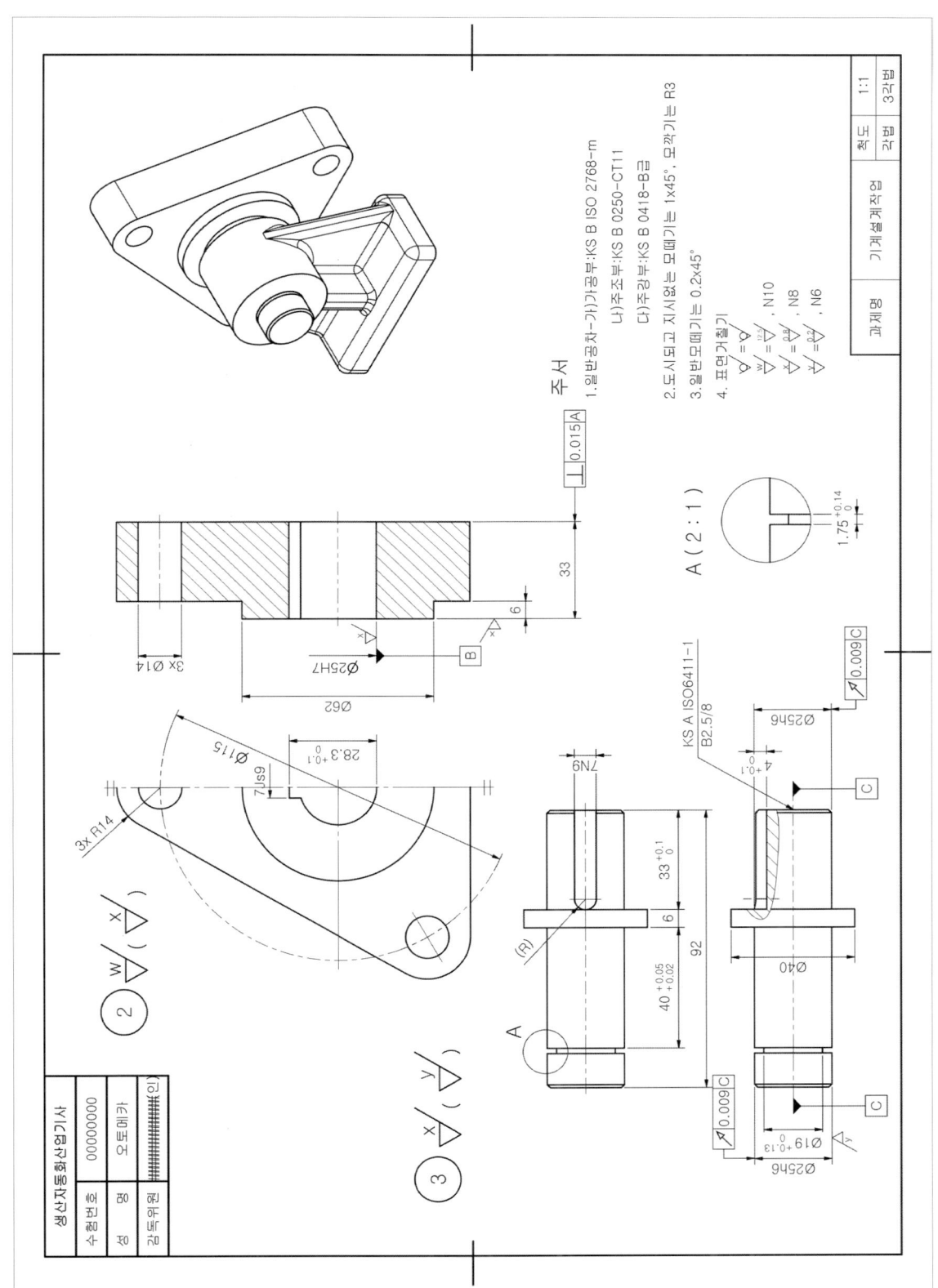

LESSON 13 공개문제-13 예상답안

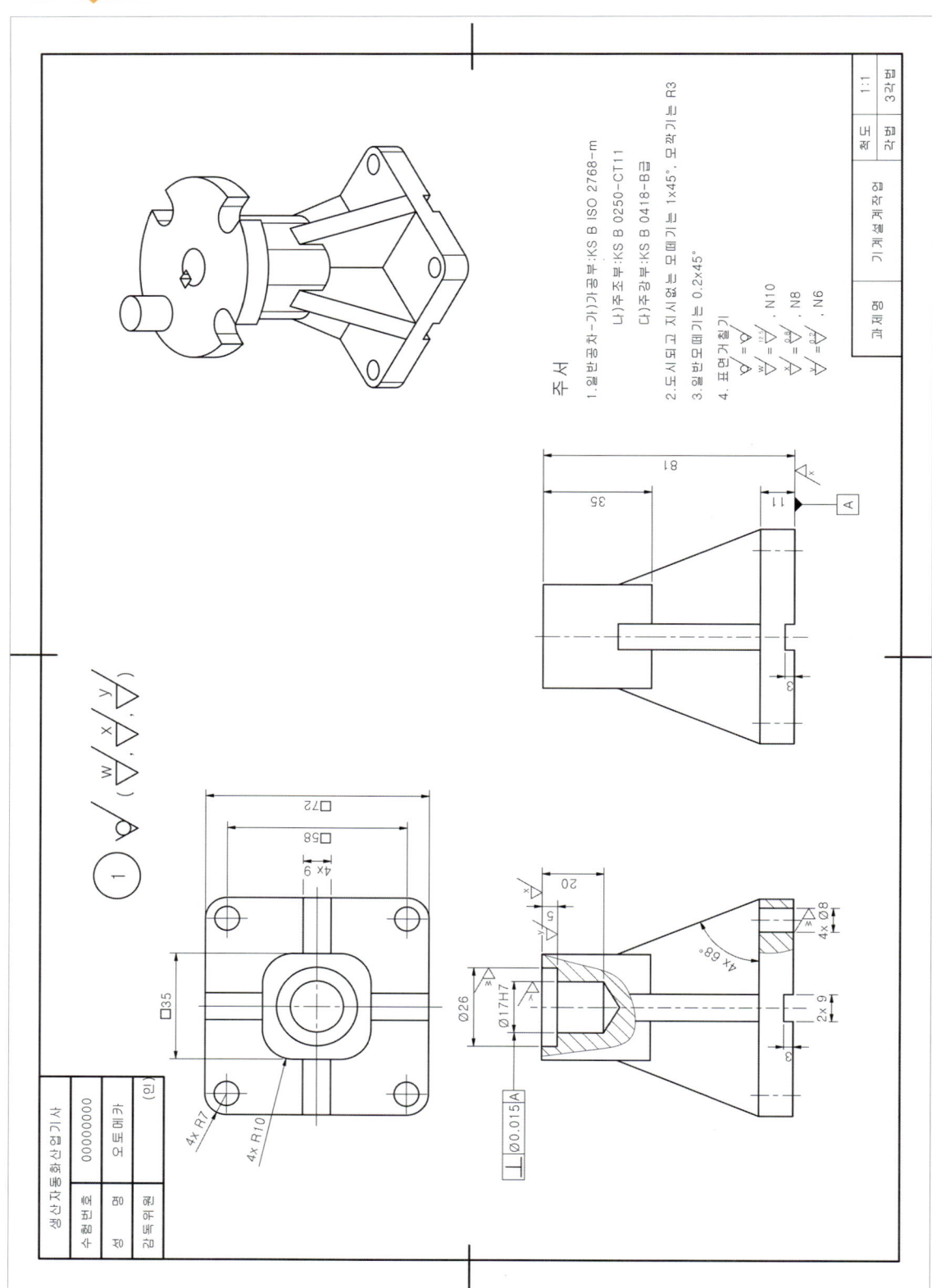

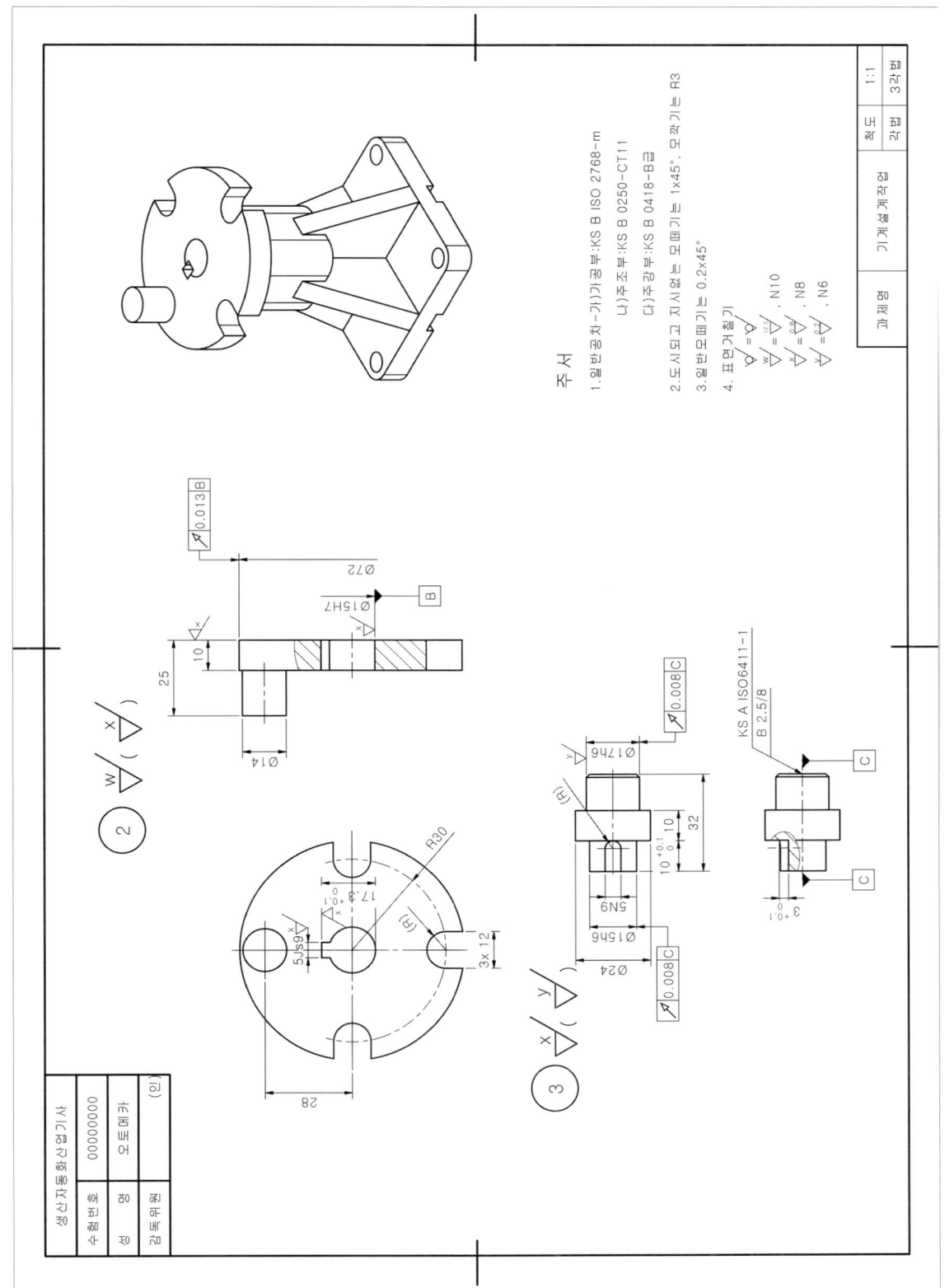

LESSON 14 공개문제-14 예상답안

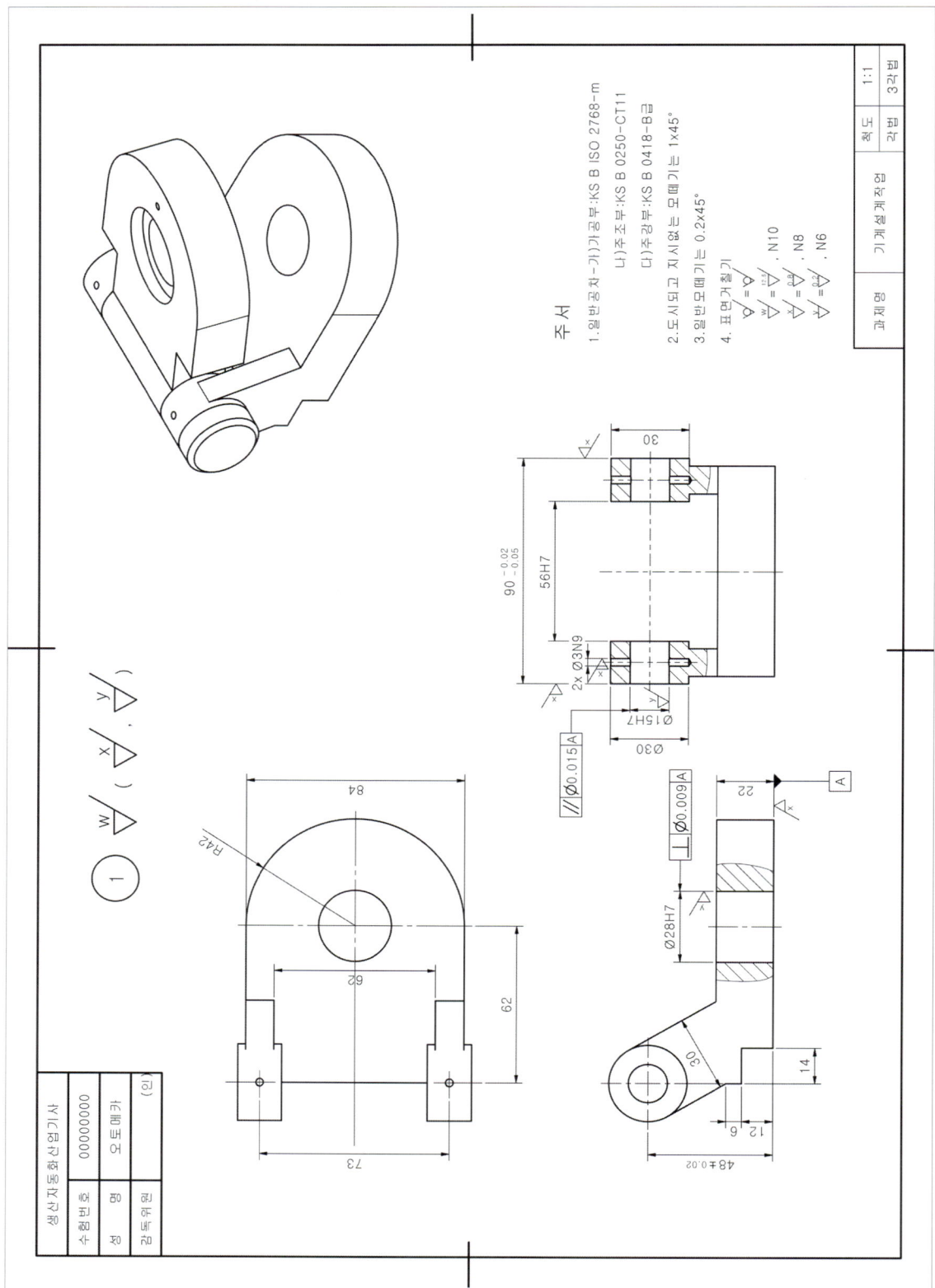

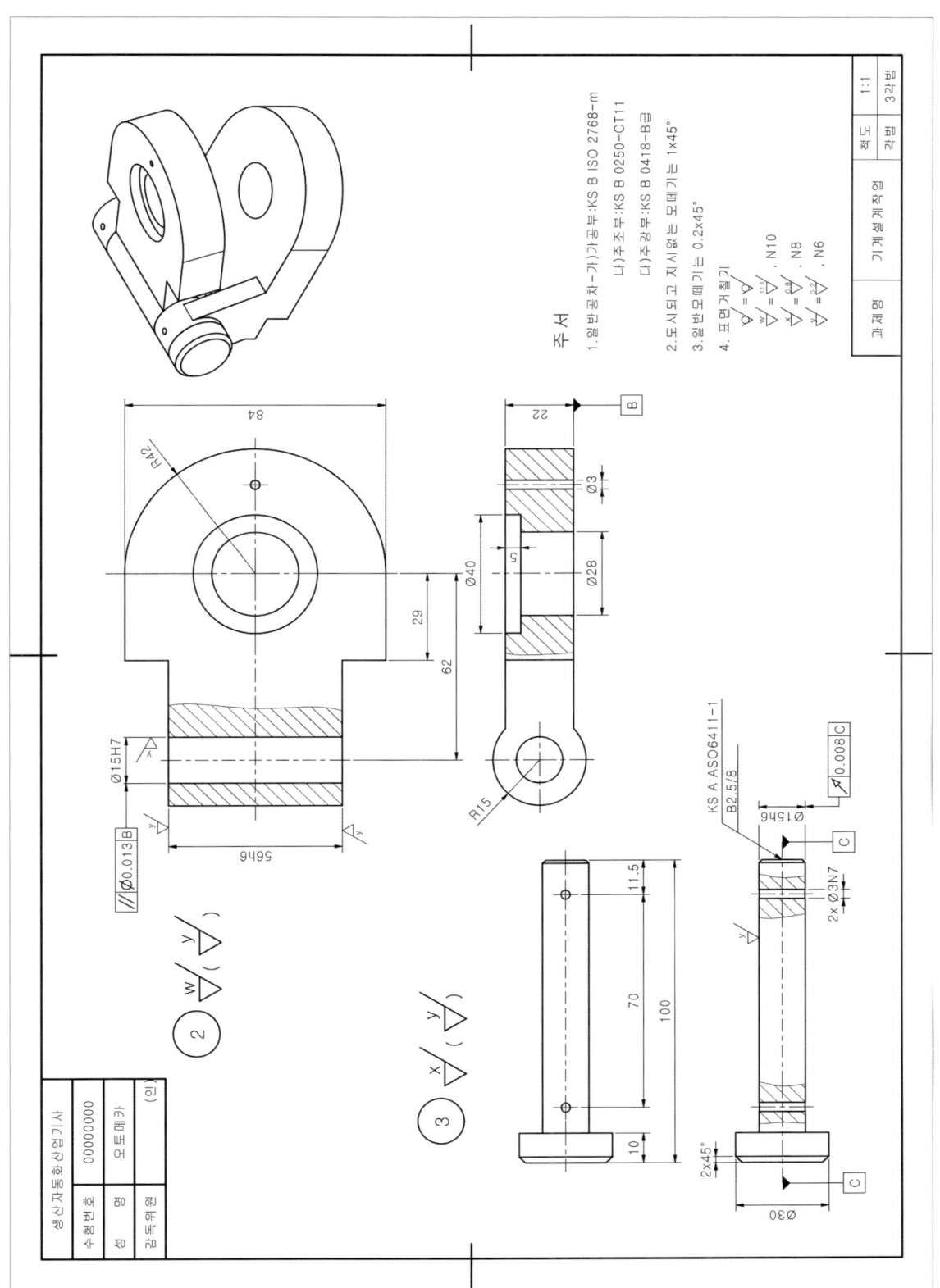

LESSON 15 공개문제-15 예상답안

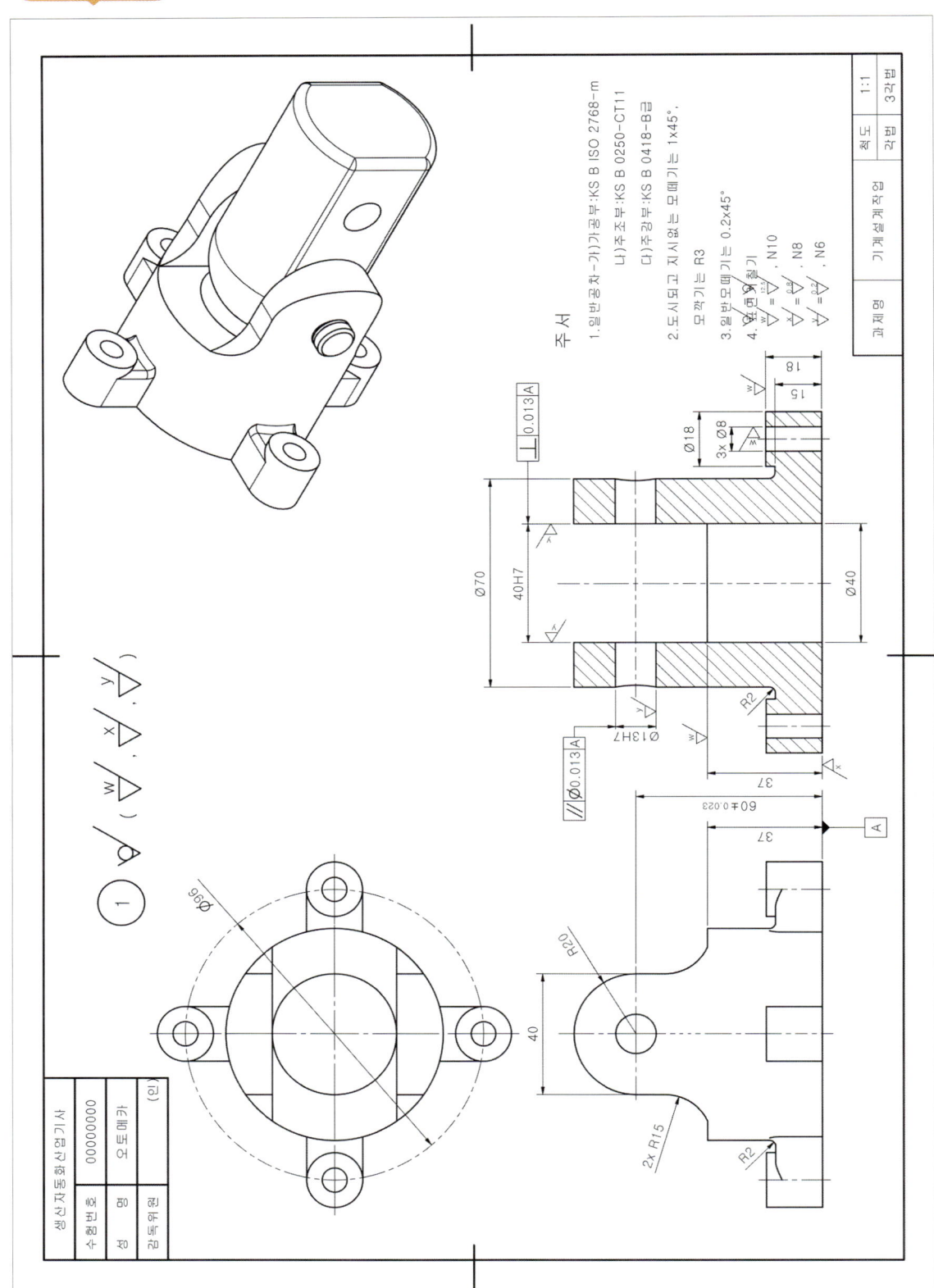

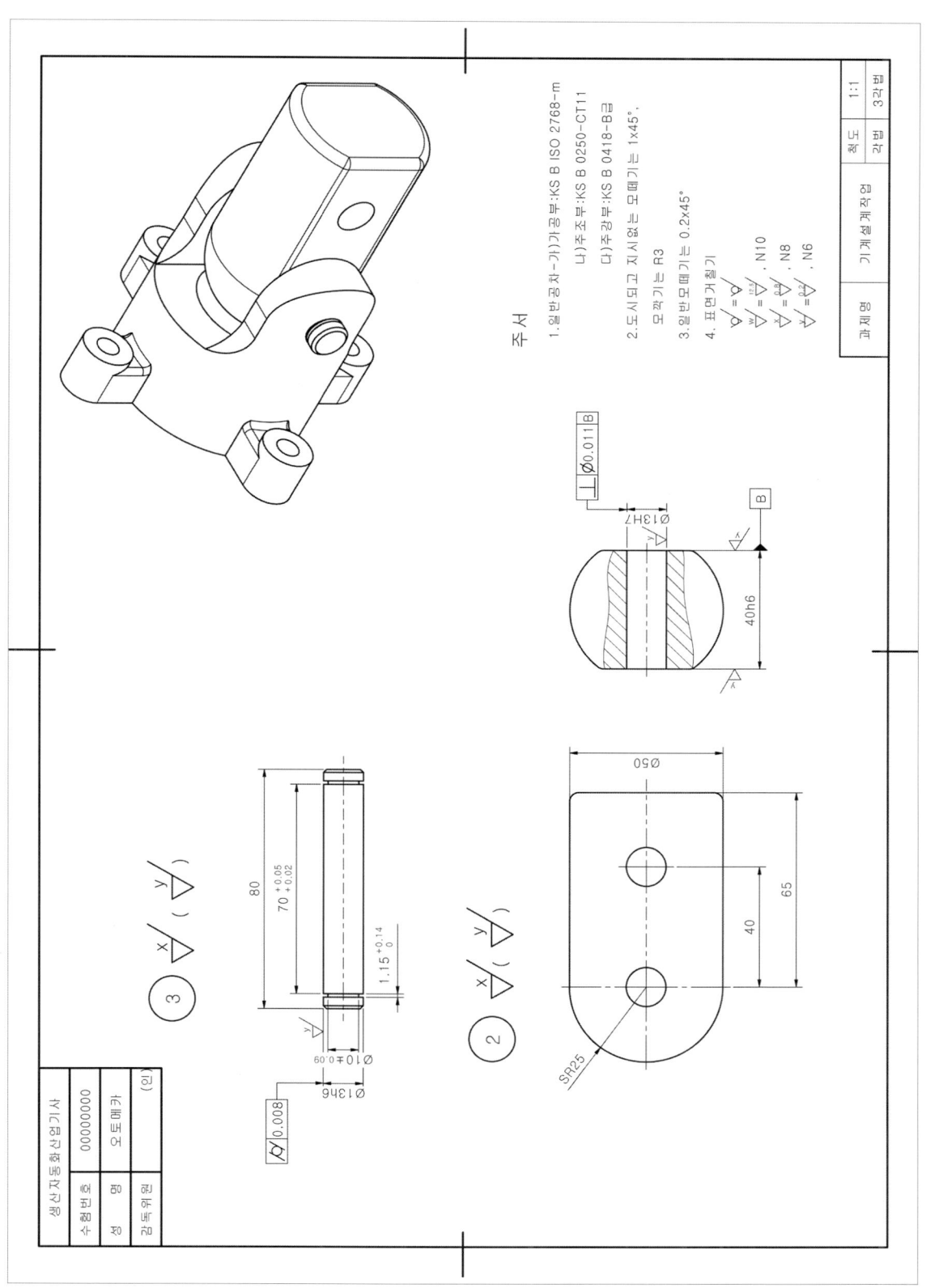